全国高等农林院校"十二五"规划教材

东北林业大学农林经济管理国家级特色专业系列教材

新编林业概论

张於倩　主编

中国林业出版社

《新编林业概论》 编写人员

主　　编：张於倩

编写人员：朱洪革（东北林业大学）
　　　　　李　薇（东北农业大学）
　　　　　李晓华（北华大学）
　　　　　李志丹（东北林业大学）
　　　　　张於倩（东北林业大学）

图书在版编目（CIP）数据

新编林业概论／张於倩主编 . – 北京：中国林业出版社，2015.8
全国高等农林院校"十二五"规划教材　东北林业大学农林经济管理国家级特色专业系列教材
ISBN 978-7-5038-8091-9

Ⅰ．①新…　Ⅱ．①张…　Ⅲ．①林业 – 高等学校 – 教材　Ⅳ．①S7

中国版本图书馆 CIP 数据核字（2015）第 179430 号

中国林业出版社·教育出版分社
策划编辑：肖基浒　　　　　　　　责任编辑：张　佳　肖基浒
电话：(010) 83143555　83143561　传真：(010) 83143516

出版发行　中国林业出版社（100009　北京市西城区德内大街刘海胡同 7 号）
　　　　　E-mail：jiaocaipublic@163.com　　电话：(010) 83143500
　　　　　http：//lycb. forestry. gov. cn
经　　销　新华书店
印　　刷　北京市昌平百善印刷厂
版　　次　2015 年 8 月第 1 版
印　　次　2015 年 8 月第 1 次印刷
开　　本　850mm×1168mm　1/16
印　　张　17.75
字　　数　421 千字
定　　价　39.00 元

前　言

林业概论课是农林经济管理(之前是林业经济管理)本科专业的主要基础课程。本书主要是为适应教学改革、满足农林经济管理教学和研究需要编写而成。

近年来，洪水频发，沙尘暴肆虐，生态环境恶化，使人们加深了森林作用的认识，森林的巨大作用使林业成为世人关注的行业。林业工作者必须全面系统地了解林业基础知识，明确森林与人类的关系，运用新的林业技术，采用先进的经营管理方法，才能有效地做好林业工作，保护和利用好森林资源，实现可持续发展的目标，改善生态环境，保障国土生态安全。《新编林业概论》教材的编写和出版，就是为提高林业经济管理专业人才的培养质量而做的一项重要的基础工作。

本书以林业生产过程为主线，主要阐述森林与林业的关系、林业行业的特点、中国林业与世界林业的发展概况、森林资源概况及调查、林业基础知识、森林培育经营、森林保护、木材生产、林产品加工、人造板生产、非木质林产品的开发利用、林业经济与管理等内容。全书概要介绍了林学、森林工业、林业经济管理等多学科的基本知识、理论、技术方法与研究成果，可用于我国农林院校林业经济管理及相关专业的一本综合性教材。

本书编写者的具体分工如下：第 1 章由朱洪革编写，第 2 章由张於倩编写，第 3 章由张於倩和李志丹编写，第 4 章至第 9 章由张於倩编写，第 10 章由李晓华编写，第 11 章由李薇编写，第 12 章由张於倩编写，第 13 章由李志丹编写，第 14 章由朱洪革编写。张於倩任本书主编，负责全书的统稿、定稿工作。

本书在编写过程中，参阅了大量文献，得到了有关部门的大力支持，在此谨向为本书编写、出版工作中作出贡献的所有单位和个人以及文献作者们致以深深的谢意！

由于编者水平所限，书中难免有不妥之处，恳请读者批评指正。

编　者
2015.03

目 录

第1章

林业及林业生产

1.1 林业及其作用

1.1.1 林业的概念

关于林业的定义，目前尚无统一的提法。对林业概念的认识是一个变化的动态过程，古代林业是以开发利用原始林，以取得燃料、木材及其林产品为目的的。然而，随着可供人类直接利用的森林资源的逐渐减少，尤其是在一些森林资源利用较早、工业化较为发达的国家，森林资源形势日趋严峻，人们逐渐开始关心森林的恢复和培育方面的问题。这时人们对林业概念多为"培育和保护森林以取得木材和其他林产品的生产事业"一类的描述。但是随着森林生态功能的显现和人们对森林生态功能需求的日益提高，林业开始更多地承担起缓解环境压力、减少水旱灾害、保护物种多样性等责任。这里仅介绍几个有代表性的林业概念。

《辞海》中关于林业的定义：林业是培育和保护森林以取得木材和其他林产品，利用林木的自然特性以发挥防护作用的社会生产部门。包括造林、育林、护林、森林采伐和更新，木材和其他林产品的采集加工等。

《中国农业大百科全书》中关于林业的定义：培育、经营、保护和开发利用森林的事业。它是提供木材和多种林产品的生产事业，又是维护陆地生态平衡的环境保护事业。

《经济与管理大辞典》中关于林业的定义分为狭义和广义两种。狭义林业是指通过造林和营林以获得木材和其他多种效益的生产部门，是广义农业的一个组成部分；广义林业除造林育林外，还包括森林采伐、木材运输、木材加工、木材综合利用等具有工业性质的生产活动。

《林业经济学》（东北林业大学，1987）认为：林业是现代国民经济中以森林植物及其产品为对象的物质生产部门；又是为人类生存和发展提供环境条件的保护性资源部门。

　　《林业经济学》(邱俊齐，1998)提出：林业是在人和生物圈中，通过先进的技术和管理手段，以培育、保护、利用森林资源，充分发挥森林多种效益，且能持续经营森林资源，促进人口、经济、社会、环境和资源协调发展的基础性产业和社会公益事业。

　　《现代林业论》(张建国，1996)阐述了现代林业的概念，他认为现代林业是在现代科学认识的基础上，用现代技术装备和用现代工艺方法生产以及用现代科学管理方法管理的并可持续发展的林业。强调可持续发展是现代林业的目标；生态林业是现代林业的经营模式；社会林业是现代林业的资源动员方式。现代林业的提出不仅是一个概念的认识，更是一种林业理念，并已形成比较完整的理论体系。

　　从不同方面及不同时期的林业概念，可以看出不同的背景、不同的林业实践以及人们认知能力的变化对林业认识的不同。

　　综上所述，本书把林业概念概括为：林业是指从事培育、保护、利用森林资源，充分发挥森林多种效益，且能持续经营森林资源，促进人口、经济、社会、环境和资源协调发展的基础性产业和社会公益事业。

　　从林业的基本概念可以反映出林业生产经营的基本对象、目标，林业的基本属性，以及林业的重要性。

　　林业的主要经营对象是森林资源。林业的核心内涵是对森林的合理经营利用和科学管理。林业生产的主要任务是科学地培育经营、管理保护、合理利用现有森林资源，有计划地植树造林，扩大森林面积，提高森林覆盖率，增加木材和其他林产品的生产，并根据林木的自然特性，发挥它在改造自然、调节气候、保持水土、涵养水源、防风固沙、保障农牧业生产、防治污染、净化空气、美化环境、缓解全球温室效应、防止荒漠化、保护生物多样性等多方面的效能和综合效益。林业生产经营活动范围涉及第一、第二、第三产业，表现出高度的综合性。林业在国民经济发展中占有举足轻重的地位。林业经营的目标是促进人口、经济、社会、环境和资源协调发展。林业不只是单纯的一项产业和生产事业，还是具有生态和经济双重意义的社会公益事业。作为公益事业它提供了改善生态环境的各项服务功能；同时作为基础产业，它提供国家经济建设和人民日常生活所必需的各种林产品。

1.1.2　林业的特点

　　为了正确理解林业，需要深入了解林业的特点，以掌握林业发展的客观规律。林业是一个特殊行业，具有区别于其他行业的显著特点。

(1)林业生产目的多样性与产业、事业的复合性

　　林业生产目的是为了满足社会、经济以及人民生活水平提高的多样要求，不断地培育出更多更好的不同类型的森林资源，通过培育商品林为社会提供木(竹)材以及各种非木质林产品，取得经济效益；通过培育公益林为社会提供良好的生态环境，取得生态社会效益，以满足社会多方面的需求。

　　林业既是国民经济的基础产业，又是社会公益事业，是以生态环境建设为主体的复合型产业。建立完备的林业生态体系、发达的林业产业体系和繁荣的生态文化体系，是林业发展的总体目标。林业建设既要以生态建设为主体，又要满足经济社会发展对林业的经济需求，同时，还要增强生态意识，繁荣生态文化，倡导人与自然和谐的重要价值观。

林业生态体系具有鲜明的公益性，主要体现在林业经营着森林生态系统，对社会产生着巨大的公益效能，因此，社会应按其特点和特殊规律采取特殊手段和办法进行经营管理。

林业产业体系也有许多区别于其他产业的特殊性。从产业顺序上看，是一个主要提供上游产品的基础产业；从竞争力上看，是一个效益较低的弱势产业；从发展特征上看，是一个兼有生态社会效益的资源限制性产业；从发展现状看，是一个严重滞后的薄弱产业；从发展趋势看，是一个越来越被人们重视的前景广阔的产业。

（2）林业产品的特殊性和多种效益的综合性

林业生产所生产出的森林资源属于可再生资源，因此，林业的主要生产经营对象具有可再生性。早期人们经常会认为森林砍伐之后能够重新生长更新，是取之不尽、用之不竭的能源，正是在这种指导思想下，人们才忽视了森林恢复的生长周期长等特点，对森林的持续利用缺乏认识，导致了中世纪以来的森林资源的危机。20 世纪 80 年代提出的可持续林业就是要在合理经营森林资源的基础上，充分利用森林的可再生性来实现林业的可持续发展。

林业生产所生产出的森林资源具有双重性，森林资源本身是一种可再生的自然资源，同时，它也是一种极其珍贵的环境资源。林业既生产有形的物质产品(木材、非木质林产品等)，又生产无形的非物质产品(环境)，产品形态具有双重性。根据林业产品的特殊性，我们实行分类经营，以便更好地满足经济社会发展对林业的多种需求。

经营森林生态社会系统的林业具有多种效益，既有物质产品效益，又有非物质产品效益；既有直接效益，又有间接效益；既有经济效益，又有生态、社会等公益效益，并且它们相互交织在一起。经营林业必须坚持多种效益的统一，为社会谋取整体优化的综合效益。

（3）森林培育周期的长期性和成熟期的多样性

林业生产经营活动的基础是森林资源，其各种成果(产品)都来自森林资源中各种不同的生物体中，由于多样的生物都有其各自不同的生产周期，一般来说，森林资源的主体——森林中的林木生产周期较长，需要几年、十几年或几十年，非木质林产品生产周期仅有 1~2 年，植物及微生物体生产周期为 1~3 年，木材及其加工产品的生产周期更短。所以，一个完整的森林生产周期具有明显的长期性、层次性、阶段性和复杂性。不同产品的长周期、中周期、短周期紧紧交织在一起。

森林以不同的林种来满足人类社会的多种需求。不同的林种，成熟期不同，即便同一林种，在总的森林自然成熟期内，又以不同类型的工艺成熟来满足各类生产的需要。

（4）生产的地域性和成果的不稳定性

由于各种生物对自然环境条件的要求不同，各个地区的自然条件又千差万别，因而，各地适宜繁衍的生物种类不尽相同，致使林业生产呈现出极强的地域性。同时，由于森林生产周期长，加之林业生产受自然力、各种人为或自然灾害影响大，使其生产成果具有明显的不稳定性。换句话说，林业生产经营具有高风险性。

(5)自然再生产的连续性和经济再生产的间歇性

森林资源产品形成过程中,自然力起着独立的作用,而人的劳动(经济再生产)只在一定时期起补充、完善自然力的作用。具体地说,在产品形成的过程中,自然力每时每刻都连续不断地对产品的形成产生极为重要的影响,而人参与产品形成的劳动时间较之自然力的作用时间则是非常短和间歇的,只参与了一小部分生产活动,且与自然力交织在一起。

(6)林业的整体综合性和各环节的多样性

林业所面临的对象是森林生态社会系统,作为一个完整的整体,林业包括了资源、环境、社会与经济等各个部门和环节。同时,在这些环节当中又存在着各式各样的经济结构、所有制形式、经营模式等。

由于林业行业的特殊性,行政保护、经济扶持和宏观调控占有特别重要的地位。

1.1.3　林业的地位和作用

林业是国民经济和社会的重要组成部分,在国民经济发展和社会文明进步中占有重要的地位并具有重要作用。林业以自己的经营活动满足着人类社会对木材、其他林产品和非木质林产品的需要;并且为人类的生存创造良好的环境;同时林业的发展又促进了其他部门的发展。

1.1.3.1　林业在国民经济建设中的地位和作用

林业由于能提供木材和其他林产品,从而成为一个国家或地区经济发展的重要基础产业,为人民生活水平提高发挥着重要的作用,林业还为国民经济其他相关产业的发展提供保障,因此林业在国民经济发展中占有举足轻重的地位。

(1)林业是经济发展的重要物质基础

①林业提供经济发展所需的木材及其制品　木材是林业最具代表性的产品,是世界公认的四大材料(木材、钢材、水泥、塑料)之一,是可再生的生物资源产品,具有质量轻、强度高、吸音、绝缘、美观、易加工、优质纤维含量高等优良特性。正因如此木材也成为人类最初开发森林资源的主要目的产品。木材的工业用途主要是在建筑、家具、交通、采矿(坑木)及电力建设等方面。随着科技水平和森林资源利用率的提高,木材的加工制品种类越发丰富,如人造板及其复合制品,纸、纸浆等林化产品都成为经济发展不可或缺的重要物质。在全球四大材料(木材、钢材、水泥、塑料)中,木材是唯一可再生和循环利用的材料,与国计民生息息相关。经过发展,中国已是全球最大的木业加工、木制品生产基地和最主要的木制品加工出口国,同时也是国际上最大的木材采购国之一。我国的人造板、家具、地板年产量已经位居全球前列。如2012年,我国生产木材产量为$8\,088 \times 10^4\,m^3$,我国木材(原木、锯材)进口量为$6\,709 \times 10^4\,m^3$,其中原木进口量$3\,789 \times 10^4\,m^3$,锯材进口量$2\,920 \times 10^4\,m^3$,木制家具产量2 389.7万件。2013年,我国生产木材产量为$8\,367 \times 10^4\,m^3$。

②林业还提供大量的非木质林产品　非木质林产品主要包括木本粮食、油料、干鲜果品、饮料、木本饲料、药材、森林蔬菜等产品。这些产品由于来自大自然,纯净无污染,与人们的绿色消费观十分吻合,因此具有广阔的市场空间和发展前景,产品的生产已经或

即将成为森林资源丰富地区经济发展的重要支柱或新的经济增长点。

③林业提供了重要的薪材能源和生物质能源 林业每年向社会提供大量的薪材，据统计，全国城乡年均消耗薪柴占森林资源消耗量的1/3左右。木质能源在中国农村和林区一直起着重要的作用。据统计，农村能源消耗的64%用于生活用能，其中25%来自木质能源，37%来自农作物秸秆。随着农村经济的迅速发展，农村能源消费结构尽管会变化，但在一些其他资源缺乏的地区，木材能源需求还会进一步增加。因此，确定合理适用的农村木质能源开发战略以及先进的木质能源利用技术是十分重要的，有利于林区、山区农民的脱贫致富。

矿物质能源的不可再生性及其大量消耗带来的环境污染问题，促使人们更加关注对可再生能源的开发和利用。用速生高产方式培育出大量木材使之转化为液体或气体燃料，是人类利用可再生能源的又一重要选择，而用人工培育速生丰产林作为发电燃料的产业在一些国家已经开始实行。森林生物质能源的开发与利用在我国会占有重要的地位，将成为我国林业的一项重要内容。

(2)林业是农(牧)业生产的基本保障

森林在改造自然，减免水、旱、风、沙等灾害方面的强大力量，能大大改善农(牧)业生产条件，从而促进农牧业生产的发展。此外，林木的许多果实、种子、树叶，又可作牲畜的饲料，促进农牧业发展。没有森林的保障，就没有农(牧)业生产稳步发展的条件，破坏森林也就破坏了农(牧)业。

(3)林业是林区经济发展的重要力量

在我国，林业生产大都地处自然条件差、经济不发达、交通闭塞的边远地区。林业生产为这些地区带来了道路和通讯业，带来了工业，带来了各类技术人员、管理人员和工人，也为乡村和城镇带来了积累，林区的现代经济才随之起步。可以说，林业已成为这些地区的支柱产业，没有林业，其中绝大部分地区的经济将面临困境甚至是停滞。所以林业的兴衰已经不是一个产业部门的发展问题，而是整个区域社会经济生活能否进行和改善的问题。由此也可以看出林业是林区经济发展的重要力量，林业对整个国民经济发展的重要影响作用。

1.1.3.2 林业在生态建设中的地位与作用

林业是以经营森林生态系统为主的，具有产业和公益事业属性的特殊的综合性行业。林业的主要经营对象是森林，森林具有提供生产资料和发挥公益效能的双重作用。林业与生态系统平衡及环境保护和改善间的关系密切。随着人们对森林生态功能需要的日益提高，林业开始更多地承担起缓解环境压力，减少水旱灾害，保护物种多样性等责任。林业以自己的森林经营活动为人类的生存创造良好的环境，维系生态平衡。

(1)林业是生态环境建设的主体

林业是生态环境建设的主体，在生态环境建设中发挥着不可替代的作用。

森林是陆地上最大的生态系统。地球上植物总生物量约占地球上总生物量的99%，其中森林的总生物量又占植物总生物量的90%。所以，生态环境建设的主体是林业。

(2)林业对生态环境保护发挥着巨大作用

林业对生态环境保护发挥着重大的作用。林业通过合理经营森林能充分发挥森林的巨大生态环境作用，表现在以下几方面。

①森林可以涵养水源、保持水土 地表裸露是造成水土流失的主要原因。在有森林覆盖的地方，降雨时，森林通过树冠可以截留雨水；枯枝落叶层和林下植物，可以保护地面不受雨水溅击侵蚀，提高地表吸水和透水性，使大部分水缓缓渗入地下，减少和控制地面径流，加上林木发达的根系对土壤的紧固作用，从而发挥森林涵养水源和保持水土的效益，能有效地防止水旱灾害发生。据有关资料介绍，在有林的地区，林冠可以截留降水量的 10% ~ 23%，降水量的 50% ~ 80% 可以渗入地下，林地内的地面径流一般在 1% 左右，最多不超过 10%。实验表明，每公顷林地比无林地最少能多蓄水 300 m^3，34 hm^2 森林所含的水量相当于一个容量为 100 m^3 的小型水库。

②森林可以调节气候、防止风沙灾害 大面积的森林，通过改变太阳辐射和大气流通，对空气的湿度、温度、风速和降水等气象因素，有着不同程度的影响。

森林能增加空气的湿度和降水。在森林区，由于树木能像抽水机一样从土壤中吸取大量水分，通过强大的蒸腾作用散发到空气中，因而森林区的空气湿度通常要比无林地区高 10% ~ 25%。森林比同一纬度相同面积的海洋所蒸发的水分还多 50%。由于森林从土壤中吸收水分以及森林的强大蒸腾作用消耗大量热能，结果就降低了林内和森林上空的温度。据试验，夏季在森林地区上空 500 m 高度范围内，森林地区比无林地区气温低 8 ~ 10℃。由于气温降低，湿度又大，空气中水汽容易达到饱和状态而凝结，最后成云致雨。据长期研究证明，森林地区的雨水比无林地区增加 17.5% ~ 26.6%。

在森林地区，日间约有 80% 的太阳辐射被林木的枝叶截阻，不能直接射到林地上，而树冠接受的太阳热能又因水分的蒸发和蒸腾作用而大部分被消耗掉。夜晚及冬季，则由于林冠遮蔽，林中的热量不宜很快散失。因此，在气温变化中，森林区呈现出昼低而夜高、冬暖而夏凉的特点。

森林可以防风固沙，保护农田牧场免遭风沙的侵袭，对保障农牧业稳产有重要作用。风经过森林时，一部分进入林内，由于树干和枝叶的阻挡，以及气流本身的冲撞摩擦，风力逐渐削弱，风速很快减低，甚至基本消失，在林内 150 m 深处几乎平静无风；另一部分被迫沿林缘上升，越过森林，由于林冠起伏不平，激起许多漩涡成为乱流，消耗了一部分能量，结果风经过森林后，风力大为降低。农田防护林带和林网就是根据森林能降低风速的作用设计的，防风效果很明显。一条防护林带，可以使相当于树高 20 ~ 25 倍距离内的风速降低一半；如果林带和林网合理配置，就可以把灾害性大风变成无害的小风。沙是因风而起并产生流动的。由于森林（包括林带、林网）具有防风效益，林木庞大根系又能紧固沙土，所以森林会大大削弱风的携沙能力，逐渐把流沙变为固定沙。日久天长，风化雨蚀，加上枯枝落叶和其他植被根菌的分化瓦解，沙子能变成具有肥力的土壤。

森林还可减免灾害性天气的发生。在寒冷季节，由于林内及其附近温度高于空旷地，因此可以延长生长期，减轻霜害；而在夏季，树林强大的蒸腾作用降低了气温，从而避免气流的急速上升，破坏了产生冰雹的条件，因此有林地区还很少有冰雹危害。

国内外资料显示，当森林占土地面积的 30% 以上，而且分布均匀时，即具有显著的调节气候作用，可减免水、旱、风、沙、霜、雹等危害。

③森林可以净化环境、减轻污染、增进健康 森林还具有净化空气、减少噪音、卫生保健和美化环境的功能。

第一，森林是吸碳放氧的"绿色工厂"。在一般情况下，空气中的二氧化碳含量为0.03%。但随着现代工业的发展，空气中的二氧化碳不断增加，大气和水质污染日趋严重，已超出生物圈自然净化的能力，影响人类健康。如果地球上没有森林和其他绿色植物不断吸收二氧化碳放出氧气来维持其平衡，人类就不能生存。空气中的氧60%来源于森林。树木在光合作用过程中，每吸收44 g二氧化碳，即可产生32 g氧气。1 hm² 阔叶树林每天吸收1 000 kg二氧化碳，放出氧气730 kg。城市居民每人至少需要10 m²的林木，才能呼吸到真正新鲜的空气。

第二，森林是大气的自然"过滤器"。被污染的空气中含有粉尘、飘尘、炭粒、油烟、尘埃以及铅、汞等金属微粒，容易使人体患有多种呼吸道疾病。烟尘还会影响太阳照明度，间接危害人体健康。森林具有庞大的吸附面，1 hm²高大的森林，其叶面积总和是林地面积的75倍。树叶表面不很平滑，有的有绒毛和皱折吸尘，或能分泌黏液起到净化作用。1 hm²森林一昼夜可滞留粉尘32~68 t。

森林还具有吸收多种有毒物质的作用。虽然污染环境的有毒物质浓度大时树木本身也要受害，但在一定浓度下森林却能把相当多的有毒物质吸收处理掉，而自身不致受害。据美国环保局研究结果表明，1 hm²森林每年可吸收二氧化硫0.748 t、氧化氮0.38 t、一氧化碳2.2 t。不同的树种可以吸收不同的有毒物质。如银杏、刺槐、丁香、核桃、柳杉等有吸收二氧化硫的作用，加拿大杨、栓皮栎、桂香柳等有吸收铅、汞、苯、醛、酮、醚、醇的作用。

第三，森林是天然的"防疫员"。因为森林中有相当数量的臭氧，能氧化和分解有毒气体。许多树木在生长过程中能分泌出大量挥发性的或无挥发性的植物杀菌素。如桦树、柏树、桉树、梧桐、冷杉等能分泌出挥发性植物杀菌素，可以杀死空气中白喉、肺结核、伤寒、痢疾等病原菌，可防止传染病，有益于人们身心健康。

第四，森林是城市噪音的"隔音板"和"消声器"。工业生产和交通工具所发出的噪音，是一种致病的慢性毒素，影响人体健康。森林能有效地减弱噪声，为人类提供宁静的环境。据测定，100 m树木防护林带可降低汽车噪声30%、摩托车噪声25%。

第五，森林是不下岗的"监测兵"。环境污染的范围一般比较广泛，若使用理化监测手段，需要大量仪器设备和专业队伍，不易做到。而许多树木对污染十分敏感，在微量污染的情况下，即可有"症状"反映，人们可根据树木的反应来观测与掌握环境污染的程度、范围以及污染种类和毒性强度，以采取对策。例如用苹果、油桐、雪松、落叶松、马尾松等监测二氧化硫，用杏、梨、梅、雪松、落叶松等监测氟化物，用糖槭、桃、落叶松、油松等监测氯及氯化氢，用柳树等可检测汞污染，用悬铃木可监测氧化物等。

此外，森林对环境的保护作用，还在于它形态各异的冠型、花果、枝叶能美化人们的生活与工作环境，绿色的森林总给人一种优美、恬静而又柔和的感觉，能使人消除疲劳，促进身心健康。

（3）林业可以能动地改善生态环境

林业通过合理经营森林，调整其总量和结构，不仅能被动地保护生态环境，而且还能能动地改善生态环境，使恶劣、脆弱的生态环境向良好、稳定的方向转化。如缓解全球温室效应、防止荒漠化、建设自然保护区等。

（4）林业建造和发展物种基因库

林业通过合理经营森林，可建造和发展巨大的物种基因库，在保护生物多样性方面具有决定性意义。一个动植物种群全部个体所带有的全部基因的总和就是一个物种基因库。林业可以通过建立和发展生物资源基因库，保护生物多样性，有效保护、合理开发和利用我国生物资源。生物多样性是生物（动物、植物、微生物）与环境形成的生态复合体以及与此相关的各种生态过程的总和，包括生态系统、物种和基因三个层次。生物多样性是人类赖以生存的条件，是经济社会可持续发展的基础，是生态安全和粮食安全的保障。生物多样性保护的方法：一是就地保护；二是迁地保护；三是开展生物多样性保护的科学研究，制定生物多样性保护的法律和政策；四是开展生物多样性保护方面的宣传和教育。其中最主要的是建立自然保护区，比如卧龙大熊猫自然保护区、凉水的红松原始林自然保护区等。截至 2014 年年底，我国建立自然保护区总数已达 2 729 个（不包括台湾、香港、澳门），总面积达 147×10^4 km^2，相当于陆地国土面积的 14.84% 。

（5）林业是转换太阳能的"生态产业"

林业是太阳能收集与转换的巨大的"生态产业"，是人类所需物质、能量的最有前途的供给者。

林业在生态建设中的作用主要是通过合理经营森林生态系统，充分发挥森林的有益的生态功能实现的。

1. 1. 3. 3　林业在社会发展中的地位和作用

林业与社会息息相关，林业对整个社会发展具有重要的促进作用。林业在社会发展中的地位与作用主要表现在以下几个方面。

（1）林业为人类生存和社会发展提供了良好的条件

虽然人类早已摆脱了采摘、狩猎的生活方式，对森林的直接依赖性有所降低，但对森林的整体依赖性并没有减少，因为人类社会的生存和发展与以森林为主体的生态环境息息相关，而且随着当代森林的大幅度减少，人类生存对森林的依赖性更加突出。没有了森林，人类社会将失去其最基本的生命维持系统，人类也就没有未来。林业的发展能为城乡居民生活质量提高提供切实的保障。

（2）林业为社会劳动力提供了广阔的就业场所

林业是吸收劳动力、提供就业机会的一个重要行业。林业生产的地域性与多样性，为劳动者提供了相当规模的就业场所，并为他们提供了一定水平的收入，为国家的就业与收入政策的实施作出了重大贡献。

（3）森林促进了民族繁荣与社会文明

我们祖先的生存和衣、食、住、行各方面完全依赖于森林，没有森林，人类无法生存，也形不成社会，更谈不上人类社会的发展。人类最初的足迹是留在森林之中并在森林的庇护下逐渐繁荣的，人类从森林中走出来，结成社会，又发展社会，向森林走去，社会与林业息息相关。

森林孕育了人类文明，森林文明是人类最早的文明形式，也是人类最基本的和永恒的文明形式。人类因工具而走向文明，而最早的工具就是森林产品（木棍），现在的工具也大部分是森林的产物。火的利用是人类文明的一大进步，而人类的第一堆火来自森林。东方文明的建筑体系是以森林产品（木材）为原料。传统造纸方法（木浆造纸）推动了人类文明的进程。在中国文学史上4万多首诗中，有3万多首涉及森林。在人类文明发展中，森林文明将成为最重要的文明形式。

古埃及、古印度文明伴随着森林的消失而衰败。我国古黄河文明也随着森林被毁灭、生态环境的日益恶化开始衰落，历史上的政治、经济、文化中心从此退出。历史证明，森林能促进人类文明，也能使多年的文明毁于一旦。相反，我国陕西榆林地区，过去是"四望黄沙不产五谷"的凄惨景象，经过多年治沙造林的综合治理，而今该地区已经成为商品粮生产基地，被誉为"塞北小江南"，昔日文明得到了重现和发展。当前，人与自然和谐共处已成为一种生活的理念，森林的发达是社会文明进步的重要标志之一。繁荣的森林文化体系建设是林业发展的重要目标之一。

（4）森林促进了人类健康

随着人们生活水平的不断提高，人们已逐渐意识到森林不仅能提供美的享受，而且能增进身心健康，森林是人类疗养健身的胜地。森林的扩散物能杀死有害细菌。正是由于这些作用，目前，走向大森林，谋求"森林浴"的活动在世界上许多国家盛行。现代社会高度城市化，工业污染不断加剧，人们节假日闲暇时间的增加，加之收入水平的不断提高，使森林旅游活动广泛展开，林业旅游活动已成为林业生产的重要内容。

1.1.4 现代林业

早在改革开放初期，我国就有人提出建设现代林业。当时人们简单地将现代林业理解为林业机械化，后来又走入了"只讲生态建设，不讲林业产业"的朴素生态林业的误区。张建国在《现代林业论》一书中对现代林业的定义是：现代林业即在现代科学认识基础上，用现代技术装备和现代工艺方法生产以及用现代科学方法管理的，并可持续发展的林业。徐国桢提出：区别于传统林业，现代林业是在现代科学思维方式指导下，以现代科学理论、技术和管理为指导，通过新的森林经营方式，达到充分发挥森林的生态、经济、社会与文化功能，担负起优化环境，促进经济发展，提高社会文明，实现可持续发展的目标和任务。江泽慧在《中国现代林业》中提出：现代林业是充分利用现代科学技术和手段，全社会广泛参与保护和培育森林资源，高效发挥森林的多种功能和多重价值，以满足人类日益增长的生态、经济和社会需求的林业。

关于现代林业起步于何时，学术界有着不同的看法。有的学者认为，大多数发达国家的现代林业始于第二次世界大战之后，我国则始于1949年新中国成立。也有学者认为，就整个世界而言，进入后工业化时期，即进入现代林业阶段，因为此时的森林经营目标已经从经济物质转向了环境服务兼顾物质利益。而我国在新中国成立后，一直以采伐森林提供木材为重点，长期处于传统林业阶段，从20世纪70年代末期开始，随着经济体制改革，才逐步向现代林业转轨。

理解现代林业的"现代"一词，有两种含义：一是指当今时代，可以对应于从前或过去；二是新潮的、时髦的意思，可以对应于传统的或落后的。也就是说现代林业是能够体现当今的时代特征的、先进的、发达的林业。

衡量一个国家和地区的林业是否达到了现代林业的要求，最重要的就是考察其发展理念、生产力水平、功能和效益是否达到了所处时代的领先水平。

因此，现代林业就是可持续发展的林业，它是指充分发挥林业资源的多种功能和多重价值，不断满足社会多样化需求的林业发展状态和方向。

中国现代林业的基本内涵可以表述为：以可持续发展理论为指导，以三大体系建设为目标，用多目标经营做大林业，用现代科学技术提升林业，用现代物质条件装备林业，用现代信息手段管理林业，用现代市场机制发展林业，用现代法律制度保障林业，用扩大对外开放拓展林业，用高素质新型务林人推进林业，努力提高林业科学化、机械化和信息化水平，提高林地产出率、资源利用率和劳动生产率，提高林业发展的质量、素质和效益，建立完备的林业生态体系、发达的林业产业体系和繁荣的生态文化体系。

现代林业建设构建的三大体系，包括完备的林业生态体系、发达的林业产业体系和繁荣的生态文化体系。构建的林业生态体系是指通过培育和发展森林资源，保护和建设好森林生态系统、荒漠生态系统、湿地生态系统，努力构建布局科学、结构合理、功能协调、效益显著的林业生态体系。构建的林业产业体系是指加强第一产业，全面提升第二产业，大力发展第三产业，不断培育新的增长点，积极转变增长方式，努力构建门类齐全、优质高效、竞争有序、充满活力的林业产业体系。构建的生态文化体系是指普及生态知识，宣传生态典型，增强生态意识，繁荣生态文化，树立生态道德，弘扬生态文明，倡导人与自然和谐的重要价值观，努力构建主题突出、内容丰富、贴近生活、富有感染力的生态文化体系。

1.2　林业生产及分类

1.2.1　林业生产

林业生产是指以森林资源为劳动对象的各种生产过程的总称。它不但包括林业中的森林培育、采伐运输和加工，同时还包括非木质的其他植物、动物资源的培育、采集和加工。有时也将林区中的社会服务型产业(包括森林旅游)列入其中，这要视研究问题的角度和目的而定，若从林区经济角度去研究林业生产，则应把服务性生产列入其中，否则，便无此必要。

林业生产从无到有，从简单到复杂的发展过程，体现了社会对林业要求的变化及林业生产经营方针转变。在漫长的林业发展过程中，世界林业经历了"盲目砍伐"、"朦胧保护意识"、"培育森林"、"综合利用森林资源"等几个发展阶段，目前林业发达国家已进入了林业可持续经营的探索阶段。总的看其变化，体现的是林业由单一木材生产向森林全方位开发和持续经营的转变，我国林业也必将表现出这些整体特征。由此，林业生产的内容也在不断丰富和多样化。

1.2.2 林业生产分类

1.2.2.1 林业生产分类基础

（1）一般生产分类方法

从生产发展的历史和研究的角度出发，人们对生产进行了不同的分类，生产分类是研究生产发展的基础，是经济发展到一定的时期生产变化的反映。通过对生产发展的总结，生产分类主要有下列几种：马克思的两大部类分类法、三次产业分类法、标准产业分类法、生产结构产业分类法（包括农轻重、产业分类法、霍夫曼的分类法、钱纳里·泰勒分类法等）、按要素的集约程度分类法等。这些生产分类的方法是林业生产分类的依据。

（2）林业生产的特殊性

由于林业生产具有产业的综合性，它不仅含有属于工业的林木加工业，还有属于种植业的森林培育业和林木采伐业，以及有特色的森林对环境的保护性生产，因而林业生产的分类必须在参考工业生产的分类方法的基础上，形成自己的分类。林业生产分类必须考虑以下特殊因素：第一，林业生产内容的多样性及其发展基础的不均衡性，比如，营林生产与木材采运生产相比，无论在规模、独立性、技术应用程度等方面，前者都远不及后者；而林木加工利用又比非木质加工利用先进、久远，因此，在进行生产划分时，不要因其现在的生产规模小，没有实行独立核算，就不视其为独立性生产项目。第二，林业所提供的生态效益和社会效益的生产，同样也是林业生产的重要组成部分，对其要进行合理的归属。第三，林业生产的未来发展趋势是森林资源的立体开发，综合利用，也是林业生产划分的重要依据，这种趋势提醒人们多资源尤其是非林木资源的开发利用将在林业中占据很重要的地位。总之，林业生产的划分要以现在生产内容为基础，但不为现实所限，充分注意林业生产未来发展的可能，来确定林业生产应具有的内容及其归属。

1.2.2.2 林业生产分类

为了更好地研究林业生产现状及其发展趋势，确认各项生产间的联系，必须对林业生产进行正确划分，以便于分别研究和恰当决策各项生产在林业生产中应占据的地位。

（1）根据三次产业分类法划分

国民经济中一般采用三次产业分类法，将整个国民经济中的各项产业分为第一产业、第二产业、第三产业，它体现的是社会分工的演化过程。林业是一个综合性的产业，按此分类方法划分，林业中的第一产业生产包括森林资源培育生产（含林药种植等）和森林初次开发性产品生产（包括木竹采运生产及林产品采集生产）；林业中的第二产业生产包括林产品加工生产，既包括林木产品的加工生产（机械加工和林产化学加工生产），也包括林区非木质林产品的加工生产；林业第三产业生产包括森林旅游及林业派生部门的生产。派生部门是在林业基本生产部门的基础上形成和发展的，以流通和服务部门为主，如林区基础建设系统、商业服务系统、林业交通运输系统、林政管理与经济调节系统、林业信息与科技系统等。

（2）按森林资源最终发挥的作用划分

林业生产的分类是在参考一般工业生产分类方法的基础上，充分考虑林业生产特殊性，形成自己的分类方法。可将林业生产按以下的思路进行划分。

根据森林资源最终所发挥的作用不同，将林业生产分为有形林业生产和无形林业生产。有形林业生产，指的是能提供各种实物林产品的生产；而无形林业生产，则是指提供保护性资源的生产（即生态效益和社会效益的生产）。

根据森林资源的主要组成成分，将林业生产中的有形林业生产分为林木产业生产和非木质林产品产业生产两大系列。林木产业生产系列，即是以林木培育、采运、加工为对象的生产系列；非木质林产品产业生产系列，则是以森林资源中非木质资源为对象的培育、采集（采掘）、加工生产系列。

此外，根据统计需要，林区习惯上把林业生产分成五大类产业，即营林生产、木材采运生产、林产工业（包括木材加工生产和林产化学加工生产）、多种经营生产和森林旅游生产。林区多种经营生产属于非木质资源生产加工这一部分的泛称。

林木产业生产系列，还可以根据不同生产方式与生产内容的具体结合再进行细分（图 1-1）。

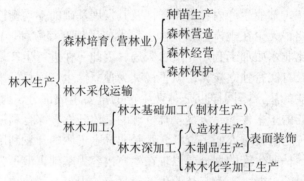

图 1-1　林木产业生产系列图

1.2.3　林业各项生产间的联系

对于林业生产间联系的客观分析，是合理确定林业生产的前提和基础。在林业生产过程中林业生产间的联系方式主要有前相关联关系、后相关联关系。林业生产间的前相关联就是通过提供供给与其他生产发生关联。例如，木材采运生产是木材加工生产的前相关联生产。林业生产间的后相关联就是通过自身的需求与其他生产部门发生关联。例如，木材加工生产是木材采运生产的后相关联生产。

（1）有形林产品生产间的联系

①林木资源培育和林木资源加工间的联系　林木资源培育和林木资源加工间的联系具有时间上的连续性和产品的递进性。营林、木材采运、木材加工是林木资源生产的不同阶段。每一阶段都以前一阶段所提供的产品为基础。对同一林地上森林资源而言，营林生产的结束表明木材采运生产的开始；同时木材采运生产所提供的原料是木材加工生产所需的原料。可见，营林、木材采运、木材加工这三部分是林木全部生产过程中相对独立的生产阶段，随着林业生产专业化水平的提高，它们完全可以成为独立的生产，但这种联系却不会改变。

林木资源加工业与林木资源培育业相互影响。林木资源加工业规模受制于林木资源培育业的规模。林木资源培育是林木资源加工的基础。当森林资源短缺是主要矛盾时，在不考虑国际贸易因素的情况下，林木资源培育所生产的林木产品的结构、数量决定了林木加工生产的数量和结构。因此，它要求林木采伐后要及时恢复，使之保持与加工业规模相适应的动态平衡；同时，这也是林木资源扩大再生产的客观需求。如果不按这种联系去确定林业生产，则会出现两种情况：第一，若木材加工规模大于林木培育规模，就必将带来林木资源的过量采伐，而使林木生产企业失去发展后劲；第二，若林木加工规模小于森林培育规模，则可能造成林木资源的贬值和浪费。因此，这两种情况都会造成林业再生产规模的萎缩，必须避免之。

②非木质资源培育与非木质资源加工业的联系　它们之间也相互影响、相互促进。非木质资源培育与非木质资源加工业的联系，同样培育是加工的基础，加工能促进培育的扩大再生产。采掘生产具有特殊性，因其不具备可培育性，其利用加工是一次性的。因此我们要提高资源的利用率，并考虑生产过程对生态环境的影响。

③林木资源培育加工与非木质资源培育加工的联系　林木资源的培育加工是林业生产中的主导产业。林业生产的主要目的是靠林木资源的生产利用实现的。因此，它在林业生产中的主导产业地位是不会改变的。非木质资源培育利用的规模、速度、水平很大程度上取决于林木培育加工的规模、速度和水平，非木质资源的培育加工也是林业生产中重要的组成部分，虽然目前其规模尚不能与林木生产规模相比，但由于其有生产周期短、见效快的特点，可以很好地弥补林木生产在这方面的不足。因而，随着森林资源综合利用不断向更广更深方向发展，其产品质量的不断提高，其必将成为林业生产中不可缺少的部分。

④同一时间、同一空间上的林业各项生产的规模具有相互制约的特点　凡是处于同一空间上的各项林业生产，由于它们对各种生产要素的共同要求，而使得在总量既定下的各项资源在各项生产中的分配量表现出相互制约性，即分配到某项生产中的资源多，则分配给另一些生产项目中的量必然少。因此，要求在提高资源利用率的前提下，合理地分配资源。

(2) 有形林产品生产与无形林产品生产间的联系

①林种在空间布局规模上存在此消彼长的联系　森林资源是林业生产的物质基础。在林业生产经营过程中，人们根据不同的需要，对森林进行了多种多样的划分。按森林培育目的、用途不同，从森林生产经营角度划分，人们将森林分为生态公益林和商品林。生态公益林是在森林生产经营中主要追求森林公益效益（生态效益、社会效益）的森林，生态公益林的生产主要是无形林产品的生产。而商品林是在森林生产经营中主要追求经济效益的森林，商品林的生产主要是各种实物林产品的生产。

林种在空间布局规模上存在此消彼长的联系。有形林产品生产与无形林产品生产间最大的联系，是林种在空间布局上体现的。处于同一地域空间上的有形林产品生产和无形林产品生产，由于对各种生产要素的共同要求和林地资源的有限性，林种在空间布局数量上存在此消彼长的联系，分配到某一项生产中的资源多，则分配给另一项生产中的资源必然少。即生态公益林布局的规模多，则商品林相对就少。同一地域空间上生态公益林与商品林的结构与布局，主要由政府宏观调控，而宏观调控的依据是社会对林业产品的需求。林种空间布局结构还与国家和地区经济发展水平及经济发展所处的阶段有关。社会需求是多样的，必须合理调整生态公益林与商品林的结构，即有形林产品生产与无形林产品生产的结构，来充分满足社会对林业的各种需求。社会需求还是不断变化的，随着社会经济的发展、科技的进步和生态环境的变化，人们对林业生产的主导需求也会相应发生变化，也应相应合理调整生态公益林与商品林的结构，以满足人们对林业的各种需求的变化。

②同一林种在功能上也存在此消彼长的联系　林业肩负生态环境建设和经济建设双重任务，要发挥生态、经济、社会三大效益，林业的多种效益相互交叉、渗透，相互依存、制约，相互矛盾、统一，总体上是同一的，在局部上又很难兼容。任意林种都有产出多种功能的可能性，而同一林种的森林在生产经营中功能上存在此消彼长的联系，一种功能的实现，会影响其他功能的有效实现。如森林生长性生产是一个累积渐进的过程，生产经营森林的各个环节也有很大的时间伸缩性，商品林中的用材林，一旦收获利用木材获得经济效益，生产迅速下降，甚至降为零，影响生态效益和社会效益的发挥，待其生产（长）回升又需很长时间。林业生产追求的是多种效益统一的有机构成（因一定时空条件而异）的综合效益最大化。同一林种在生产经营过程中，也可以通过调整生产经营方式、完善生态效益补偿机制等措施，来实现林业综合效益最大化。

1.2.4　林业生产的物质产品

物质产品的生产消费，是人类社会最基本的经济活动，社会所需要的各种物质产品，都是由各个物质生产部门提供的。林业为社会生产提供着具有重要经济效能的有形物质产品。包括为生产木材和其他林产品而提供资源生产的营林产品，如种苗，立木蓄积，特用的枝、叶、皮、茶、桑、果、木本粮油、香料等经济林产品，各种野生动物、山药材、山野菜、食用菌等林特产品，藤、棕、条、杆等林副产品和花卉、盆景等开发产品；生产的木（竹）材及其加工产品等森林工业产品，如原木（竹）、锯材（板、方材）、人造板、木竹家具、小木制品等木材加工和综合利用产品，纸浆、纸板、火柴杆、铅笔杆、包装箱、工具箱等轻工产品，以及松香、松脂、松节油、栲胶、紫胶、活性炭等林产化学加工产品；其他林业多种经营产品，如种植、养殖、采掘等产品，林机、林电、林建等产品以及森林旅游等第三产业产品等。林业生产这些物质产品的重要作用就在于参与国民经济周转和社会的物质平衡，促进经济发展，满足社会的物质产品需求，所以说林业是不可缺少的重要的物质生产部门。

思考题

1. 什么是林业？林业有什么特点？
2. 林业在国民经济、生态建设、社会发展中的作用是什么？
3. 什么是现代林业？简述其内涵。
4. 林业生产如何分类？各类林业生产间具有怎样的联系？

第 2 章

国内外林业发展概况

2.1 世界林业发展概况

从世界经济社会发展的角度来看，世界各国普遍经历了或正在经历着由原始农业社会到工业化社会（初期、中期、后期）再到后工业化社会、最终到现代社会的变革。与之相对应，各国的林业也在发生类似的变化。林业发展的历史过程，与森林密切相关，可以说林业的发展史是森林资源消长的历史，更是森林与人类生活关系的历史反映，这个过程反映了人们认识森林、利用森林、破坏森林、恢复森林、科学利用森林的规律。森林孕育了人类文明。人类的祖先——原始人类依赖森林的庇护维持着部落的生存。森林在人类社会的资本积累时期一直作为生产木材的资源，而林业则很长时间一直被当作单一生产木材的行业。随着森林资源被大量破坏和所带来的生态灾难，人类才重新认识到森林的重要性，意识到人类的生存兴亡与森林生态系统的密切关系。今天，森林已经被看成是人类社会可持续发展的基础，林业经营思想也在向森林可持续经营方向转变。

2.1.1 世界林业发展历程

世界林业发展大致经历了盲目破坏和消费森林资源阶段，伴随工业发展、大规模开发森林单纯获取木材阶段，保护和节约利用森林资源、永续利用阶段，集约经营、综合经营、恢复和扩大森林资源、可持续发展、全面协调发挥森林生态、社会及经济效益的现代林业阶段。

在森林原始利用阶段，人们为了开辟农田、牧场和发展工业，盲目破坏森林，利用则以薪材为主。林业作为独立产业形成于工业化阶段，即先进国家已完成工业革命并出现了森林资源危机之后，这时才着手恢复森林和经营管理森林，对森林的利用也由原来的以薪材为主转变为以工业用材为主（多为原木和粗加工产品）。

　　跨入 20 世纪后，由于两次世界大战和一次世界经济大危机的影响，林业陷于停滞状态，森林资源进一步遭到破坏。第二次世界大战结束后，世界各国为了恢复国民经济不得不继续超量采伐森林，因此，林业的恢复要大大迟于工农业的恢复。

　　从 20 世纪 50 年代初开始，世界经济开始迅速发展，林业也随之进入了大发展的黄金时期。在这一阶段，发达的工业化国家对森林的利用已由单一的木材生产逐渐转向多功能利用，在木材利用方面虽然也仍以工业用材为主，但产品结构已发生明显变化，大力发展木材综合利用，不仅林产品的产量、品种和产值大幅度增加，而且森林资源也处于上升趋势或逐渐达到稳定。但是，广大发展中国家，由于经济落后，工业基础薄弱，或因刚刚独立，森林资源仍处于破坏阶段，而且对森林的利用也主要是提供薪材。第二次世界大战后，许多发达国家就开始营造工业人工林，随后，许多发展中国家也开始营造工业人工林，人工林的迅速发展，已成为当代林业最大的进展之一。目前，人工林的发展已由工业人工林为主向多林种、定向培育的方向发展，全世界生态工程建设此起彼伏。目前发展中国家森林资源损失的面积远远大于更新造林面积（中国除外），但发达国家森林资源面积普遍增加，所以，当今世界森林资源数量变化不大。

　　进入 20 世纪 80 年代以后，世界各国林业发展不同程度出现了日益趋同化的趋势：以 1972 年斯德哥尔摩会议为起点，以 1991 年第十届林业大会、1992 年里约热内卢会议等会议为推动，世界各国林业都在由传统林业向现代林业、生态林业转变。随着世界各国城市人口的增加和工业迅速发展，城市环境日益恶化，城市环境问题越来越被人们所关注，人们对改善城市生态环境的愿望越来越强烈，城市林业在美国等许多发达国家崛起，并迅速向世界范围发展。社会林业也在世界范围崛起，根据第八届世界林业大会对社会林业的定义，社会林业（乡村林业）是指在一个具体的社会、经济、生态范围内，由当地居民自主的或直接参与植树造林和经营管理资源，按照森林生态系统规律和森林与社会协调发展规律，力求获得并维持最大生产力和最大效益，以达到永续地、最适度地满足当地居民多种需求及持久地改善居民生活条件，发展社会经济，改善生态环境为目的的林业形态。社会林业的发展虽然只有 30 多年的历史，但其发展速度和普及广度令人鼓舞，其发展目标由最初的单一生产目标和简单的发展目标很快向生产目标、农村经济发展目标和生态发展目标的多目标方向发展。社会林业由于受到政府的高度重视、广大农民的积极参与及国际间合作的加强的影响，特别在发展中国家其繁荣与发展正在对森林资源的恢复与环境的改善发挥着越来越重要的作用。此外，各国林业都在由传统的永续利用向持续发展转变，由单纯开发天然林向培育人工速生林转变，由生产锯材、胶合板向生产各种纸产品、非单板型人造板转变，森林经营理念也在不断变革，传统经营模式正向持续经营模式转变，高科技在林业中广泛应用。

　　由于世界各国社会经济发展水平各异，各国林业发展水平也有很大的差异。概括起来，目前世界林业发展的总体格局是：西方发达国家，如西欧、中欧、北美、加拿大、芬兰、日本、澳大利亚和新西兰等，由于工业革命开始较早，除少数国家还在过渡以外，绝大多数国家的林业发展已经进入了森林生态、社会和经济效益全面协调可持续发展的现代林业阶段；诸多亚洲和南美国家的林业从其森林经营的目标来看，正逐渐向森林生态、社会和经济效益全面协调可持续发展的现代林业阶段过渡，这些国家有亚洲的中国、马来西亚、印度尼西亚、印度、泰国和菲律宾等以及南美洲的巴西、智利、阿根廷、秘鲁、委内瑞拉、厄瓜多尔、哥伦比亚、玻利维亚和北美洲的墨西哥；非洲和其他亚洲、南美洲发展中国家由于长期处于被掠夺、被剥削的殖民地或半殖民地状态，很多国家在第二次世界大战以后才走上真正独立的道路，因此，林业发展较晚，很多国家仍处于发达国家早已经历的森林工业利用阶段，个别国家甚至仍然处于盲目利用森林的森林原始利用阶段。

2.1.2　世界林业生态工程

林业生态工程是为了保护、改善、利用自然资源和生态环境，提高人们的生产、生活、生存质量，促进国民经济发展和社会全民进步，根据生态学、林学和生态控制理论，设计、建造与调控以森林植被为主体的复合生态系。国外大型林业生态工程实践始于1934 年美国的"罗斯福工程"。19 世纪后期，不少国家由于过度放牧和开垦等原因，经常风沙弥漫，各种自然灾害频繁发生。20 世纪以来，很多国家都开始关注林业生态建设，先后实施了一批规模和投入巨大的林业生态工程，这些大型林业生态工程都对各国生态环境建设起到了至关重要的作用，其中影响较大的林业生态工程如下。

（1）美国"罗斯福工程"

世界十大林业生态工程启动时间最早的是美国"罗斯福工程"。美国 19 世纪中叶，中西部大草原 6 个州人口显著增长。由于过度放牧和开垦，19 世纪后期就经常风沙弥漫，各种自然灾害日益频繁，大面积农田和牧场被毁，大草原地区损失肥沃表土 3×10^8 t，$6\,000 \times 10^4$ hm^2 耕地受到危害，小麦减产 102×10^8 kg，当时的美国总统罗斯福发布命令，宣布实施"大草原各州林业工程"，因此这项工程又被称为"罗斯福工程"。

工程纵贯美国中西部，跨 6 个州，南北长约 1 850 km，东西宽约 1 km，建设范围约 $1\,851.5 \times 10^4$ hm^2，规划用 8 年时间（1935—1942 年）造林 30×10^4 hm^2，平均每 65 hm^2 土地上营造约 1 hm^2 林带，实行网、片、点相结合；在适宜林木生长的地方营造防护林带；在农田周围、房舍周围营造防护林网；在不适宜造林地带，选出 10% 左右的小块土地营造片林，根据当地土壤情况，因地制宜地营造林带、林网、片林，以防止土地沙化，保护农田和牧场。

工程区立地条件复杂多样，建设中采取乔木和灌木树种、针叶和阔叶树种相结合，因地制宜地使用 40 多种树木植树造林，8 年中，美国国会为此拨款 7 500 万美元。到 1942年，共植树 2.17 亿株，营造林带总长 28 962km，面积超过 10×10^4 hm^2，保护着 3 万个农场的 162×10^4 hm^2 农田。1942 年以后，由于经费紧张等原因，大规模工程造林暂时中止，但仍保持着每年造林 $1 \times 10^4 \sim 1.3 \times 10^4$ hm^2 的规模。

（2）前苏联"斯大林改造大自然计划"

前苏联在 20 世纪初，由于森林植被较少和高纬度特殊地理条件，农业生产经常遭到恶劣的气候条件等因素的影响，产量低而不稳，为了保证农业稳产高产，大规模营造农田防护林提上了议事日程。1948 年，苏共中央公布了"苏联欧洲部分草原和森林草原地区营造农田防护林，以确保农业稳产高产计划"相关文件，这就是通常所称的"斯大林改造大自然计划"，计划用 17 年时间（1949—1965 年），营造各种防护林 570×10^4 hm^2，营造 8条总长 5 320 km 的大型国家防护林带（面积 7×10^4 hm^2），在欧洲部分的东南部，营造

$40 \times 10^4 \ hm^2$ 的橡树用材林。

1949 年，"斯大林改造大自然计划"开始实施，由于准备工作不足，技术和管理上都出现了一定问题，影响了造林质量。1953 年林业部又被撤销，该计划随之搁浅。据统计，1949—1953 年共营造各种防护林 $287 \times 10^4 \ hm^2$，保存面积 $184 \times 10^4 \ hm^2$。

1966 年，苏联重新设立了国家林业委员会。1967 年再次把防护林建设列入国家计划，防护林建设进入新的发展阶段。到 1985 年，全苏联已营造防护林 $550 \times 10^4 \ hm^2$，防护林比重已从 1956 年的 3% 提高到 1985 年的 20%，其中农田防护林 $180 \times 10^4 \ hm^2$，保护着 $4\,000 \times 10^4 \ hm^2$ 农田和 360 个牧场。营造国家防护林带 $13.3 \times 10^4 \ hm^2$，总长 11 500 km，这些林带分布在分水岭、平原、江河两岸、道路两旁，与其他防护林纵横交织、相互配合，对调节径流、改善小气候、提高农作物产量等起到明显作用。据统计，由于防护林的保护，牧场提高牲畜产量 12% ~ 15%，农牧业年增产价值达 23 亿卢布。20 世纪 80 年代末期，东欧急剧动荡，紧接着苏联解体，防护林大规模营造活动再次终止。

(3) 北非五国"绿色坝工程"

众所周知，世界上最大的沙漠是撒哈拉沙漠，撒哈拉沙漠的飞沙移动现象十分严重，威胁着周围国家的生产、生活和人民生命安全。特别是摩洛哥南部、阿尔及利亚和突尼斯的主要干旱草原区、利比亚和埃及的地中海沿岸及尼罗河流域等地区尤为严重。为了防止沙漠北移，控制水土流失，发展农牧业和满足人们对木材的需要，北非的摩洛哥、阿尔及利亚、突尼斯、利比亚和埃及等五国政府决定，在撒哈拉沙漠北部边缘联合建设一条跨国生态工程。

1970 年，以阿尔及利亚为主体的北非五国决定用 20 年的时间(1970—1990 年)，在东西长 1 500 km，南北宽 20 ~ 40 km 的范围内营造各种防护林 $300 \times 10^4 \ hm^2$。其基本内容是通过造林种草，建设一条横贯北非国家的绿色植物带，以阻止撒哈拉沙漠的进一步扩展或土地沙漠化，恢复这一地区的生态平衡，最终目的是建成农林牧相结合、协调发展的绿色综合体，使该地区绿化面积翻一番。后来，各国又分别作出了具体计划，如阿尔及利亚的《干旱草原和绿色坝综合发展计划》、突尼斯的《防治沙漠化计划》等。

北非五国"绿色坝工程"从 1970 年开始，经过 10 多年的建设，到 20 世纪 80 年代中期，已植树 70 多亿株，面积达 $35 \times 10^4 \ hm^2$，初步形成一条绿色防护林带，防止了撒哈拉沙漠进一步扩展。后来，北非五国加快造林速度，到 1990 年，已营造人工林 $60 \times 10^4 \ hm^2$，使该地区森林面积达到 $1\,034 \times 10^4 \ hm^2$，森林覆盖率达到 1.72%。

(4) 加拿大"绿色计划"

加拿大森林面积 $4.2 \times 10^8 \ hm^2$，森林覆盖率 41.8%，林产品贸易量占全球份额的 20%。由于加拿大的经济是以森林工业为中心逐步发展起来的，因而历史上加拿大的森林资源也经历了大规模的开采阶段。随着公众对生态环境的日益关注，加拿大不断完善林业发展战略，近 20 多年来，大约每 5 年召开一次全国性林业大会，及时对林业发展战略进行调整，可持续发展原则在林业经营活动中开始全面推行。

20 世纪 70 年代初，加拿大对国家公园的建设进行了系统规划，将全国划分为 39 个国家公园自然区域，计划在每个自然区域内都建立国家公园。1990 年，加拿大联邦政府和省级部长会议提出了持续经营森林的主要目标、原则和规定。同时，联邦政府宣布了一项耗资 30 亿加元的"为健康环境奋斗的加拿大计划",开展大规模的植树造林,并计划把 16%的加拿大国土开辟成国家公园。1992 年,加拿大国家林业战略确定要建成一个具有代表性的保护区网络,把国土面积的 12%留作永久保留地。

森林一旦被划为保护区,政府就给予大量投入,如 1997—1998 年度加拿大全国国家公园的投入达 3.23 亿加元,主要用于建设保护设施和基础设施,以及支付管理人员的费用。经过 10 多年的努力,加拿大目前已建成国家公园 39 个,正在建设的国家公园 12 个,总面积超过 $5\,000 \times 10^4\,hm^2$;已建成省立公园 1 800 多个,面积 $2\,500 \times 10^4\,hm^2$;受法律保护禁伐的保护区面积已增加到 $8\,300 \times 10^4\,hm^2$ 以上,以上各类保护区的面积合计已达 $1.58 \times 10^8\,hm^2$,占加拿大国土总面积 15.8%,占其森林面积的 37.8%,基本实现了规划目标。工程建设取得了巨大的综合效益,据加拿大测算,国家公园每公顷土地产生的经济价值是每公顷小麦价值(73.5 加元)的近 3 倍。

(5)日本"治山计划"

第二次世界大战后,日本针对本国多次发生大水灾,提出治水必须治山、治山必须造林,特别是营造各种防护林,于 1954—1994 年连续制订和实施了 4 期防护林建设计划,防护林的比例由 1953 年占国土面积的 10%提高到 32%,其中水源涵养林占 69.4%,并在 $3\,300\,hm^2$ 的沙岸宜林地上营造 $150 \sim 250\,m$ 宽的海岸防护林。1987 年 2 月日本开展第七个治山五年计划,到 1991 年,总投资达 19 700 亿日元,造林款政府补贴 50%(国家 40%,地方 10%)。

(6)法国"林业生态工程"

1965 年起,法国开始大规模兴建海岸防风固沙、荒地造林和山地恢复等五大林业生态工程。虽历经政权更迭,但大型林业生态工程仍由政府预算维持,并由国家森林局执行。战后 20 年森林覆盖率提高了 6.3%。造林由国家给予补贴(营造阔叶树补助 85%,针叶树补助 15%),免征林业产品税,只征 5%的特产税(低于农业 8%),国有林经营费用 40% ~60%由政府拨款。

(7)菲律宾"全国植树造林计划"

菲律宾于 1986 年在全国开始实施"全国植树造林计划",其重要目标是增加森林覆盖率,稳定生态环境,提供就业机会,改善乡村地区的贫困状况,恢复退化的热带林和红树林。

(8)印度"社会林业计划"

印度针对本国社会经济实际情况,组织实施具有鲜明特点的社会林业计划,在国际上享有盛誉。印度自 1973 年正式执行社会林业计划以来,取得了巨大成绩,被联合国粮农组织誉为发展中国家发展林业的典范。

(9)韩国"治山绿化计划"

为了防止水土流失、改善生态环境,韩国已先后组织实施了 3 期治山绿化计划。韩国的治山绿化运动是在 20 世纪 70 年代由韩国政府发起和推进的,根据国家森林开发计划,韩国从 1962 年开始开展治山治水事业,韩国的治山治水事业和治山绿化运动推进过程大致可以分为四个阶段。第一阶段:1962—1972 年是开展植树节活动阶段,其重点是治山治水。第二阶段:1973—1982 年是实施第一个治山绿化十年计划阶段,该计划的总体目标是实现全国的绿化。第三阶段：1979—1988 年是实施第二个治山绿化十年计划阶段。第四阶段：1988—1997 年是实施森林资源增长计划阶段。20 世纪 80 年代末韩国已消灭荒山荒地，完成国土绿化任务，水土流失基本得到控制，森林水源涵养功能大增，生态环境有较大改观。15 年治山绿化运动成功之后，韩国紧接着又实施了以发挥森林多功能综合效益为目标的森林资源增长计划。

(10) 尼泊尔"喜马拉雅山南麓高原生态恢复工程"

尼泊尔政府与国际组织联合，1950 年初开始实施喜马拉雅山南麓高原生态恢复工程。该工程借鉴了印度的社会林业模式和我国在高原退化地区植树造林、增加植被覆盖的成功经验，耗资 2.5 亿美元。工程实施 5 年后，为该国 573 万人提供了全年需要的燃料用材，并为 13.2 万头牲畜提供充足的饲料，同时使该地区粮食产量增加了约 1/3。

此外，我国的三北及长江流域等防护林建设工程、退耕还林工程、天然林资源保护工程和野生动植物保护及自然保护区建设工程也都是对世界生态环境影响巨大的生态工程。世界十大林业生态工程按综合指数排序前六位的为：①中国三北及长江流域等重点地区防护林体系建设工程；②中国天然林资源保护工程；③中国退耕还林工程；④中国野生动植物保护及自然保护区建设工程；⑤美国罗斯福工程；⑥前苏联"斯大林改造大自然计划"。据专家研究结论，中国天然林资源保护工程建设规模世界第一；退耕还林工程投入资金世界第一；野生动植物保护及自然保护区建设工程工程范围世界第一；三北及长江流域等重点地区防护林体系建设工程工程期限世界第一。

2.1.3　世界林业发展的热点和基本趋势

把握世界林业的发展脉搏，借鉴国际林业的先进经验，是加快中国现代林业发展的重要途径。

世界范围内的气候政治给林业带来了新的机遇和挑战。1992 年《联合国气候变化框架公约》和 1997 年《京都议定书》签署以后，世界各国围绕碳排放展开了政治协商和讨价还价，形成气候政治或碳政治，对传统的林业概念产生了深层次的冲击。

当前，森林等自然资源已成为可持续发展的基础。人们认识到，为了经济的可持续发展，人类应负责任、持续地保护和利用自然资源。新的自然资源观，促使人类对包括森林在内的资源采取了新的选择和行动。

同时，工业文明发展遇到了严重的环境制约，如全球气候变化、臭氧层破坏、生物多样性锐减、大气污染和酸沉降、水污染和淡水资源危机等环境问题，制约了人类经济与社会的发展，林业因此成为国际社会关注的热点。

人口的快速增长及越来越大的人口压力，对食品、水和木材等资源的消耗不断增加，农业、畜牧业和城市的扩展，大大挤压了森林的空间。

21 世纪以来，在应对全球气候变化、生态恶化、能源资源安全、粮食安全、重大自然灾害和世界金融危机等一系列全球性问题的冲击和挑战下，促进绿色经济发展、实现绿色转型已成为世界性的潮流和趋势。林业在维护国土生态安全、满足林产品供给、发展绿色经济、促进绿色增长以及推动人类文明进步中发挥着重要作用，尤其是在气候变化、荒漠化、生物多样性锐减等生态危机加剧的形势下，世界各国越来越重视林业发展问题。总体来看，世界林业发展呈现出以下 10 个基本热点与趋势。

（1）森林与林业的定位及概念发生变化

发展绿色经济，实现绿色增长是近年来国际的热点议题之一。2011 年 2 月，联合国森林论坛第九届大会在讨论森林为民、森林减轻贫困等议题时提出，林业在发展绿色经济中具有重要作用，应该将林业置于重要的优先领域。

近年来，一些主要国家也提出了一些绿色经济发展思路。美国以绿色新政为基本理念来推动本国的绿色经济发展；欧盟提出以绿色经济来振兴地区经济；日本计划成为全球第一个低碳绿色国家；中国倡导科学发展，建设资源节约型、环境友好型社会，强调以人为本，改善民生，等等。绿色经济是资源环境经济社会的协调发展，是经济生态和社会效应兼得的一种发展方式，是经济活动过程中绿色化和生态化的体现。林业在绿色经济发展中扮演着主体角色：林业构筑了绿色经济发展的生态基础、物质基础，是绿色经济发展的基本构成部分；林业在应对气候变化过程中发挥着特殊作用，在改善社会福利和减轻贫困过程中，发挥着重要作用。在绿色发展模式下，森林成为投资的重点。在绿色发展的框架下，森林的地位被定义为是绿色发展的基础。

与此同时，低碳发展的理念正在促使人们重新思考和检验传统的林业概念以及可持续林业的概念，导致林业概念趋向重构。诸如低碳林业、低碳造林、低碳经营、碳汇造林、生物柴油林等新概念已经开始出现。林业新概念的实质包括：林业的社会地位和作用的重新定位；森林经营目标的拓展和选择标准的变革；为森林经营和造林制定低碳准则；发展林业生物质能源产业；重新检视森林利用中的过时政策；重新检视消费领域的传统观念等。

（2）林业在应对气候变化中的作用备受关注

应对气候变化是国际社会当前和未来的历史使命，也是发展低碳经济、促进经济发展的必由之路。世界银行、联合国环境署、联合国粮农组织等国际组织，以及发达国家和发展中国家，都推出了一系列林业应对气候变化的政策和举措。《联合国气候变化框架公约》(1992 年)、《京都议定书》(1997 年)和《巴厘路线图》(2007 年)等一系列公约和进程，都确认了森林在减排、增汇中的地位和作用。林业议题成为近些年来国际谈判的核心议题，也是哥本哈根气候变化峰会期间谈判中的一个亮点。一个旨在减少毁林与森林退化、加强森林保护与可持续管理的新保护机制（REDD+），得到了广泛的响应。

（3）森林可持续经营成为时代主题

1992 年联合国环境与发展大会以后，可持续发展成为全世界追求的目标，各国在森林问题和森林可持续经营上取得共识，森林可持续经营成为林业发展的重要方向和时代主题。森林可持续性是指森林生态系统，特别是其中林地的生产潜力和森林生物多样性不随时间而下降的状态。其要素是：有一定数量和质量的森林资源；必须为社会提供产品；建立并完善森林可持续经营的制度环境。

在可持续经营的框架下，森林经营重点在逐渐发生变化。林业作为一个兼有物质生产功能和公益环境功能的行业，在全球人口压力继续增大、生态环境日益恶化的形势下，生态林业已成为林业发展与追求的主要目标，公益性林业建设比重将越来越大，人工林迅速发展并成为工业用材的主要来源，发展定向林业满足用材需求将是林业建设的方向之一。

（4）相关研究促进了人们对森林生态系统服务价值的认识

森林生态系统的产品与服务，直接和间接地为国民经济和人类福利做着贡献。近年来，大量的相关研究促进了人们对森林生态系统服务的价值、价值评估以及纳入国民经济核算的认识和理解。许多国家试图开展包括森林生态系统服务在内的环境经济核算。根据联合国环境经济核算委员会（UNCEEA）2006—2007 年进行的一次全球环境经济核算调查，84% 的发达国家、34% 的发展中国家以及 27% 的转轨国家都有环境经济核算项目。

价值评估与绿色核算对创新森林价值观做出了直接的贡献，这让人们认识到除了木材生产之外的森林的其他产品与服务的价值，激发了政府和社会维护和扩大这些服务的投资兴趣，还为森林生态系统服务的市场化和建立经济补偿机制作了理论上的准备，同时也为制定宏观政策、森林产权流转和开展森林多目标经营等提供了科学依据。

（5）林业生物质能源寄托着能源替代的新希望

全球化石类能源的可开采年限，石油不到 50 年，天然气不到 60 年，煤不到 270 年，世界已进入能源不安全期。随着世界范围内化石能源的日益枯竭，自 20 世纪末，发达国家就已开始大力发展生物质能源产业以替代石油。森林作为一种十分重要的生物质能源，就其能源当量而言，是仅次于煤、石油、天然气的第四大能源，而且具有清洁安全、可再生、不与农争地、不与人争粮等优点，林业生物能源也被称为"未来最有希望的新能源"。虽然目前林业生物质能源的发展还面临着一些挑战，如林地分散、投资回收周期较长、生产成本较高、原材料不稳定、商业化发展带来的不确定的环境影响以及相关碳计量问题等，但林业生物质能源的开发已成为一个全球性的热点。

（6）打击非法木材活动，推动合法而负责任的国际林产品贸易

随着全球非法采伐与相关贸易的发生，国际林产品贸易被严重扭曲，并进而破坏森林资源、诱发气候变化、危害森林的生态服务功能，严重影响了生态、经济、社会的可持续发展。目前，非法采伐问题已经成为联合国、八国集团、多边和双边首脑会晤等重要政治外交领域中的一项重要内容，同时已成为国际社会普遍关注的热点问题。

（7）森林认证推动森林可持续经营

森林认证是非政府环保组织认识到一些国家在改善森林经营中出现政策失误、国际政府间组织解决森林问题不力以及林产品贸易不能证明其原材料来自何处之后，帮助促进森林可持续经营的一种市场机制，于 20 世纪 90 年代初逐渐兴起。森林认证为消费者证明林产品来自经营良好的森林提供了独立的担保，通过对森林经营活动进行独立的评估，将"绿色消费者"与寻求提高森林经营水平和扩大市场份额以求获得更高收益的森林经营部门联系在一起。森林认证的独特之处在于它以市场为基础，并依靠贸易和国际市场来运作。在短短 20 年的时间内它取得了快速发展，得到了政府、非政府组织、零售商、生产商、金融公司和市场的广泛认可和支持。到目前为止，世界上共有两大国际体系——森林管理委员会（FSC）和森林认证认可计划体系（PEFC）在运作，还有 30 多个国家发展了自己的森林认证体系，包括中国、美国、欧洲、加拿大、日本、马来西亚、印度尼西亚等。占全球森林面积 9.6% 的森林通过了认证，森林认证正在对林业和林产工业的发展产生影响。

(8) 森林文化成为重建人与森林和谐关系的新载体

森林是人类文明的摇篮，但是自工业革命以来，人类社会发展产生了一系列生态环境问题。面对日益恶化的生存环境，人们不得不重新审视人类与森林的关系。当前，关注森林、呵护地球成为国际社会的共同呼声。因此，在向往自然、回归自然，崇尚"天人合一"境界的国际大环境下，如何实现人与自然、人与森林的和谐共处是 21 世纪人类面临的共同问题，也是经济社会可持续发展的主要基础。在这一大背景下，森林文化成为重建人与森林和谐关系的新载体。

(9) 承担环境与发展国家责任成为涉林国际公约的核心

环境与发展，是全人类面临的共同主题。从 20 世纪 20 年代起，国际社会就开始了国际环境保护法的制定。特别是 1972 年斯德哥尔摩联合国人类环境会议和 1992 年联合国环境与发展大会以后，国际社会缔约了一系列的多边涉林环境公约，包括《湿地公约》《濒危野生动植物物种国际贸易公约》《国际热带木材协定》《21 世纪议程》《关于森林问题的声明》《生物多样性公约》《联合国气候变化框架公约》《京都议定书》和《联合国防治荒漠化公约》等。承担环境与发展国家责任，已成为涉林国际公约的核心。以生物多样性保护、湿地保护和荒漠化防治为核心的环境保护，越来越受到国际社会和各个国家的重视。而近 30 年来，森林问题已引起人类前所未有的关注，并呈国际化趋势。

(10) 林业国际化趋势加强

当今世界，经济全球化深入发展，贸易自由化趋势不可逆转，高新技术革命加速推进，全球和区域合作方兴未艾。特别是随着人类面临的全球性环境问题日益突出，林业与经济发展、气候变化和国际环境保护运动的联系越来越紧密，这促使人类不得不从全球的角度重新审视森林——这一人类共有的家园，重新思考世界林业的发展之路。因此，在新的形势下，林业的国际化进程进一步加快，任何一个国家的林业发展都离不开世界，需要共同分享发展机遇，共同应对各种挑战。可以说，国际化的新林业已成为世界林业发展的必然趋势。

2.2 中国林业发展概况

2.2.1 中国林业发展历程

中国是世界上历史悠久的国家之一，林业发展很早。早在远古时期，人们已开始利用森林，以后进而经营管理森林和人工育林造林，逐渐形成了林业体系。5 000 年璀璨的文化在其形成和发展过程中同样伴随着林业的兴衰。

(1) 古代林业发展概况

远古时代，在我国辽阔的国土上，几乎到处都覆盖着茂密的森林。林业的历史也很久远。

据考证，在西周时代(距今 3 000 年左右)，已经设有管理山林的机构和官吏，并开始征收林木税，同时还制定了一些开、禁山林和利用森林的规定。以后逐渐开始了人工栽植树木、木材利用等。早在 2 000 多年前，枣、栗已被我国人民广泛栽植利用，人工栽植杉木林的历史已有 1 600 多年。在木材利用方面，远在 2 000 多年以前，就有造纸技术的发明，特别是利用竹材造纸，另外还有樟脑和樟脑油的提炼、松脂的提炼等。

但随着人口增加、农业生产的发展和城市的兴起，垦牧毁林、火猎毁林、战争毁林普遍发生，加上封建统治阶级大兴土木掠夺森林，使我国丰富的森林逐渐遭到破坏，水土流失严重，自然灾害频繁。

（2）近代林业发展概况

自 1840 年的鸦片战争到 1949 年新中国成立的 100 多年间，中国沦为半封建半殖民地国家。由于清朝政府的软弱和"蒋王朝"的腐败无能，我国大片河山和森林资源遭受帝国主义的掠夺和侵占。

1858—1860 年，沙俄帝国主义强迫清政府签订了不平等的《中俄瑷珲条约》和《中俄北京条约》，强行夺走了黑龙江以北、外兴安岭以南和乌苏里江以东的约 100 km^2 的领土，在这片土地上生长着面积大约 $5\ 467 \times 10^4\ hm^2$，蓄积大约 $62 \times 10^8\ m^3$ 的森林。1898 年，沙俄还强迫清政府订立《中俄合办东三省铁路公司合同章程》和《伐木合同》，致使铁路两侧 50 km 范围内的森林被砍伐殆尽。

1908 年，中日两国政府成立"鸭绿江采木公司"，从此，鸭绿江流域的森林断送在日本侵略者之手。此后，日资又逐步垄断东北南部的木材加工业。1916 年前后，日本资本家得到吉林省督军孟恩远的支持，签订了《吉黑林矿借款条约》，在敦吉铁路通车后，开始大量采伐沿线森林。在东北沦为日本殖民地期间，日本人在这里修建铁路，设制材厂，大量掠夺森林资源。在日本侵占东北的 14 年间，先后掠夺木材达 $1 \times 10^8\ m^3$，破坏森林面积达 $600 \times 10^4\ hm^2$。抗日战争期间，全国森林资源又遭到进一步破坏。据资料统计，抗日战争时期，全国森林减少 10% 以上。新中国成立之时，我国森林覆盖率只有 8.6%。

鸦片战争以后，不少有识之士提倡维新，清光绪帝曾诏谕发展农林事业，兴办农林教育，但收效甚微。民国以后，北洋政府和国民党政府先后建立了一些林业机构，陆续制定了一些林业政策，可是机构动荡不定，政策有名无实，林业建设进展缓慢，森林采伐和木材工业为外国企业垄断，营林事业基本没有开展。

在中国共产党领导之下的革命根据地和解放区，人民政府十分重视林业建设，设立林业机构，制定林业政策，动员和组织人民群众植树造林。1947 年东北解放后，人民政府接管了日伪林场、森林铁路、制材厂等，大片森林收归国有，并设林业机构进行管理。

（3）新中国林业发展概况

1949 年，中华人民共和国成立，中国林业开始了新时期。这一时期主要包括三个阶段。

①1949—1977 年，以木材利用为中心阶段　1949—1957 年。中华人民共和国一成立，就着手进行土地改革，界定山林权属，变封建山林所有制为农民所有，没收官僚资本，建立国有林业经济，在全国范围内确立了国有林和农民个体所有林两种林业所有制。为了有计划地发展林业，中央人民政府政务院设立林垦部，后改称林业部，主管全国林业工作，各地也设相应机构。针对这一时期林业特点，制定了"普遍护林，大力造林，合理采伐利用木材"的林业建设方针。有计划地开发新林区；改变生产方式，改善作业条件；在全国范围内实行木材统一调配；引导林农走互助合作道路。

这一时期的林业发展，由于打破了旧的、落后的生产关系，社会生产力得到极大解放，农民植树造林的积极性高涨。但由于林业行政管理生硬地搬用苏联模式，全面推行皆伐，人工更新跟不上，以及高度集中的计划经济体制，抑制了木材贸易的市场化，加之投入短缺，林区和企业的基础设施建设"先天不足"，致使林业发展后劲不足。

1958—1965 年。这个时期的林业建设经历了"大跃进"、三年经济困难和国民经济调整三个阶段，是在曲折的道路上逐步前进，取得了不少成就和发展，但由于受"左"的错误思想影响，也遭到了较严重的破坏和损失。在"大跃进"的形势之下，林业建设发展速度加快，国有林场有较大发展；社队林场普遍兴起；以修筑通往林区的铁路干线为先导，林区开发建设步伐加快，1958—1965 年的 8 年间，共修筑林区铁路 5 587 km、公路 25 172 km；木材综合利用能力加强；提高了林业生产机械化程度，机械作业范围逐步扩大，到 1961 年木材生产中集材工序的机械化半机械化比重已达 75%；在造林、育林方面也有新的发展。但集中过量采伐和乱砍滥伐，毁坏了不少林木。集体林区林权不清，纠纷不断。在总结林业正反两方面经验教训的基础上，原林业部于 1964 年提出了"以营林为基础，采育结合，造管并举，综合利用，多种经营"的林业建设方针，同时建立了育林基金制度等，有效地促进了林业的恢复和发展。

1966—1977 年。这一时期，中国经历了"文化大革命"，各级林业机构一度陷于瘫痪状态，正确的林业方针、政策、规章制度被废弃，全国林木遭到严重破坏，林业教育和科研事业受到冲击，林业生产建设受到严重影响。但这一时期林业建设也取得了一定发展，各地平原绿化工作发展较快，形成了农田防护林新体系；用材林基地建设有所成就，在自然条件优越的南方的一些地区，飞机播种造林已经试验成功并开始全面推广。

新中国成立初期，中国已经成为一个贫林国家。刚刚建立起来的新中国一穷二白，百废待兴。面对帝国主义的封锁，国内大干快上社会主义建设所急需的木材主要依靠自己生产。由于这一历史时期赋予林业的主要使命就是多生产木材以支援国家建设，当时，木材、钢材、水泥合称三大材，林业只当作是国民经济中的一个基础产业部门，这一阶段主要是向森林索取，因而相比较而言，当时保护和培育森林资源的力度是有限的，一直到改革开放前，中国林业主要是以木材利用为中心阶段，传统的林业思想占主导地位。这种对森林资源长时期的过量采伐为后来林业的发展埋下了隐患。

②1978—1997 年，木材生产和生态建设并重阶段　这是我国林业发展较快的时期。党的十一届三中全会以后，国家工作重点转移到现代化建设方面，随着全国宏观经济改革的开展和不断深入，我国林业改革和发展进入了一个新的历史时期，林业取得了重大的成就和进步。在这一时期，恢复、重建、充实和加强了林业管理机构；探索林业发展道路，颁布了《中华人民共和国森林法》以及一系列林业政策法规，坚决制止乱砍滥伐。调整了林业建设方针，确定了"以营林为基础，普遍护林，大力造林，采育结合，永续利用"的现行林业建设方针，来处理林业内部各方面的关系。在借鉴农业联产承包责任制成功经验的基础上，结合林业特点，开展了稳定山林权属、划定自留山、确定林业生产责任制的林业"三定"工作；开放木材市场。逐步建立起支持林业发展的公共财政制度。以三北防护林体系建设为标志，我国进入了木材生产和生态建设并重的发展阶段。这一时期，我国林业在生产木材的同时，逐步加强了对森林资源的保护，开展了大规模的造林绿化工作，陆续启动了一批林业生态建设工程，建设了重点防护林体系和新的用材林基地，开展全民义

务植树运动，不断加大人工造林的力度，全面推进生态环境建设。同时注重森林的多目标经营，实施限额采伐制度。由于国有林区长期过量采伐木材，20 世纪 80 年代中期开始，国有林区不同程度地出现了森林资源危机和企业经济危困的"两危"局面，为了治理"两危"，国有林区进行了产业结构调整，大力发展林区多种经营产业，建设林业产业体系。1992 年以后，随着社会主义市场经济体制目标的建立，我国经济转型进入一个新的历史发展时期，林业行业不断进行体制机制改革，并不断加大改革力度。1994 年，原林业部提出要"深化林业改革"、"外拓空间，内建机制"，活跃林区经济，使林业经济发展壮大起来，以减轻森林资源的压力。

　　20 世纪 90 年代中期，中国提出了林业可持续发展战略，为林业的发展目标提出建立两大体系，即"建设比较完备的生态体系和比较发达的产业体系"的林业发展总目标。这一时期，林业被认为既是国民经济重要的基础产业，又是重要的社会公益事业。与此同时，顺应世界"林业可持续发展"的潮流，原林业部在充分调查论证的基础上，制定了《中国 21 世纪议程林业行动计划》，为 21 世纪中国林业的发展描绘了宏伟蓝图。在建设"两大体系"的总体思路下，林业在向兼顾生态效益、经济效益和社会效益的方向发展。但这一时期。国家对林业建设与发展的扶持力度仍然不够，林业仍然在自我振兴"。

　　③1998 年至今，以可持续发展为目标阶段　随着国家的改革开放日益向纵深发展，林业也加快了其行业发展的步伐。生态建设初期，林业并没有形成系统而成熟的发展思路，同时也未能得到有关方面政策和资金的有力支持，因而生态建设显得有些空泛乏力。1998 年我国发生特大洪灾之后，党中央、国务院果断作出了"封山育林、退耕还林、恢复植被、保护生态"的决策，决定在政策上和资金上对林业进行重点扶持。这标志着国家对林业的定位已由过去的"产业型"转为"公益型"。1999 年，国务院制定下发了"全国生态环境建设规划"，明确了生态环境建设的总目标。2000 年，国家林业局重新进行了林业定位，明确了森林是陆地生态系统的主体，林业是生态环境建设的主体。在我国历史上首次提出生态优先的战略思想，至此，也将我国林业发展战略，进一步修正为"以生态环境建设为主体的新林业发展战略"，其要义是彻底扭转以木材生产为核心的林业实践，在生态优先原则下实现林业可持续发展，实现林业三大效益的协调产出。

　　为落实党中央、国务院的战略部署，林业启动了"天然林资源保护工程"，封山育林，让森林休养生息。这无疑是一次历史性的转变。但仅实施"天然林资源保护工程"，尚不能从根本上解决我国森林资源分布不均、生态环境恶化的问题。国家又实施了"退耕还林"工程，成效显著。进入 21 世纪以来，林业在国民经济可持续发展中的重要地位与作用日益显示出来，国家开始从政策上和资金上给予林业较大的倾斜和扶持，林业迎来了快速发展的良好机遇。在世纪之交，林业整合了原先的 17 项林业建设工程为林业六大重点建设工程，建立了大量自然保护区和森林公园，并加入了联合国防治荒漠化公约等多项联合公约。2003 年 6 月，中共中央、国务院在《关于加快林业发展的决定》中明确提出："在全面建设小康社会、加快推进社会主义现代化的进程中，必须高度重视和加强林业工作，努力使我国林业有一个大的发展。在贯彻可持续发展战略中，要赋予林业以重要地位；在生态建设中，要赋予林业以首要地位；在西部大开发中，要赋予林业以基础地位。"林业开始大力发展非公有制林业，提倡全社会办林业，提升林业发展中的科技含量，国有林业按现代企业制度进行改组，实施分类经营改革，实施了森林生态效益补助制度，进行了国有林产权改革试点和集体林权改革，建设现代林业，积极参与国际碳汇交易，在林业管理体制、经营机制、组织形式、经营方式、产业结构等方面进行了富有成效的改革和调整。以林业六大重点工程为标志，中国林业进入了以可持续发展理论为指导，坚持三大效益兼顾，生态效益优先，充分发挥森林多种功能，进行林业战略调整，不断进行林业改革，促进国民经济和社会可持续发展的新阶段。

当前我国林业正在经历着前所未有的深刻变化，正在进行战略性调整转变。林业正在由主要是一项产业转向主要是一项社会公益事业；由国民经济的组成部分转向既是国民经济的组成部分，更是生态建设的主体；由采伐天然林为主转向以采伐人工林为主；由毁林开荒转向退耕还林；由无偿使用森林生态效益转向有偿使用森林生态效益；由林业部门办林业转向全社会办林业。可以说，林业正处在一个重要的转折时期。传统林业的影子正在日趋淡化，现代林业的轮廓正在逐步显现。

2.2.2 中国林业发展的主要成就

历史上，中国曾是一个多林的国家。但经长期开垦、战乱、火灾和乱砍滥伐破坏，森林资源日趋减少。新中国成立之初，全国森林覆盖率仅为 8.6%，林业建设基础极为薄弱。经过全国人民 60 多年的不懈努力，新中国林业建设取得了辉煌成就，在巨大的人口压力下，有效满足了国家经济生产、人民生活对林业的需求，并为维护良好生态环境作出了突出贡献。我国林业发展取得的重大成就，主要表现在以下几个方面。

（1）森林资源保护和管理体系逐步健全

一是建立健全了森林防火、森林病虫害防治及林政管理体系。1987 年，国家成立了森林防火指挥部，各地也相应建立了森林防火指挥机构，森林防火、扑火有了专业队伍，并建立了森林防火的通讯、瞭望、监测、阻隔网络，实现了扑火机具化、专业化，形成了较完善的森林防火体系，基础设施装备水平不断提高，防火和扑火科技含量不断提升，森林火灾次数和损失大幅下降。二是野生动植物保护体系逐步建立。自 1956 年我国建立第一个自然保护区（广东鼎湖山自然保护区）以来，我国自然保护区得到了快速发展，截至2014 年年底，我国自然保护区总数已达 2 729 个（不包括台湾、香港、澳门），总面积达147×10⁴ km²，相当于陆地国土面积的 14.84%。其中国家级自然保护区总数 428 个，总面积已达 94.66×10⁴ km²，相当于 9 个浙江省的面积。全国面积最大的自然保护区是西藏的羌塘国家级自然保护区，面积 29.8×10⁴ km²，大熊猫、朱鹮、扬子鳄等濒危物种保护成效显著。截至 2014 年年底，我国已建森林公园 3 101 处，规划总面积 1 780.54×10⁴ hm²，这些区域现已成为人民群众旅游休闲、科普教育的重要场所。三是在部分重点林业省（自治区、直辖市）和重点森工企业，建立了森林资源监测机构。四是有害生物监测、检疫和防治体系基本形成。截至目前，全国已建立各级林业有害生物防治检疫站3 000 多个，从业人员 2 万余人，建设完成各级测报站点 26 500 多个，其中国家级中心测报点 1 000 多个；在部分省份建设完成检疫隔离试种苗圃，检疫检查站和区域性除害处理设施，测报基础设施得到重点加强，林业有害生物发生率和成灾率都有所下降。

（2）建立完善林业生态体系

新中国成立以来，各级人民政府非常重视生态建设，在邓小平同志的倡导下，还开展了轰轰烈烈的全民义务植树运动，形成了全社会办林业，全民搞绿化的良好氛围。1978年，三北防护林体系建设工程正式实施，拉开了我国林业重点生态工程建设的序幕。随后，长江中上游防护林体系建设工程等防护林工程相继启动。十大防护林工程基本覆盖了我国主要水土流失区、风沙区和盐碱地等生态环境脆弱的地带。"九五"期间，国家又启动了辽河流域、珠江流域等几项防护林体系建设工程。1998 年，国家又实施了跨世纪的生态建设工程——重点地区天然林资源保护工程，使林业生态建设进入了一个新阶段。"十五"期间，国家把 17 个林业生态工程系统整合为六大林业重点工程，构造了新世纪林业生态建设的生产力布局。整合后的六大林业重点工程包括：①天然林资源保护工程；②三北和长江中下游地区等重点防护林体系建设工程；③退耕还林还草工程；④京津风沙源治理工程；⑤野生动植物保护及自然保护区建设工程；⑥重点地区速生丰产用材林基地建设工程。在重点工程的带动下，造林绿化事业取得巨大成就，人工林扩展速度进一步加快。截至 2013 年年底，全国人工造林保存面积 0.69×10^8 hm^2，蓄积量 24.83×10^8 m^3 稳居世界第一位。森林覆盖率由新中国成立初期的 8.6%，提高到 2013 年的 21.63%。经过几十年大范围植树造林，我国主要水土流失和沙漠化严重地区生态恶化的趋势得到了遏制；扭转了长期以来森林蓄积量下降的被动局面，实现了森林面积和蓄积量的双增长；城市和农村生态环境持续改善，湿地生态系统得到保护和恢复，林业生态体系建设成效显著。

（3）林业产业体系进一步发展壮大

新中国成立 60 多年来，林业产业累计为社会提供木材超过 60×10^8 m^3，其中累计提供商品材 27.23×10^8 m^3；竹材 168.06 亿根、锯材 7.50×10^8 m^3、人造板 6.08×10^8 m^3、松香 $1\ 791.14 \times 10^4$ t，我国的人造板、松香等产品的产量已跃居世界首位。随着市场需求和森林资源状况的变化，林业产业结构不断得到调整。在保持木材生产稳定增长的同时，努力培育后备资源，大力发展林产工业，积极创办新兴产业，经过多年的努力，林业产业结构明显改善，产业实力不断壮大，人工林资源有较大幅度的增长，林产工业获得较快发展。一是产业规模不断扩大，经济实力进一步增强。人造板、木质地板、竹材及竹制品、经济林产品、松香、家具等产量都居世界前列，成为林产品生产大国。二是新兴产业方兴未艾，产业内涵进一步丰富。我国森林食品、花卉竹藤、森林旅游、野生动植物繁育利用等产业快速发展，林业生物质能源、生物质材料、生物制药等蓬勃兴起。三是产业集聚度不断提高，区域特色进一步突出。纤维板、木地板行业前 10 名企业的市场占有率，达到了 30%～50%；纤维板、刨花板单线最大规模分别达到 30×10^4 m^3 和 45×10^4 m^3。中东部地区已经成为人造板生产中心，东北已成为森林食品和北药的主要产区，东南沿海已成为花卉产业的主要基地。四是非公有制经济发展迅猛，多元化格局初步形成。非公有制林业企业已占全国林业企业总数的 70% 以上，非公有制林业经济总量占全国林业总产值的50% 以上。在全国造林面积中，非公有制占了 62%；在产业投入中，超过 90% 是民间和境外资本。五是林产品贸易快速增长，国际化进程明显加快。

2012 年，我国木材产量 $8\ 088 \times 10^4$ m^3，2013 年，林业总产值 4.46 万亿元。林业产业

对推动国民经济增长做出了积极贡献。林业所提供的产品种类、数量和质量都在向多、优方向发展，产业结构、产品结构已基本上消除了单一木材及其制品生产的局限，多种经营、综合利用已日益显示出优势和实力。

（4）林业法制建设和执法工作成绩显著

1978 年以前，我国没有制定单行的森林法，仅就林业工作制定了许多法规性文件，在当时历史条件下起到了林业立法的作用。1979 年颁布了《中华人民共和国森林法（试行）》，并于 1984 年 9 月正式通过《中华人民共和国森林法》，1985 年 1 月 1 日起实施。1981 年发布了《关于开展全民义务植树运动的决议》，此后，国务院、全国人大和林业部（局）先后制定和实施了一系列林业政策、法律法规和部门规章，包括《中华人民共和国森林法实施细则》（1986 年）、《中华人民共和国野生动物保护法》（1988 年）、《森林防火条例》（1988 年）、《森林病虫害防治条例》（1989 年）、《森林和野生动物类型自然保护区管理办法》（1985 年）、《濒危野生动植物进出口条例》《森林采伐更新管理办法》（1987 年）、《退耕还林条例》（2002 年）、《植物检疫条列实施细则》（林业部分）（1994 年）、《陆生野生动物疫源疫病监测办法》《林地管理暂行办法》（1993 年）、《林木种子质量管理办法》《森林公园管理办法》（1994 年）、《湿地保护条例》《林业行政执法监督办法》（1996 年）、《林业行政处罚程序规定》（1996 年）、《森林资源监督工作管理办法》《关于加快林业发展的决定》《关于全面推进集体林权制度改革的意见》《林木林地权属争议处理办法》（1996 年）和《林地和林木权属登记办法》等。目前，以《森林法》《野生动物保护法》为核心，由法律、行政法规、部门规章以及地方性法规和规章组成的林业法律体系正在形成，建立了林地林木权属管理、造林育林、迹地更新、限额凭证采伐林木、木材运输监督检查、野生动物进出口管理、森林植物检疫等多项保护和发展森林资源的法律制度，为实现"依法治林"提供了法律依据，为林业发展提供了强有力的法律保障。

在执法方面，全国已有 30 个省（自治区、直辖市）林业主管部门建立了森林公安机构 6 200 余个，拥有森林公安干警 5 万多人。第八次清查数据显示，我国现在每年查处的林业违法占用林地案约 1.9 万起，其中违规违法占的有林地超过 $13.33 \times 10^4 \ hm^2$。

（5）发展林业科技和教育事业

新中国成立以来，科技兴林战略全面实施，林业教育和科技事业有了较大发展。各级林业科学研究机构和林业技术推广机构也得以迅速发展，基本形成了一个比较完整的林业科学研究和技术推广体系，我国现有林业科技人员 24 万人，平均每年向社会奉献约 3 000 项科技成果，林业科技进步贡献率达到 39.1%。林业科研成果一方面为林业的发展提供了强大的技术储备，另一方面通过转化也给社会带来了巨大的财富。林业教育事业也有了较大发展，先后建立了 11 所高等林业院校，其中国家"211 工程"重点建设学校 2 所，在 18 所高等农业院校中设置了林学系，建立了 144 所中等林业学校和技术学校，开办了 23 所林业干部学校；林业系统成人教育也有很大发展，已形成多形式、多层次的林业教育网点。林业教育的发展，培养了大批的中专、大专、本科毕业生以及硕士和博士研究生，大大促进了林业建设的发展。

（6）林业国际交流与合作领域不断拓展

新中国成立之初，林业国际交流与合作主要是学习林业建设经验，重点是引进苏联和民主德国等社会主义国家的林业经营经验、技术和设备。改革开放以来,我国林业对外交流与合作的领域不断扩大,从过去单纯的科技交流、援助第三世界国家,发展到技术与设备引进、开展经济贸易、吸引和利用外资、海外开发森林和造林,形成了多层次、多渠道、多形式、全方位的林业对外开放格局。

国家林业局(原林业部)作为国家林业主管部门,承担着履行国际公约的重要国际义务。由国家林业局牵头代表国家加入、并承担履约工作的国际公约有《联合国防治荒漠化公约》《濒危野生动植物种国际贸易公约》和《湿地公约》等。同时,国家林业局参与其他部门加入的国际公约并发挥林业在其中的重要作用的有《联合国气候变化框架公约》《生物多样性公约》和《植物新品种保护公约》等。近年来,我国与上述公约高层往来密切,与各公约秘书处合作在我国举办的国际性、区域性会议日益增多。通过举办不同规模和层次的国际会议,不仅显示了我国国力的提高,也扩大了我国对外影响,发挥了在国际履约中的主导作用。

同时,国家林业局代表中国政府已加入了联合国森林论坛(UNFF)、蒙特利尔进程、湿地国际、国际竹藤组织、国际林联、东北亚及欧洲森林执法与良政进程、亚洲森林执法与良政进程和亚洲森林伙伴关系等。同联合国粮农组织(FAO)、联合国开发计划署(UNDP)、联合国教科文组织(UNESCO)、联合国工发组织(UNIDO)、世界粮食计划署(WFP)、世界银行(WB)、亚洲开发银行(ADB)、国际热带木材组织(ITTO)、全球环境基金(GEF)、国际农业发展基金(IFAD)、国际竹藤组织(INBAR)、亚太经济合作组织(APEC)等国际组织建立了良好的合作关系。另外,同世界自然基金会、世界自然保护联盟、保护国际、国际野生动物保护理事会、国际爱护动物基金会、野生救援、大自然保护协会、国际林业研究中心、森林管理理事会等主要国际非政府组织也有着密切的合作。

(7)生态文化理念不断增强

新中国成立以来,在林业生态体系和林业产业体系建设取得重大进展的同时,党和政府高度重视发展生态文化,生态文化体系建设明显加强,人与自然和谐相处的生态价值观在全社会开始形成。

生态教育成为全民教育的重要内容。2004 年,国家林业局发布了《关于加强未成年人生态道德教育的实施意见》;坚持每年开展"关注森林"、"保护母亲河"和"爱鸟周"等行动,在植树节、国际湿地日、防治荒漠化和干旱日等重要生态纪念日,深入开展宣传教育活动;在中央电视台开办"人与自然"、"绿色时空"、"绿野寻踪"等专题节目,创办了《中国绿色时报》《中国林业》《森林与人类》《国土绿化》《生态文化》等重要文化载体。树立了林业英雄马永顺、治沙女杰牛玉琴和治沙英雄石光银、王有德等先进模范人物,坚持用榜样的力量推动生态建设。

生态文化内涵不断丰富。开展了林业与构建和谐社会、全面建设小康社会、建设社会主义新农村、林业与国家安全、节能减排等重大生态课题研究,形成了一批有价值的研究成果。出版了论林业与生态建设、生态文化与生态文明建设、生态与林业科普知识等大量文化图书。举办了绿化、花卉、森林旅游等专类博览会,生态文化节,绿色财富论坛,以及创建国家森林城市等各种文化活动,极大地丰富了生态文化内涵。

生态文化基础建设得到加强。建设了一批森林博物馆、森林标本馆、森林公园、城市园林等生态文化设施，保护了一批旅游风景林、古树名木和革命纪念林，为人们了解森林、认识生态、探索自然、陶冶情操提供了场所和条件。通过生态文化设施的建设和联系，普及了生态和林业知识，增强了国民的生态意识和责任意识，树立了国民的生态伦理和生态道德，使人与自然和谐相处的生态价值观更加深入人心，在全社会形成了爱护森林资源、保护生态环境、崇尚生态文明的良好风尚。

2.2.3 中国林业的定位

在新中国的发展历史上，国家对林业的第一次定位是在 20 世纪 50 年代，当时生产木材是国家建设赋予林业的主导任务，林业被定位为国民经济的基础产业，确立了以木材生产为中心的林业建设指导思想，并形成了围绕木材生产的完整的森林工业体系。

国家对林业的第二次定位是在 20 世纪 70 年代，由于我国生态环境日益恶化，自然灾害频繁发生，生态建设日益受到重视，林业被定位为既是重要的基础产业，又是重要的社会公益事业。这一时期我国开展了规模宏大的生态工程建设，但是由于林业体制惯性、经济结构的路径依赖和木材需求居高不下等原因，林业仍然没有脱离以木材为主的轨道。

国家对林业的第三次定位是在 21 世纪初。21 世纪以来，森林在生态环境建设中的主体地位以及可持续发展中的关键地位越来越受到关注。保护和发展森林资源，改善生态环境已成为国家赋予林业的主导任务，国家对林业进行了第三次定位。2003 年中共中央、国务院作出《关于加快林业发展的决定》，将生态建设、生态文明、生态安全作为新时期林业发展的指导思想和新世纪上半叶中国林业发展总体战略思想的核心内容，并从全局战略高度对林业做出全面的科学定位。林业的新定位是：林业是一项重要的社会公益事业，承担着生态建设和林产品供给的重要任务。在贯彻可持续发展战略中，要赋予林业重要地位；在生态建设中，要赋予林业首要地位；在西部大开发中，要赋予林业基础地位。2009 年中央林业工作会议在此基础上又进一步指出：林业在应对气候变化中具有特殊地位。林业的新定位强调林业首先是生态建设的公益事业，突出了生态优先的思想，林业的第三次定位，使得林业的地位得到了空前的提高。

2.2.4 中国林业的发展趋势

伴随着林业定位的变化，中国林业正发生着历史性转变。随着国家六大林业重点工程的全面实施，标志着我国林业正经历着由以木材生产为主向生态建设为主、由采伐天然林为主向以采伐人工林为主、由毁林开荒向退耕还林、由无偿使用森林生态效益向有偿使用森林生态效益、由林业部门办林业向全社会办林业的历史性转变（统称为林业的"五大转变"）。林业的五大转变预示着中国林业正由传统林业向现代林业转变。

（1）由以木材生产为主向以生态建设为主转变

以木材生产为主，是 20 世纪 50～70 年代社会经济发展对林业的主导需求，是政治、经济和社会发展阶段所决定的。随着经济的飞速发展，森林可采资源枯竭和生态日趋恶化，生态问题成为影响国民经济和社会发展最紧迫、最重要的问题之一。治理、保护和改善生态正在取代"木材生产"成为国民经济和社会发展对林业的第一需求。推动木材生产为主向以生态建设为主转变是对林业定性定位和指导思想的一次重大调整，是对林业认识的飞跃，也是林业五大转变的核心。

（2）由以采伐天然林为主向以采伐人工林为主转变

天然林在调节气候、涵养水源、保持水土、保护生物多样性、维持生态平衡等方面，具有人工林无法比拟的重要作用，是无可替代的自然资源。我国现有的天然林大部分处于大江大河源头，在维护国土生态安全方面发挥着巨大作用，生态价值无可估量，保护这些宝贵的天然林资源刻不容缓。同时，我国经济社会发展对木材的需求也在日益增长。根据第八次全国森林资源清查数据，目前全国的木材年消耗量将近 5×10^8 m³，包括原木、板材、刨花板、纤维板等纸浆折合量。木材的对外依赖度达到了 50%。据当时预测，到 2015 年我国木材供需缺口将达到 $1.4 \times 10^8 \sim 1.5 \times 10^8$ m³，供需矛盾相当尖锐，必须大力发展人工用材林。随着天然林资源保护工程的实施，木材生产已从采伐天然林为主转向采伐人工林为主，人工林木材产量的比重在"十一五"期末达到 39.44%，比"十五"末期上升了 12.27 个百分点，根据第八次全国森林资源清查数据，采伐的人工林已接近天然林。我国六大林业重点工程中的"速生丰产用材林基地建设工程"，按规划，将形成 1 333.33 $\times 10^4$ hm² 速生丰产用材林基地，将支撑一大部分木材生产能力，缓解供需矛盾，逐渐实现由采伐天然林向采伐人工林的转变。

（3）由毁林开荒向退耕还林转变

人类进入农业文明以来，写下了一部毁林开荒的历史。人类对耕地的需求，已使全球 30% 的森林变为农业用地，在解决了粮食问题的同时，也加剧了水土流失和土地沙化。造成我国水土流失和土地沙化的重要原因，主要是长期以来人们盲目毁林毁草开荒。长江、黄河上中游地区因为毁林毁草开荒，已成为水土流失最严重的地区之一，每年流入长江、黄河的泥沙量超过 20×10^8 t，其中 2/3 来自坡耕地。不断加剧的水土流失，导致江河不断淤积，使两大流域中下游地区水患加剧，水资源短缺的矛盾日益突出，给国民经济和人民生活造成巨大危害，国家不得不年年花大量的人力、物力和财力，用于防汛、抗旱和救灾济民。退耕还林是控制水土流失、治理江河水患的根本措施，是实现林业发展的重要途径。同时，退耕还林可以改变农民传统的种植习惯，调整农村土地利用结构和农村产业结构，培育和发展具有区域比较优势和市场前景的、能替代传统产业的生态经济型产业，为农民增收和地方经济发展开辟新的途径，促进农村经济和社会的全面发展。

（4）由无偿使用森林生态效益向有偿使用森林生态效益转变

按照经济学外部经济理论，人们从事的活动所产生的一部分效益不能归自己享用，这部分效益被定义为外部效益。如果具有外部效益的事业在经营中得不到补偿，就难以吸引人们从事这项事业，社会公益事业就得不到发展，因此应对外部性的活动予以补偿。森林经营业对其生产经营者来说，具有很大外部性（生态效益），应采取必要的补偿，使外部效益内部化，才能鼓励生产要素向森林经营业流动。

森林生态效益是林业公益效益的重要体现。1999 年北京市运用替代法对全市森林的生态效益进行了测算，按当年价格计算达到了 2 110 亿元，是林木自身价值的 13.3 倍。美国、日本等国的研究也表明，森林的生态效益 10 倍于其自身的经济价值。2001 年，国家财政投入 10 亿元，在 11 个省（自治区、直辖市）的 658 个县和 28 个国家自然保护区进行了生态效益补助试点，规模涉及重点防护林和特用林 1 333.33 $\times 10^4$ hm²。它标志着我国长期无偿使用森林生态效益的历史即将结束，开始进入有偿使用森林生态效益新阶段，这是林业发展史上的一个重大理论和实践突破。首先，它使森林的生态价值得到社会承认，使森林生态效益进入市场成为可能。其次，它为我国公益林的管护提供了稳定的资金渠道，注入了新的活力，有利于公益林的可持续经营。最后，它还有利于提高公民的生态意识，调动全社会造林护林的积极性，这是林业发展的一项重要的机制创新。2004 年 12 月起，中央森林生态效益补助基金制度正式确立，并在全国范围内实施，补助金投入 20 亿元人民币，对全国 2 666.67 × 10^4 hm^{2}的重点公益林进行生态效益补偿。

（5）由部门办林业向全社会办林业转变

林业的性质和特点决定了林业建设必须依靠全社会的力量。六大林业重点工程启动后，更使林业上升为一项全社会关注、民众参与程度高、需要各方力量配合和支持的社会性事业。推进这一转变，有利于凝聚社会共识，更加充分地吸引社会生产要素，壮大林业建设力量；有利于完善林业建设机制，使林业成为一个有义务、有责任、有利益、有活力的事业；有利于促进林业部门的职能转变，使之向提供公共服务和执法监督过渡。这也是完成新时期林业建设任务的重要保证。

2.2.5　中国林业重点建设工程

我国的林业建设经历了一个艰苦、曲折的发展历程。从 1978 年三北防护林工程建设开始，林业走出了一条以工程建设为重点的道路，在全国陆续启动实施了 17 个林业重点工程，取得了明显的效果。局部地区生态环境得到明显改善，重点治理区的生态环境发生了巨大变化。这些林业生态工程的实施对我国林业建设产生了巨大的推动作用。但由于各项工程是在不同的历史条件下启动的，主导功能不同，生态建设的侧重点不同，建设周期、管理模式、主要政策、资金投入水平各有差异，在具体实施过程中也出现一些问题，如建设水平低、工程范围相互重叠、功能上相互交叉、工程建设管理不规范、政策不统一、工程建设不稳定、不连续等。针对我国生态环境建设的严峻形势，根据国家生态建设的总体要求以及生态工程建设中存在的问题，为了满足社会经济发展对林业的要求，加快林业建设步伐，提高林业重点工程的质量和效益，在世纪之交，国家对 17 个林业重点建设工程进行了系统整合，把原来的 17 个林业重点工程整合为林业六大重点工程，这是一次林业生产力布局、林业生产力结构的战略性调整。整合后的林业重点工程如下：

（1）天然林资源保护工程

天然林资源保护工程（简称"天保工程"），是指从根本上遏制生态环境恶化，保护生物多样性，促进社会、经济的可持续发展为目标的国家中长期林业计划工程。

1998 年长江流域和松花江、嫩江流域特大洪灾后，党中央、国务院决定在云南、四川等 12 个省（自治区、直辖市）国有林区开展天然林保护试点。2000 年国务院批准了国家林业局、国家计委、财政部、社会保障部上报的《长江上游、黄河上中游地区天然林资源保护工程实施方案》和《东北、内蒙古等重点国有林区天然林资源保护工程实施方案》，天保工程一期全面实施。工程范围包括 17 个省（自治区、直辖市）的 734 个县和 163 个森工局。工程实施期为 2000—2010 年。工程规划总投入 962 亿元，其中：中央补助 784 亿元，地方配套 178 亿元。

天保工程是我国六大林业重点工程之一，工程实施的目的是通过对天然林禁伐、限伐，调减木材产量，并通过有计划地分流安置林区富余劳动力等措施，解决我国主要天然林区的休养生息和恢复发展问题，从根本上遏制生态环境恶化，保护生物多样性，促进社会经济的可持续发展。实施天保工程，是我国林业以木材生产为主向以生态建设为主转变的重要标志，具有里程碑意义。自天保工程实施以来，累计少伐林木 $2.2 \times 10^8 \ m^3$，减少森林资源消耗 $3.79 \times 10^8 \ m^3$，有效保护森林资源 $1.08 \times 10^8 \ hm^2$，森林面积净增 $1\ 000 \times 10^4 \ hm^2$，森林覆盖率增加 3.7 个百分点，森林蓄积净增 $7.25 \times 10^8 \ m^3$。工程实施以来取得了显著效果，工程区发生了一系列深刻变化，天保工程实施的效果可以概括为"四个明显"和"三个转变"，即资源保护明显加强，林区民生明显改善，产业结构明显优化，发展活力明显增强；工程区实现了森林资源由过度消耗向恢复性增长转变，生态状况由持续恶化向逐步改善转变，经济社会由举步维艰向全面发展转变，天保工程实现了预期目标。

由于新中国成立以来国民经济建设需要，天保工程区森林资源长期超强度采伐，恢复和发展也需要一定时间，专家和学者分析了我国生态建设的形势，总结了天保工程一期的成效，认为天然林休养生息和恢复至少需要 20～40 年，特别是东北、内蒙古重点国有林区需要的时间更长。在此基础上，国家决定天保工程建设实行长期保护，分期实施。结合国民经济社会发展规划，我国开始实施天保工程二期，二期工程时间为 2011—2020 年。工程范围在原工程范围不变的基础上，增加了 11 个县（市、区、旗）。

天保工程二期的指导思想是：把培育森林资源、保护生态环境作为转变林区发展方式的着力点，以巩固天保工程一期建设成果为基础，以保护和培育天然林资源为核心，以保障和改善民生为宗旨，以调整完善政策为保障，加大投入力度，推进林区改革，提升发展能力，努力实现资源增长、质量提高、生态良好、民生改善、林区和谐。天保工程二期建设的主要任务是在长江上游、黄河上中游地区继续停止天然林商品性采伐，东北、内蒙古等重点国有林区木材年产量继续调减，建设公益林，抚育中幼林，培育后备资源，继续对国有职工社会保险、政社性支出给予补助。

（2）三北和长江中下游地区等重点防护林体系建设工程

三北和长江中下游地区等重点防护林体系建设工程是我国涵盖面最大、内容最丰富的防护林体系建设工程，包括从 1978 年起我国陆续启动的三北（华北北部、东北北部、西北东部）、长江、沿海、珠海、平原绿化、太行山绿化、防沙治沙、淮河太湖、黄河中游、辽河十大防护林工程系统整合后的防护林建设工程。主要解决三北地区的防沙治沙问题和其他地区各不相同的生态问题。这是构筑覆盖全国的完整的森林生态体系、保护和扩大中华民族生存和发展空间的历史性任务。具体包括三北防护林四期工程，长江、沿海、珠江防护林二期工程和太行山、平原绿化二期工程。

（3）退耕还林还草工程

退耕还林还草工程就是从保护生态环境出发，将水土流失严重的耕地，沙化、盐碱化和石漠化严重的耕地以及粮食产量低而不稳的耕地，有计划、有步骤地停止耕种、因地制宜地造林种草、恢复植被的林业生态工程。

长期以来，由于盲目毁林开垦和进行陡坡地、沙化地耕种，造成了我国严重的水土流失和风沙危害，洪涝、干旱、沙尘暴等自然灾害频频发生，人民群众的生产、生活受到严重影响，国家的生态安全受到严重威胁。退耕还林工程主要解决重点地区的水土流失问题。1999 年我国在四川、陕西、甘肃 3 省率先开展了退耕还林试点，2002 年全国全面启动退耕还林还草工程。工程覆盖了中西部所有省（自治区、直辖市）及部分东部省（自治区），涉及 25 个省（自治区、直辖市）1 889 个县（市、区、旗）。工程期限从 2001—2010 年，规划投资 30 000 多亿元，实现陡坡地全退耕还林，31.9% 的沙化耕地得到治理。工程区林草覆盖率增加 4.5%。退耕还林工程是迄今为止我国政策性最强、投资量最大、涉及面最广、群众参与程度最高的一项生态建设工程，也是最大的强农惠农工程，工程实施过程中，仅中央投入的工程资金就超过 4 300 多亿元。

退耕还林国家采取的主要扶持政策有：①国家无偿向退耕农户提供粮食、生活费补助；②国家向退耕农户提供种苗造林补助费。

国家林业局的统计显示，1999—2011 年，全国累计完成退耕还林工程建设任务 2 894.4 × 10^4 hm^2，其中退耕地造林 926.4 × 10^4 hm^2，宜林荒山荒地造林 1 698 × 10^4 hm^2，封山育林 270 × 10^4 hm^2，相当于再造了一个东北、内蒙古国有林区，占国土面积 82% 的工程区森林覆盖率平均提高 3 个多百分点。

退耕还林还草工程实施以来，取得了明显的效果：①局部地区水土流失和土地沙化得到缓解，生态状况得到明显改善；②较大幅度增加了农民收入；③改变了农业广种薄收的耕种方式，保障和提高了粮食综合生产能力；④促进了基层干部和广大群众思想意识的根本转变，全民生态意识明显提高；⑤促进了农村产业结构调整和农村劳动力转移。

为了巩固退耕还林成果，中央延长了退耕还林补助政策的期限，实施的补助政策延长一个周期，还生态林再补助 8 年，还经济林再补助 5 年，还草再补助 2 年，补助标准减半。造林种苗补助标准不变。

然而，历经 14 年的退耕还林工程将面临"政策陆续到期"。我国还有大面积的坡耕地和沙化耕地在继续耕种，水土流失仍然是我国最突出的生态问题。目前，亟待退耕还林的还有 433.33 × 10^4 hm^2 陡坡耕地，超过 266.67 × 10^4 hm^4 严重沙化耕地。所以，国家发展和改革委员会、财政部、国家林业局等方面正在筹划重启退耕还林工程，国家林业局退耕办方面也已经着手编制退耕还林工程规划，内蒙古、贵州、甘肃、湖南、湖北、四川等省份也都已经向国务院递交了重启退耕还林工作的报告。2014 年，国家继续实施退耕还林还草，拟安排退耕还林 33.33 × 10^4 hm^2。全国范围内的退耕还林工程重新启动。新周期的退耕还林工程将更加科学和完善，将巩固已有退耕还林成果，继续推进退耕还林工程建设，退耕还林工程将有更大作为。

（4）京津风沙源治理工程

京津风沙源治理工程是党中央、国务院为改善和优化京津及周边地区生态环境状况，减轻风沙危害，紧急启动实施的一项具有重大战略意义的生态建设工程，是首都乃至全国的"形象工程"。

20 世纪末，京津乃至华北地区多次遭受风沙危害，其中有多次影响首都，其频率之高、范围之广、强度之大，为 50 年来所罕见。国务院决定 2002 年启动实施京津风沙源治理一期工程。工程建设范围涵盖北京、天津、河北、山西及内蒙古 5 省（自治区、直辖市）的 75 个县（市、区、旗），总面积 4 580 × 10^4 hm^2，沙化土地面积 1 012 × 10^4 hm^2。一期工程建设期为 10 年，工程计划总投资 558.65 亿元。工程采取以林草植被建设为主的综合治理措施。主要通过封沙育林，飞播造林、人工造林、退耕还林、草地治理等生物措施和小流域综合治理等工程措施，解决首都周围地区风沙危害问题，保障首都及周边地区的工农业生产，美化生活环境，提高人民生活质量。

为进一步减轻京津地区风沙危害，构筑北方生态屏障等需要，一期工程结束后，国务院决定实施京津风沙源治理二期工程，工程区范围除涵盖原来的 5 个省（自治区、直辖市）的 75 个县（市、区、旗）外，扩大至包括陕西在内 6 个省（自治区、直辖市）的 138 个县（市、区、旗）。风沙源治理二期工程建设期为 2013—2022 年，规划总投资达 877.92 亿元。二期工程建设目标包括：到 2022 年，一期工程建设成果得到有效巩固，工程区内可治理的沙化土地得到基本治理，总体上遏制沙化土地扩展趋势，生态环境明显改善，生态系统稳定性进一步增强，基本建成京津及华北北部地区的绿色生态屏障，京津地区沙尘天气明显减少，风沙危害进一步减轻。

（5）野生动植物保护及自然保护区建设工程

野生动植物保护及自然保护区建设工程是我国野生动植物保护历史上第一个全国性重大工程，也是全国六大林业重点工程之一。这是一个面向未来、着眼长远、具有多项战略意义的生态保护工程，主要解决基因保存、生物多样性保护、自然保护、湿地保护等问题。

为进一步加强野生动植物保护和自然保护区建设，提高全民族的生态保护意识，促进生态系统的良性循环，确保经济社会的可持续发展，在 2001 年"全国野生动植物保护及自然保护区建设工程"正式启动。规划总体目标是：通过实施该工程，拯救一批国家重点保护野生动植物，扩大、完善和新建一批国家级自然保护区、禁猎区、野生动物种源基地及珍稀植物培育基地，恢复和发展珍稀物种资源。根据规划，工程建设分三个阶段进行。2001—2010 年为第一阶段，2011—2030 年为第二阶段，2031—2050 年为第三阶段。近期目标（2001—2010 年），投资 752.78 亿元，中期目标（2011—2030 年），再投资 603.76 亿元，远期目标（2031—2050 年），到 2050 年，使我国自然保护区数量达到 2500 个，总面积 $1.728 \times 10^8 \ hm^2$，占国土面积的 18%，形成一个以自然保护区、重要湿地为主体，布局合理，功能类型齐全，设施先进，管理高效，具有国际重要影响的自然保护网络体系。

（6）重点地区速生丰产用材林基地建设工程

重点地区速生丰产用材林基地建设工程是我国六大林业重点工程之一，是从根本上解决我国木材和林产品供应短缺问题的产业工程。这项工程于 2002 年经国家发展计划委员会批准实施。

速生丰产用材林基地建设工程的总体思路是：以现代林业理论为指导，以实施森林分类经营为基础，以市场需求为导向，以追求最大经济效益为目标，依靠科技进步，提高经营水平，定向培育、定向利用，实行企业化经营管理，大力推进基地建设的产业化，促进原料基地和后续利用企业的一体化发展。优化林业产业结构及其布局，转变林业经济增长方式，全面推进林业产业向纵深和高效发展，满足国民经济与社会可持续发展对木材和林产品的需求，促进生态、经济和社会的协调发展。即通过较高的资金和技术投入，采取高度集约经营的方式，以较少的土地和较短的周期，生产出较多的木材，满足经济社会发展对木材和林产品的需求。

速生丰产用材林工程建设的总体布局是：建设范围主要选择在400mm等雨量线以东，自然条件优越，立地条件好，地势较平缓，不易造成水土流失，不会对生态环境构成不利影响的地区，涉及河北、内蒙古、辽宁、吉林、黑龙江、江苏、浙江、安徽、福建、江西、山东、河南、湖南、湖北、广东、广西、海南、云南等18个省（自治区）的886个县，114个林业局（场）。此外，西部的一些省份也有部分自然条件优越，气候适宜的商品林经营区，根据需要，也可适量发展速生丰产用材林基地。

速生丰产用材林基地建设工程规划期为2001—2015年，分三期建立速生丰产用材林基地，近 $1\ 333.33 \times 10^4\ hm^2$ ，工程建成后，每年可提供木材 $1.3 \times 10^8\ m^3$ ，约占我国当时商品材消耗量的40%，使我国木材供需基本趋于平衡。

该项工程的实施，不仅有利于林产工业发展，壮大林业自身经济实力，而且对减轻现有森林资源特别是天然林资源保护的压力，保障生态建设工程的实施，巩固来之不易的生态建设成果，促进农业产业结构调整，都具有重大而深远的意义。

速生丰产用材林基地建设工程的特点是：作为一项产业工程，速生丰产用材林基地建设工程与其他五大林业生态工程有两个根本不同点。一是其他五项工程都是从事生态建设的工程，只有这项工程主要是解决我国木材和林产品的供应问题。通过工程的实施，要满足国民经济与社会发展对木材和林产品的需求，减轻对森林资源保护的压力，促进其他五项林业生态工程的建设，它是一项以经济效益为主，兼有生态功能的基础产业工程，也是增强林业实力的希望工程。二是其他五项林业生态工程都是以政府作为项目实施的主体，投入以政府投资为主，而这项工程的实施主体是各类企业，具体运作将以市场需求为导向，通过市场配置资源，采取以市场融资为主，政府适当扶持的投入机制。

以上的六大林业重点工程规划范围覆盖了全国97%以上的县，规划造林任务超过 $7\ 333.33 \times 10^4\ hm^2$ ，工程范围之广，规模之大，投资之巨为历史所罕见，其中有四项林业重点工程成为世界生态工程之最。

2.2.6　中国林业发展面临的挑战、机遇和道路选择

2.2.6.1　中国林业发展面临的挑战

我国林业建设虽然取得了巨大的成就，但由于历史和社会原因，我国林业发展还面临着许多困难和挑战，存在许多问题，既有老问题，又有新问题，新老问题互相交织叠加，严重制约我国林业的发展和建设目标的实现。

（1）森林总量不足，满足不了生态与经济需求

我国森林覆盖率远低于全球31%的平均水平，人均森林覆盖率只有全球平均水平的2/3，人均森林面积仅为世界人均水平的1/4，人均森林蓄积只有世界人均水平的1/7，表现为中国森林总量不足，森林生态系统功能脆弱，满足不了我国维持良好生态环境的需要，生态脆弱状况没有根本扭转，生态问题依然是制约我国可持续发展最突出的问题之一，生态产品依然是当今社会最短缺的产品之一，生态差距依然是我国与发达国家之间最主要的差距之一。广大民众对山更绿、水更清、环境更宜居的期盼更为迫切。此外，我国林业产业发展的资源基础薄弱，产业整体素质不高，产业结构不合理，在全球化的竞争中

处于劣势，林产品有效供给满足不了我国日益增长的社会需求对木材及各种林产品的需求。我国木材对外依存度接近 50%，大径材林木和珍贵用材树种少，木材供需的结构性矛盾非常突出。

（2）中国生态环境问题严重，林业生态建设任务艰巨

生态环境问题是指由于生态平衡破坏影响到人类的生存和发展的问题。生态环境问题分为两类：第一类（原生）环境问题，是由自然力引起的环境问题（如地震、火山、龙卷风、海啸、水灾、旱灾等自然灾害引起的环境问题）。第二类（次生）环境问题，是由人类活动引起的环境问题，也称次生环境问题。次生环境问题又分为环境污染和生态破坏（生态环境破坏）。

生态环境问题是危害人体健康、制约经济发展、影响社会稳定的重要因素。当今世界环境问题正在威胁着人类。中国是生态环境问题比较严重的国家，许多污染物的排放在世界上都位居前列，而且生态环境形势严峻。生态环境只是局部改善，整体生态恶化的趋势还未得到有效遏制，部分地区生态破坏的程度还在加剧。主要是人为不合理经济社会活动造成生态退化。中国生态环境恶化主要表现在四个方面：①土地资源破坏；②森林和草原植被破坏；③水生态系统破坏；④生物多样性的减少。

中国改革开放 30 多年达到了发达国家经历上百年才达到的水平，但各种生态环境问题在短时间内相继出现，并带有很大的突发性和扩展的广泛性，发展中的生态环境问题往往与原有的问题相互交织，相互叠加，使问题更加复杂，发达国家用了近 60 年的时间治理，而我国自改革开放以来仅有 30 多年。同时，巨大的人口和经济高增长造成森林资源的巨大消耗并将形成更大的压力，我国人口还在增长，经济还要快速发展，又处在工业化中期，而人均资源占有量少，许多地区生态环境脆弱，承载力低，面临的环境压力非常大。另外，生态环境边治理边破坏现象比较严重。中国经济发展带有明显的区域性和多元特征，形成经济较为发达地区和经济落后地区横向处于相同的发展时期、纵向处于不同的发展阶段的特殊结构，造成观念、思维方式、发展方式在地域上的差异，人们对森林的生态价值认识不同，行为方式不同。在一些地区已将森林视为重要的生态资源和社会资源的同时，另一些地区仍以牺牲森林资源来换取粮食增产、经济增长，对森林资源的经济依赖度仍然相当高，并造成林地大量流失。

中国已制定了《全国生态建设规划》，明确提出了林业生态建设的目标。其中中期目标：2020 年，使全国生态环境明显改观，全国 60% 以上适宜治理的水土流失地区得到不同程度的治理，重点水土流失区治理大见成效，全国森林覆盖率达到 23% 以上；长期目标：2050 年，全国建立起基本适应可持续发展的良性生态系统，使适宜治理的水土流失地区基本得到治理，宜林地全部绿化，森林覆盖率达到并稳定在 26% 以上，使生态环境有很大改观，实现建立完备的林业生态体系、发达的林业产业体系和繁荣的生态文化体系建设目标，最大限度的保障国家国土生态安全和经济社会可持续发展。中国生态建设任务巨大，生态建设任重道远。

（3）造林质量低，生态环境建设的成本越来越高

新中国成立以来，我国就有计划地进行人工造林，但人工造林速度慢，质量差。改革开放前，我国人工造林保存面积仅为造林面积的 1/5，进入 20 世纪 90 年代后，造林步伐不断加快，人工造林、飞机播种造林、封山育林速度加快，但由于造林质量差，实际造林保存面积只有造林面积的50%。我国目前森林覆盖率21.63%，如果要完成《全国生态环境建设规划》确定的森林覆盖率提高到26%的目标，还需要做巨大的努力。

随着市场经济体制的确立，可以无偿使用的社会资源越来越少，生态环境建设的成本呈明显上升的趋势。一是以往进行生态工程建设时充分考虑了制度优势，设计了以国家投入为辅、农民投工投劳为主的建设机制，农民成为建设的主体。实际执行中，农民投工起到了决定性的作用，即使是真正有国家投入的三北防护林体系建设工程，每年的投入也只有7 000万元，相对于近千万亩的建设任务而言，投入水平实在太低。随着改革的不断深化和市场经济体制的逐步完善，公益事业建设与建设者追求经济利益的矛盾逐步显性化，原有的投入机制已经不能发挥相应的作用，增加建设投入、改变建设机制成为必然。二是生态环境的建设规模、内容逐步扩大，建设目标呈现多样化趋势，在市场经济条件下，政府依靠制度优势调动社会资源进行生态环境建设的能力逐步削弱。由于生态环境建设公益性与商业投资追求经济利益之间的矛盾，私人资本很难产生投资的动机，政府在生态环境建设中客观上发挥着投入主体的作用。三是建设的直接成本明显上升，从种苗到管护都发生了变化。改革开放初期生态建设每亩补助不足10元，而目前每亩造林成本普遍都在百元以上，有的甚至近千元。政府在生态环境建设中持续投入的能力将直接决定着生态环境建设的规模与速度，决定着中国生态环境改善的进程。四是现在我国的可造林面积、可造林地大多是在西北和西南地区，有2/3的是质量比较差的林地，50%是年降水量在400 mm以下的干旱和半干旱地区、西南地区，立地条件差，造林难度大，成活率低，必须加大科技攻关，研究抗逆性的耐旱品种，遵循自然生长规律适地适树地进行造林绿化。

（4）林产品供需之间的结构性矛盾将长期存在

林产品是国民经济建设和人民生活的重要生产资料和生活资料。从我国木材和林产品生产供给的现实情况看，除低档人造板、低档纸及纸制品、松香和少数品种的经济林产品供求大体平衡外，多数林产品供求存在较大的缺口，木材及林产品结构性短缺严重，供求矛盾呈不断加剧之势。同时，我国森林资源培育与森林资源利用脱节。一是商品性森林资源培育针对性不强，未能完全做到以市场需求为导向，非商品性森林资源培育目标过于单一，经济价值不高；二是林产工业布局和结构未能适应森林资源结构的变化，资源利用与培育脱节，资源供给总量不足与结构性失衡并存，难以使有限的森林资源发挥最大的综合效益；三是林业产业结构不合理，一、二、三产业结构失调。

我国林产品供需间的矛盾在很大程度上是森林资源先天不足的具体表现。相对于我国国土资源、相对于我国所处的发展阶段、相对于我国特定时期采取的发展方式，森林资源难以在各种需求间进行平衡；尤其是在确立了保护优先、生态优先的基本政策之后，木材及林产品的供需结构矛盾在原来已经十分尖锐的基础上进一步加剧，并且在相当长的时间内还没有有效的替代方案和措施。

基于中国的国情和当今国际发展环境，将木材和林产品的有效供给建立在外部进口基础上存在较大风险。一方面中国是森林资源大国，同时又是人口大国，有限的土地资源对绝对富余的劳动力来说是承载就业的重要基础，在相当长的时间内，这种状况难以改变；另一方面，在可持续发展的共同追求中，传统的资源输出国纷纷采取限制政策，国际间的贸易行为越来越受到国际共同政策的约束，原木进口的选择途径越来越窄。第八次全国森林资源清查显示，现在我国的木材年消耗量将近 $5 \times 10^8 \, \text{m}^3$，木材的对外依赖度达到了50%，已经很高，存在一定风险，如果对国外的依存度突破60%，风险更大。根据测算，到 2020 年，我国的木材需求量可能要达到 $8 \times 10^8 \, \text{m}^3$，过多依靠进口风险太大。

（5）林业改革滞后，体制、机制阻碍生产力发展

由于历史的原因，林业是受计划经济体制影响和束缚最严重的部门之一。所有制结构相对较单一，是长期以来林业生产关系的显著特点，从而使林业生产力发展的巨大潜能没有得到释放。市场经济运行规律要求对包括森林资源在内的各种生产要素进行优化配置，而现行的一些林业法规和规章与此相悖。林业管理体制依然落后，森林资源培育与利用环节联系不够紧密，两者难以相互促进。可以说，目前的林业管理体制和运行机制已不适应生态建设和产业建设的特点，更与社会主义市场经济体制和社会发展的要求不相适应。

2.2.6.2　中国林业发展面临的机遇

从机遇来看，一是林业成为国际关注的焦点问题，为林业国际合作创造了良好的内外环境；二是我国林业获得了来自国际的资金与技术支持，国内政策和财政扶持力度不断加大，改革与发展的动力十足；三是林业改革与发展惠及广大林农，激活了农村劳动生产力；四是民众环保意识不断增强，自觉参与林业生态建设的积极性普遍提高。

2.2.6.3　中国林业发展的道路选择

中国林业经历了 60 多年的不断探索和开拓创新的发展历程，已初步找到了一条适合中国特色的林业建设和发展道路。这条道路可以总结为：在发展方向上，确立以生态建设为主的林业可持续发展道路；在发展目标上，建立比较完备的林业生态体系和比较发达的林业产业体系，建设繁荣的生态文化体系；在发展动力上，把深化改革作为林业发展的根本源泉；在发展方针上，坚持全民动手、全社会办林业；在发展宗旨上，把兴林富民作为林业发展的出发点和落脚点；在发展重点上，把加强森林经营作为林业发展的永恒主题。

中国林业正在抓住机遇，克服困难，沿着可持续的道路发展。

思考题

1. 世界林业经历了哪些主要发展历程？从中我们可以得到怎样的启示？
2. 世界十大林业生态工程有哪些？每个生态工程主要解决什么生态问题？
3. 简述世界林业发展的基本趋势。
4. 新中国成立后中国林业经历的三大阶段主要差别是什么？以可持续发展为目标的林业发展阶段的主要特征有哪些？
5. 我国林业的战略性转变表现在哪些方面？
6. 试述新中国成立后中国林业发展的主要成就。
7. 试述中国林业发展的趋势和面临的挑战有哪些。
8. 我国六大林业重点工程主要解决什么生态问题？

第3章

森林及森林资源

3.1 森林的概念及分类

3.1.1 森林的概念

森林从字面上解释，森为繁茂，林为丛聚的树木，森林是指繁茂丛生的树木。我国《辞海》定义森林为：一种植物群落，是集生的乔木及其共同作用的植物、动物、微生物和土壤、气候等的总体。

由于森林对人类的影响较大，而人们在不同时期对森林的认识不同，人们根据政治、经济上的需要，给予森林以种种不同的定义。按照联合国粮农组织专家的意见，一般地说，森林是以广阔而比较密集的林木覆被为特点的生态系统。《林业科技词典》《林产工业词典》等对森林有类似的解释。中外林业界还总结出了林籍说（在地级统计资料中等级为山林的土地）；林丛说或现状说（树木密集生长的土地）；目的说（为培育和采伐木材及其他林产品的土地），对森林加以不同的定义。《中华人民共和国森林法》《中华人民共和国森林法实施细则》《森林调查主要技术规程》等在不同时期对森林作了不同的规定。

从国内外关于森林的定义或规定中可以看到，森林包括以下几个因素：
①森林是由乔木和其他木本植物组成的；
②森林是和土地联系在一起的，所以森林的数量标志包括面积、蓄积两方面；
③森林不仅生产木材和其他林产品，还具有环境保护、卫生保健等多种效益；
④森林是有一定广度、密度和高度的陆地生态系统。

概括起来，对森林定性的概念可以理解为：森林是依赖一定土地和环境而生存，以乔木为主体，包括灌木、草本植物以及其他生物在内，占有相当大空间，密集生长，受环境制约，又能显著影响环境的生物群落，是一种生态系统。

森林是依赖一定的土地而生存的。森林必须有一定面积的土地。森林也不是单独的树木, 中国有句古话:"独木不成林"。森林不是单独树木的总和, 如行道树、庭园树等不是森林。森林中的树木, 从外形看, 往往高大挺拔、亭亭玉立, 上下直径相差不大, 树冠较小, 木材的质量好, 而一般的树木大多比较矮小, 上细下粗。只有在单位面积的土地上, 有一定数量的树木, 彼此间形成一个整体, 它一方面受环境条件影响, 另一方面又能使环境发生显著变化(如遮阴、阻风、调节水分和温度等), 同时彼此间也相互影响, 这些树木和林地的统一体, 才能称为森林。

森林和林业是两个不同范畴的概念, 森林是以广阔而比较密集的林木覆被为特点的生态系统, 而林业是以森林为经营对象, 为进行森林经营利用而组织起来的国民经济行业部门和公益事业。

为了便于森林调查、经营和管理, 各国一般都用法律和法规的形式对森林进行定量化定义, 定义有明确的外延界限。

我国在《森林资源规划设计调查主要技术规定》中明确规定了森林的定量标准: 森林一般指有林地, 是由乔木树种构成, 郁闭度在 0.2(含 0.2)以上的林地(包括天然林、人工林和竹林)或冠幅宽度 10 m 以上的林带。

现行的森林覆盖率计算方法为:

森林覆盖率 = [(有林地面积 + 国家特别规定的灌木林面积)/土地总面积] × 100%

3.1.2　林地的概念

林地是林业用地的简称, 是用于培育、恢复和发展森林植被的土地。林地是森林资源的重要组成部分, 是林业最基本的生产资料, 是林业活动得以进行的基本条件, 是不可缺少和不能再生的生产要素。林地包括有林地、疏林地、灌木林地、未成林的造林地、苗圃用地、宜林地等六类林业用地, 它们在统计上的规定如下。

(1)有林地

有林地是指由乔木树种组成, 郁闭度 0.2(含 0.2)的林地或冠幅宽度 10 m 以上的林带。包括天然林和人工林及竹林。

竹林的标准: 郁闭度 0.2 以上, 由直径 1.5 cm 以上的竹子组成。

人工林成林标准: 一般人工造林 3~5 年或飞机播种造林 5~7 年, 生长稳定, 分布均匀, 每公顷保存株数大于或等于合理造林株数(初植密度)80% 的林分。

联合国规定: 郁闭度 0.7(含 0.7)以上的为密林; 郁闭度 0.2~0.69 为中度郁闭林; 郁闭度 0.2 以下(不含 0.2)为疏林地。此外, 我国还规定郁闭度 0.2~0.4 为低产林。

(2)疏林地

疏林地是指由乔木树种构成, 连续面积大于 0.067 hm^2, 郁闭度 0.1~0.19 之间的林地。

(3)灌木林地

灌木林地是指由灌木树种或因生境恶劣矮化成灌木型的乔木树种以及胸径小于 2 cm 的小杂竹丛构成, 覆盖度 30%(含 30%)以上的林地。

(4)未成林的造林地

未成林的造林地是指造林后保存株数大于或等于造林设计株数的 80%, 尚未郁闭但有成林希望的新造林地(一般指造林后不满 3~5 年或飞机播种造林后不满 5~7 年的造林地)。

(5)苗圃用地

苗圃用地是指以培育苗木为目的的固定的苗木育苗地。

(6)宜林地

宜林地也称无林地,指目前不够有林地条件,也不够疏林地和灌木林地或未成林的造林地条件的用来发展林业的土地的总称。主要包括宜林荒山荒地、采伐迹地、火烧迹地、宜林沙荒地、预备造林地。

3.1.3 森林的特点

森林具有寿命长,生长周期长,成分复杂,产品丰富多彩,体积庞大,地理环境多样,类型复杂,具有天然更新能力,是一种可再生的生物资源,具有巨大的生产能力,拥有最大的生物产量,对周围环境具有巨大的影响等特点。

3.1.4 森林的分类

在林业生产经营过程中,人们根据不同的需要,对森林进行了多种多样的划分。

森林是树木与环境相互作用的整体,在不同的气候条件下,就出现了不同种类的森林。如我国的热带和亚热带有常绿阔叶林;在暖温带有落叶阔叶林;在温带有针、阔混交林;而在寒温带则有针叶林。林木与环境相互作用决定森林生长发育的好坏。

在林业生产的最初阶段,人们一般根据森林的组成和年龄等因子区别森林,如按树种组成分为针叶林和阔叶林,还可进一步划分为红松林、落叶松林、白桦林等。

随着林业生产的发展,要求深入地认识森林,以上简单的分类就显得不适用了。人们开始用起源、林相、林型等因子区别森林。按森林起源划分,森林可以分为天然林和人工林。按林相划分,森林可以分为单层林和复层林。林型是一些在树种组成、其他植物层、动物区系、生境条件、植物与环境间关系、森林更新过程和更替方向等方面都近似,因而在同样经济条件下要求采取相同经营措施的一些森林地段的综合。根据林型,可以将森林划分为不同类型,如蒙古栎红松林、杜鹃蒙古栎林、河岸洼地柳林等。

根据森林形成(受干扰程度)不同,可分为原始林和次生林。原始林是指未经过人为开发利用、未经过人类力量生成的森林;次生林是指植被在演替的过程中遭到破坏,地表裸露,再度形成的森林。

为了了解各个时期森林发生发展的规律并合理经营森林,人们按林龄区分森林,一般分为幼龄林、中龄林、成熟林和过熟林。也可按森林龄级划分森林,林分内所有树木年龄完全相同的林分称为绝对同龄林,林分内树木之间年龄相差不超过一个龄级的为相对同龄林,而林分内林木的年龄相差超过一个龄级的称为异龄林。

《中华人民共和国森林法》按森林的作用将森林划分为五类,即防护林、用材林、经济林、薪炭林和特种用途林。防护林还可以分为许多小林种,如水土保持林、水源涵养林、防风林、固沙林、护堤林等。特用林也可以分为许多小林种,如国防林、科学实验林、母树林、环境保护林、风景林、名胜古迹或革命纪念地的森林、自然保护区森林等。

近年来，随着林业改革的深入，人们开始按森林培育目的、用途，从森林分类经营角度划分森林，将森林划分为生态公益林和商品林。生态公益林是在森林经营中主要追求公益效益的森林，包括防护林和特用林。而商品林是在森林经营中主要追求经济效益的森林，包括用材林、经济林和薪炭林。一般对不同类型的森林，按不同的经营思想选择不同的经营管理体制、运行机制、经济政策、管理手段和经营措施经营森林。

国际上对森林的统计包括三类：一是未经干扰的森林(原始林)；二是由人类通过利用与管理改变了的天然林，或称为半天然林；三是人工营造的森林，即人工林。尽管分类的角度不同，但从统计来看，森林的范畴已基本涵盖了所有类型的森林。

3.1.5　森林的植物成分

森林是以乔木树种为主的生物群落，除乔木树种外其他植物成分还很多。各种植物成分反映着森林植被的特点，起着不同的作用。森林中的植物根据其所处的地位可以分成林木、下木、幼苗幼树、地被物和层外植物(层间植物)。

(1)林木(立木)

林木或称立木。即生长在林内的乔木。它指森林植物中的全部乔木。构成上层和中层林冠，立木层中的树种因其经济价值、作用和特点不同，分为以下几类：

①优势树种　又称建群树种。在森林中，株数材积最大和次大的乔木树种分别称为优势树种和亚优势树种。优势树种对群落的形态、外貌、结构及对环境影响最大，它决定着群落的特点以及其他植物的种类、数量、动物区系、更新演替方向。

②主要树种　又称目的树种。是符合人们经营目的的树种，一般具有最大的经济价值，如果主要树种同时又是优势树种，是比较理想的。但有些天然林中，主要树种不一定数量最多，在天然次生林中，往往缺少主要树种。

③次要树种　又称非目的树种。它是群落中不符合经营目的要求的树种，经济价值低(经济价值以木材价值为准)，在次生林中大多由次要树种组成，这类树种生长快、易更新。如华北山区的桦木林、山杨林，但保水改良土壤作用强，次生林也具有一定的经济效益及其重要的生态效益，对树种价值的认识应该从多个角度认识。

④伴生树种　又称辅佐树种。它是陪伴主要树种生长的树种，一般比主要树种耐阴，其作用是促使主要树种干材通直、抑制其萌条和侧枝发育。在防护林带中，可增加树冠层的厚度和紧密度，提高防护效益。

⑤先锋树种　稳定的森林被破坏后迹地裸露，小气候剧变，特别是光强、温度变幅大，此时稳定群落中的原主要树种难以更新，而不怕日灼、霜害，不畏杂草的喜光树种，依靠其结实和传播种子的能力，适者生存抢先占据了地盘，这些树种，被人们誉为先锋树种。

林木常由于自然枯死或感染病虫害而枯死，这些林木称为枯立木。

(2)下木

下木即生长在森林内的灌木和一些在当地始终不能达到主林层高度的小乔木，如青楷子、花楷子、胡榛子、胡枝子、白丁香等。其高度一般终生不超过成熟林分平均高的1/2。下木数量的多少和种类因地区的建群种而异，以喜光树种为优势树种的林下一般下木数量多。森林中下木种类与荒山上的灌木种类不同，森林形成后，原有的灌木种类减少甚至消失。森林采伐后，原林下的下木种类又会减少或消失。下木能保护幼苗幼树，减少地表径流和地表蒸发，有些下木种类还能为其他动物提供食物，还能保护土壤、改良土壤、增加土壤肥力，促进林木自然整枝，或具有一定的经济价值。但下木过度繁茂对幼苗幼树生长发育不利，应及时加以调节。

(3) 幼苗幼树

幼苗幼树是指在林内或采伐迹地上更新起来的将来能长成大树的乔木树种。东北地区一般把二年生以上的阔叶树，三到五年生以上的针叶树，胸径未超过 8 cm，树高未达主林层一半高度的称为幼树。二年生以下的阔叶树和三年生以下的针叶树，统称幼苗。

幼苗和幼树是森林的子代，是老一代林木的接替者，是林业再生产的基础，所以在林业生产中要特别注意幼苗和幼树的抚育和保护，以实现森林的持续经营。

(4) 地被物

地被物可分为活地被物和死地被物。

活地被物是生长在林内最下层，覆盖在地表上的草本植物、苔藓、地衣以及一些半灌木和匍匐状或丛状的小灌木。活地被物居林内最下层，又可分两个层次：草本层和苔藓地衣层。其数量和种类对森林的更新和发展影响很大。这些草本、苔藓植物受群落中立木和下木的制约，上层不均匀性造成该地被种类、数量的分布差异，上层愈是郁闭，活地被中喜光的种类愈少，其数量也随之减少；上层若是喜光郁闭度差，活地被种类数量多，该地被物明显影响森林的更新过程。活地被物中有着极丰富的药用植物和经济植物，如人参、天麻、三七、何首乌、半夏、党参均生长在林下。同时活地被物对立地、林型有指示作用，即根据林下植物的种类、数量可判断森林的环境条件。

死地被物是指林地上的枯枝落叶层。它是林地腐殖质和肥力的来源，对土壤性质有很大的影响。同时也是地表火的主要可燃物。要注意保护和改良，才能有效地加以利用。

(5) 层外植物 (层间植物)

层外植物是指在森林内没有固定层次的植物成分，如藤本植物、附生植物、寄生和半寄生植物等。如五味子、冬青、老牛肝和树干上的苔藓、树挂等。层外植物的数量和种类可以反映当地林分的温度、湿度和卫生状况，如层外植物往往是湿热气候的标志，亚热带、热带林内比在高纬度或高山寒冷气候条件下的林内发达的多。层外植物的数量和种类还可以反映林分的年龄阶段。层外植物具有双重性，有的具有很高的经济价值，有的缠绕在树干上可使林木致死，被称为"绞杀植物"。

3.1.6 林分的常用特征指标

森林形成之后，那里的温度、水分、光照、风、湿度、植物种类和动物区系，以及林地土壤的性质，将会有明显的变化。为了揭示森林演替规律及科学经营、管理和利用森林，有必要将大片森林按其本身的特征和经营管理的需要，区划成若干个内部特征相同且与四周相邻部分有明显区别的森林地段称为林分。任何一个林区，乃至整个森林植被，都是由一个个林分构成的，要认识森林先要划分林分。

能客观反映林分特征的因子主要有：林分起源、树种组成、林相、林分年龄、郁闭度、株数密度、林分蓄积量等，这些因子的类别达到一定程度时就视为不同的林分。

(1) 林分起源

林分起源是指森林发生形成特点，一般分为天然林和人工林。由于自然媒介的作用，树木种子落在林地上发芽生根长成树木，而由此发生形成的森林称为天然林，也就是指天然起源的林分；用人工直播造林、植苗或插条造林方式而形成的森林称为人工林。天然林中从来未经人工采伐和培育的天然林称为原始林。可见，原始林一定是天然林，而天然林不一定都是原始林。

无论天然林或人工林，凡是由种子起源的林分称为实生林。当原有林木被采伐或自然灾害(火烧、病虫害、风害等)破坏后，有些树种可以用根上萌生或由根蘖萌芽形成的林分，称为萌生林或萌芽林。萌生林大多数为阔叶树种，如山杨、白桦、栎类等；少数针叶树种，如杉木也能形成萌生林。

区分森林的起源，在森林经营上有重要意义。天然林和人工林在生长速度、林分结构诸方面均有不同，森林经营上应区别对待。实生林与萌生林区别更大，实生林早期生长慢，寿命长，能培育大径材，不易感染病虫害；萌生林早期生长快，后期衰老早，不宜培育大径材，易心腐和感染病虫害。森林经营中不能抽象地谈哪种起源好，哪种不好，要由树种和经营目的而定。

明确林分起源可靠的方法主要有考察已有的资料、现地调查或访问等方式。

(2) 树种组成

林分的树种组成，指乔木树种所占的比例。一般用十分法表示。由一个树种组成的林分称为纯林，而由两个或两个以上的树种组成的林分称为混交林。为表达各树种在林分中的组成，而分别以各树种的蓄积量(胸高断面积)占林分总蓄积量(总胸高断面积)的比重来表示，这个比重称为树种组成系数(用整数表示)。树种组成由树种名称及相应的组成系数组成。例如，杉木纯林则树种组成式为"10 杉"。

在混交林中，蓄积比重最大的树种为优势树种，在组成式中，优势树种应写在前面，例如，一个由云南松和栎类组成的混交林，林分总蓄积为 245 m^3，其中云南松的蓄积为 190 m^3，栎类蓄积为 55 m^3，则该林分的树种组成式为"8 松 2 栎"。

如果某一树种的蓄积量不足林分总蓄积的 5%，但大于 2% 时，则在组成式中用"＋"号表示；若某一树种的蓄积少于林分总蓄积的 2% 时，则在组成式中用"－"号表示，例如，10 油 ＋ 栎 － 椴，说明该林分是油松纯林，但混有 2% ~ 5% 的栎类和不足 2% 的椴树。一个林分中，不论树种多少，组成式中，各树种组成系数之和都只能是"10"，大于或小于 10 都是错误的。

一般林分内 80% 或 80% 以上的林木属于同一树种，除此还有其他的伴生树种时，这样的林分仍视为纯林。

天然林的树种组成与立地条件，尤其与气候条件密切相关，我国南方气候温热多为混交林，西南高山林区多为云杉纯林、冷杉纯林。

(3) 林相

林相有两层含义：一是指森林的外形，即林冠的层次。即林分中乔木树种的树冠所形成的树冠层次称为林相或林层。明显地只有一个林冠层的林分称为单层林；林冠形成两个或两个以上层次的林分称为复层林；林冠层次不清，上下连接构成垂直郁闭者，称为连层林。在复层林中，蓄积量最大、经济价值最高的林层称为主林层，其余为次林层。将林分划分林层不仅有利于森林经营管理，而且有利于林分调查，研究林分特征及其变化规律。二是指森林的品质和健康状况的总称。例如，林木价值较高、生长旺盛称为林相优良、林相好；反之，称林相不良。

(4) 林龄

林龄指林分的平均年龄，对于组成林层的各树种，分别求其平均年龄，但常以优势树种的平均年龄代表林分年龄。根据年龄，可把林分划分为同龄林和异龄林。严格地说，林分中所有林木的年龄都相同，或在同时期营造及更新生长形成的林分称为同龄林。与此相反，林分中大部分林木年龄均不相同则为异龄林。按照这个标准，一般人工营造的林分多为同龄林。在火烧迹地或小面积皆伐迹地上更新起来的林分有可能成为同龄林。而多数天然林分，一般为异龄林。

由于树木生长及经营周期较长，确定树木准确年龄又很困难，因此，林分年龄一般不以年为单位，而是以龄级为单位表示。龄级是按树种的生长速度和寿命确定的，我国树种繁多，常分为以下几种龄级组。

20 年为一个龄级，适用于生长慢、寿命长的树种，如云杉、冷杉、红松、樟树、楠木等；10 年为一个龄级，适用于生长和寿命中庸的树种，如油松、马尾松、桦树、槭树等；5 年为一个龄级，适用于速生树种和无性更新的软阔叶树种，如杨树、柳树、杉木等；2 ~ 3 年为一个龄级，适用于生长很快的树种，如桉树、泡桐等。

根据龄级，林分内树木年龄差别在一个龄级以内，可视为同龄林；而超过一个龄级的称为异龄林。按照这个划分标准，在同龄中，林分内所有林木的年龄相差不足一个龄级的林分又称为相对同龄林。

(5) 郁闭和郁闭度

郁闭是指森林中乔木树冠相互交错形成了林冠层，这种状态在林业上称郁闭。

郁闭度是指森林中乔木树冠遮蔽地面的程度。也就是林分中林冠投影面积与林地面积之比，称为郁闭度。一般用十分法表示。它可以反映林木利用生长空间的程度。根据郁闭度的定义，测定林分郁闭度既费工又困难，在一般情况下常采用一种简单易行的样点测定法，即在林分调查中，机械设置 100 个样点，在各样点位置上采用抬头垂直仰视的方法，判断该样点是否被树冠覆盖，统计被覆盖的样点数，利用样点总数去除被树冠覆盖的样点数，即得出郁闭度。

(6) 株数密度

株数密度是指单位面积上的林木株数，简称密度。单位面积上林木株数多少，直接反映出每株林木平均占有的营养面积和空间的大小。它是造林、营林、林分调查及编制林分生长过程表或收获表中经常采用的林分密度指标。由于林分株数密度测定方法简单易行，所以，在林业生产实践中被广泛采用。

(7) 林分蓄积量

林分中一定面积森林的各种活立木的材积总和称为林分蓄积量。简称蓄积量（以 M 表示，单位 m^3/hm^2）。林分蓄积是重要的林分特征指标。蓄积量一词，只能用于尚未采伐的森林，有继续生长和不断积蓄材积的含义。

此外，反映林分特征的指标还有平均直径、平均高、立地质量、疏密度、材种出材量和出材级、林型等。

3.2　森林资源及其调查

3.2.1　森林资源

森林资源的概念与森林的概念不同。一般来说，森林资源是森林与资源概念的有机叠加。

由于对"资源"和"森林"认识的不同，人们对森林资源的概念也有许多不同的理解。有人把森林资源与森林基本视为等同概念；有人认为从资源观点认识森林即为森林资源；而大多数人认为森林是一种资源，但森林资源不仅仅指森林，它与其他资源相比具有明显的不同，是有更广泛含义的一种自然资源。同时，人们不应僵化地理解森林资源的概念，而应根据社会的不同需要，建立起若干个广义、狭义不同的森林资源概念。

《中华人民共和国森林法实施条例》（2011 年）规定，森林资源，包括森林、林木、林地以及依托森林、林木、林地生存的野生动物、植物和微生物。森林，包括乔木林和竹林。林木，包括树木和竹子。林地，包括郁闭度 0.2 以上的乔木林地以及竹林地、灌木林地、疏林地、采伐迹地、火烧迹地、未成林造林地、苗圃地和县级以上人民政府规划的宜林地。

概括地说，森林资源的基本概念应是广义的，它是陆地森林生态系统内一切被人们所认识可利用的资源总称。它包括森林、散生木（竹）、林地以及林区内其他植物、动物、微生物和森林环境等多种资源。

为适应林业实践的不同需要，在一些特定场合，人们可以运用森林资源的特定含义的狭义概念。例如，进行森林经理研究，可使用仅指林木资源的狭义概念；进行林业经济管理研究，可使用仅指森林的狭义概念；进行土地利用研究，可使用仅指林地的狭义概念；进行生态研究，可使用仅指森林生态的狭义概念。但是，在研究区域性林业乃至整个国家林业建设时，就不能使用森林资源狭义概念以偏概全，而必须使用广义的森林资源的基本概念。

森林资源包括基础资源和附属资源，其构成如图 3-1 所示。

森林与森林资源是有区别的。一是所属学科不同。森林是生态学的概念，而森林资源是经济学的概念。二是具体内涵不同。森林是生物群落，而森林资源不只是生物群落，还包括非生物资源，如矿物质、水等。

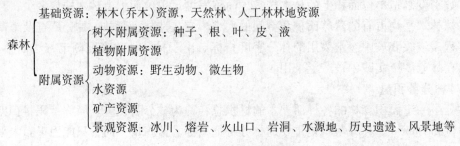

图 3-1　森林资源构成

3.2.2　森林资源所有制类型

世界森林资源所有制类型大致分为森林国有化、国有林为主、私有林为主三种类型。

(1)森林国有化类型

森林国有化类型的特点是森林是全民的财产，归国家所有，没有私有制土地，可以由集体经营，但土地是国家所有。森林国有化类型的国家主要是不发达的国家，如中国、朝鲜、古巴、蒙古、秘鲁等。

(2)国有林为主类型

国有林为主类型的特点是大部分森林归国家所有，但允许有私有林存在。森林国有林为主类型的国家主要是东欧一些国家，如波兰、匈牙利；亚洲的一些国家，如印度（国有林占95%，私有林占1.7%，其他为公有林）、印度尼西亚、马来西亚等，加拿大、英国、巴西。加拿大国有林包括联邦管辖林、省管辖林，但比较松散，以分散管理为主；生产商采取专业公司承租制，政府只派技术人员监督承租合同的实施情况。

(3)私有林为主类型

私有林为主类型的特点是森林以私有林为主，但国有林仍起主导作用。私有林为主类型的国家大部分是市场经济发达的国家。如美国（60%是私有林）、日本（私有林占58%）、法国（私有林占70%）、瑞典（私有林占50%以上）、芬兰、挪威、奥地利、新西兰、澳大利亚。

3.2.3　森林资源调查的任务、作用及种类

森林资源是维护生态环境和国民经济建设的重要资源，是组织林业生产、发挥林业多种效益的物质基础，是林业经营的对象。森林资源是不断变化的。森林采伐、森林病虫害、森林火灾及人为破坏等都会使森林资源数量减少、质量下降；相对的，森林是可再生的资源，保护培育森林、植树造林、合理经营森林等会使森林资源增加。只有了解和掌握森林资源的数量和质量，掌握森林资源的变化规律，才能科学地制定森林经营规划和森林经营政策，科学合理经营森林，充分发挥森林的多种效益。

森林资源调查的对象是：林木、林地和林区内野生动植物及其他自然环境因素等。

(1)森林资源调查的主要任务

森林资源调查的主要任务是在短期内查清森林资源的数量和质量，摸清森林资源消长变化规律，预测森林资源发展趋势，提出全面、准确的森林资源调查结果。

(2)森林资源调查的作用

森林资源调查是掌握森林资源变化的手段，是提供林业各种决策的依据。具体作用如下：

①为制定林业区划、规划、森林经营方案、林业计划和进行作业设计、指导林业生产经营提供基础资料。

②为制定和调整林业方针、政策，考核领导干部森林资源消长任期目标责任制，检查林业生产执行情况提供可靠数据。

③是确定年合理采伐量，修订年森林采伐限额，实现森林资源合理经营、科学管理、

永续利用，发挥森林多功能效益的科学依据。

④用以分析、检查、评定森林经营效果，预测未来森林资源发展变化趋势和林业生产效益提供基础材料。

(3)森林资源调查的种类

由于森林资源调查的对象、要求和作用不同，森林资源调查可以分为三大类。

①森林资源一类调查　森林资源一类调查，也称国家森林资源清查。以省(自治区、直辖市)为单位进行，复查间隔期一般为 5 年。其目的是短期内查清全国或省、自治区、直辖市范围内的森林资源数量和质量及其消长变化情况，为制定全国林业方针、政策以及全国和各省区的各种林业规划、计划和预测森林资源发展变化趋势提供科学依据。

②森林资源二类调查　森林资源二类调查，即为编制林业规划设计而进行的森林资源调查，亦称森林经理调查。复查间隔期一般为 10 年。其目的是为林业基层单位掌握森林资源的现状和变化动态，分析检查林业经营活动效果，编制或修订森林经营方案或总体设计以及林业区划和规划等提供依据。一般以国有森工企业局、国有林场、采育场和县(市、区、旗)为单位进行调查。调查项目和内容比一类调查要详细，一般由林业专业调查队伍进行调查。

③森林资源三类调查　森林资源三类调查，是满足林业各种作业设计的需要而进行的森林调查，也称作业调查。属生产性调查，如伐区设计调查、造林设计调查、现有林经营措施设计调查等。一般不定期进行，有设计任务时就需要调查。目的是查清一个作业区或者一个森林经营区范围内的森林资源数量、出材量、生长状况、结构、规律等，据此以确定采伐和更新造林措施、生产作业设计等。一般由生产经营单位开展调查。

由于近年来，为加强林业调查规划设计队伍的管理，我国开展了林业调查规划设计单位资质等级认定工作，根据需要，我国森林资源调查又根据调查面积的大小分为 3 种类型：森林资源调查面积在 $10 \times 10^4 \text{ hm}^2$ 以下的属于小型森林资源调查项目；森林资源调查面积在 $10 \times 10^4 \sim 20 \times 10^4 \text{ hm}^2$ 以内的属于中型森林资源调查项目；森林资源调查面积在 $20 \times 10^4 \text{ hm}^2$ 以上的属于为大型森林资源调查项目。

(4)森林资源调查的组织

森林资源一类调查是在国家林业局组织下，由省(自治区、直辖市)负责组织实施；森林资源二类调查根据国家林业局或省统一部署，在省或地区(市)林业主管部门组织下，由县林业主管部门负责具体实施；森林资源三类调查是在县林业主管部门组织下，以森工林业企业局、乡、国营林场、自然保护区、森林公园等为单位开展实施。

各级森林资源管理部门负责本辖区内森林资源调查的组织和管理工作；各级林业调查规划设计单位承担本辖区内的森林资源调查的技术管理和生产任务；乡(镇)林业工作站和国有林业企业局、国有林场、采育场、森林公园等负责或配合完成本经营区范围内的森林资源调查任务。

3.2.4　我国森林资源一类清查概况

新中国成立前林业不被国家重视，有多少森林资源众说不一。连当局也说不清楚，当时的森林资源调查多数是由少数专家、学者按一定的路线，使用简单的仪器，采用简单的方法，自发地进行调查，多为局部进行的调查，所以取得的数据也不太全面。

从新中国成立后到 2013 年止，我国已先后进行了 8 次全国森林资源清查。各次清查成果，都不同程度地反映了当时全国森林资源状况，从第二次全国森林资源清查后，我国建立了国家森林资源连续清查体系，开展了全国森林资源监测，取得的成果为国家及时掌握森林资源现状、森林资源消长变化动态，预测森林资源发展趋势，进行林业科学研究、林业科学决策提供了丰富的信息和可靠依据。

我国先后进行的 8 次全国森林资源一类清查的主要数据状况见表 3-1。

表 3-1 中国一类清查状况表

次数（简称）	时间	森林面积/ ×10⁴ hm²	森林蓄积/ ×10⁸ m³	森林覆盖率/%	备注
	1956—1962	8 549	70.20	8.90	郁闭度 0.3
第一次（四五清查）	1973—1976	12 186	86.60	12.70	郁闭度 0.3
第二次（五五清查）	1977—1981	11 527	90.20	12.00	郁闭度 0.3
第三次（六五清查）	1984—1988	12 456	91.40	12.98	郁闭度 0.3
第四次（七五清查）	1989—1993	13 370	101.37	13.92	郁闭度 0.3
第五次（2000 年公布）	1994—1998	15 894	112.67	16.55	郁闭度 0.2
第六次（2005 年公布）	1999—2003	17 500	124.56	18.21	郁闭度 0.2
第七次（2009 年公布）	2004—2008	19 500	137.21	20.36	郁闭度 0.2
第八次（2014 年公布）	2009—2013	20 769	151.37	21.63	郁闭度 0.2

3.2.5 反映森林资源常用的指标体系

反映森林资源状况的指标体系由反映林地利用程度、森林资源消长、森林资源结构、森林生长量、森林价值等五方面指标构成。

3.2.5.1 反映林地利用程度的指标

林地（包括有林地、疏林地、灌木林地、未成林的造林地、苗圃地以及宜林地）是一个经营地区林业生产的主要基础，林地面积能否充分合理地经营利用，是衡量其经营利用效果的主要标志。

反映林地利用程度常用的指标主要有：森林覆盖率、林业用地利用率、林分平均郁闭度等。

（1）森林覆盖率

森林覆盖率是森林面积占该地区总面积的百分比。不过森林面积的概念世界上有不同理解，传统概念是单纯以林木为主的有林地面积为准。也有把有林地与灌木林地之和作为森林面积计算的。我国现行的森林覆盖率计算方法为：

森林覆盖率 =（有林地面积 + 国家特别规定的灌木林面积）/土地总面积 ×100%

森林覆盖率的高低可以反映一个地区森林的多寡，也反映该地区的土地利用的程度，以及所采用的林业经营利用措施是否得当。如果一个地区森林覆盖率低，反映出该地区可能不是以林为主的地区，或是有大量的荒山荒地未被利用造林，也可能是只重视历年的造林面积,而不重视其实际保存的面积,造林保存率低等。

(2)林业用地利用率(亦称绿化程度)

林业用地利用率是指林业用地中有林地的比率。林业用地利用率是反映林业用地有多少达到了"成林"的标准,也有用森林面积替代有林地计算的。这个指标是受造林、更新和采伐方式、经营利用措施的影响的,它可以确切地说明一个林业经营单位在一定的期限内采取的一切经营利用措施所取得的效果。目前,我国林业用地利用率较低,平均只有70%多,而美国、前西德等国都在 95% 以上。这说明我国的林业用地还有近 1/3 没有利用。用这个指标可以衡量不同的地区森林经营的程度,而且可以明确今后林地努力利用的方向。

(3)林分平均郁闭度

郁闭度是指森林中乔木树冠互相衔接的程度,也就是林冠覆盖地面的程度。郁闭度一般用十分法表示。平均郁闭度反映一个地区森林的质量高低,是衡量一个地区森林资源经营管理的主要尺度。目前我国林分平均郁闭度较低,与世界林业发达国家相差较远。

3.2.5.2　反映森林资源消长的指标

反映森林资源消长常用的指标主要有:造林成活率和造林保存率、森林面积年平均净增率和森林蓄积量年平均净增率等。

(1)造林成活率和造林保存率

造林成活率是指造林 1~2 年内成活的株数的百分比。它只反映造林后短期内的造林经营效果,成活率的高低是今后能否成林的关键,所以它可以作为衡量林业经营效果的指标之一。但造林成活率变动性较大,一般不用其反映森林(成林)的消长,而用造林保存率反映森林的消长状况。造林保存率是指造林后郁闭成林的面积占造林总面积的百分比,它可以反映人工造林的速度和成效,反映较为长期的林业经营效果。

(2)森林面积年平均净增率

森林面积年平均净增率是指森林年平均净增面积占现有森林总面积的百分比。

$$森林年平均净增面积 = 造林更新年平均保存面积 - 年平均消耗森林面积$$

(3)森林蓄积量年平均净增率

森林蓄积量年平均净增率是指森林蓄积量年平均净增量占现有森林蓄积量的百分比。

$$森林蓄积量年平均净增量 = 年平均生长量 - 年消耗蓄积量$$

如果一个地区林业经营利用不利,以上两个指标的数值就会降低,甚至出现负值。这说明在这期间,通过森林经营和采伐利用,以及其他人为和自然的影响,这个地区森林资源不是增加了,而是减少了。因此,上述两个指标不仅能反映每年造了多少林,有多少生长量,而且还能反映每年由于人为和自然灾害造成的森林资源消耗的数量,能客观地反映森林经营和采伐利用所产生的效果。

3.2.5.3　反映森林资源结构的指标

反映森林资源结构的指标一般用树种结构、林龄结构和径级结构表示。

（1）树种结构

树种结构是指森林中各个树种的面积（蓄积或株数）所占的比例。

（2）林龄结构

林龄结构指各龄组森林的面积（蓄积或株数）的比例。南方地区多用 3 个龄组（幼龄林、中龄林、成熟林）表示。北方地区一般用 5 个龄组（幼龄林、中龄林、近熟林、成熟林、过熟林）表示。

（3）径级结构

径级结构是指蓄积量（或株数）按立木胸径粗度级分配的百分比。在我国，通常划分 4 个粗度级，即小径木（胸径≤12 cm）；中径木（胸径 12 ~ 24 cm）；大径木（胸径 26 ~ 36 cm）；特大径木（胸径≥38 cm）。径级结构指标能反映林分质量高低，也反映森林集约经营的程度。

3.2.5.4 反映森林生长量的指标

反映森林生长量常用的指标主要有单位面积蓄积量、单位面积年生长量和林副产品单产等。

（1）单位面积蓄积量

单位面积蓄积量是指林分单位面积总的蓄积量。它反映单位面积上总的生长量。通常用 m^3/hm^2 表示。

（2）单位面积年生长量

单位面积年生长量是指林分单位面积年蓄积量生长量。这个指标反映林木生长的速度，反映林木是否达到速生丰产的标准（要求）。不同地区自然环境不同，生长的树种不同，林木速生丰产的标准不同。

（3）林副产品单产

林副产品单产是指林副产品和林特产品单位面积的收获量。可以用 m^3/hm^2，t/hm^2，根/hm^2，kg/hm^2，担/hm^2 表示。

3.2.5.5 反映森林价值的指标

森林价值一般包括立木价值和森林生态服务价值。

（1）立木价值（林价）

以现实林价为立木价值标准，林价是对森林产业及其各个构成部分价值的估算，亦称森林资源价。它根据单位面积森林蓄积量的营林生产成本、分摊的基建费和管理费等用复利公式计算：

$$立木价值 = \sum（某树种蓄积量 × 相应树种出材率 × 相应树种现行立木林价）$$

（2）森林生态服务功能价值

森林生态服务价值主要是指森林涵养水源、固土、保肥、吸收污染物、滞尘、固碳、森林游憩、美化环境等价值。

目前，人们对森林资源的生态功能已有比较统一的认识，森林生态功能价值计量研究也取得较大的突破，我国虽然在生态功能计量上总结出一定的指标、方法，但尚没有一个具有普遍意义的森林生态系统服务功能价值评估指标体系或框架，使不同的研究者、不同的研究地点、不同的研究方法之间缺乏可比性，价值评价结果的严谨性无法衡量，今后有待进一步研究。

3.3　世界与中国森林资源概况

3.3.1　世界森林资源概况

2011 年，联合国粮农组织(FAO)公布了《世界森林状况 2010》，它以《2010 年全球森林资源评估》(FRA2010)为基础，就全球森林状况提供了较为全面的最新信息。

3.3.1.1　森林面积和森林覆盖率

在 2010 年森林资源评估报告中，全球 233 个国家和地区提供了有关森林范围的信息。2010 年，世界森林面积为 $40.33 \times 10^8 \ hm^2$。森林覆盖率为 31%，人均森林面积 $0.6 \ hm^2$。森林在全世界分布不均：森林面积前 5 名的国家(俄罗斯、巴西、加拿大、美国和中国)占有一半以上的森林资源(53%)；而在共有 20 亿人口的 64 个国家中，森林面积比例低于 10%。

表 3-2　1990—2010 年各区域森林面积的年变化

国家/地区	森林面积			年度变化率			
	总面积	森林覆盖率	人均面积	1990—2000		2000—2010	
	$/\times 10^4 hm^2$	/%	/km^2	$/\times 10^4 hm^2$	/%	$/\times 10^4 hm^2$	/%
非洲	674 419	23	0.7	−4 067	−0.56	−3 414	−0.49
亚洲	592 512	19	0.1	−595	−0.10	2 235	0.39
欧洲	1 005 001	45	1.4	877	0.09	676	0.07
拉丁美洲和加勒比海地区	890 378	39	1.9	−4 534	−0.38	−4 195	−0.30
北美洲	678 961	33	1.6	32	n. s.	188	0.03
大洋洲	191 384	23	6.3	−41	−0.02	−700	−0.36
世界	4 033 060	31	0.6	−8 327	−0.20	−5 211	−0.13
中国	206 861	22	0.1	1 986	1.2	2 986	1.57

欧洲森林资源最多，占世界森林总面积的 25%，其次是南美洲(21%)，之后是北美洲和中美洲(17%)，大洋洲最少。

全世界森林继续减少，毁林继续以惊人的速度进行着。在 1990—2000 年期间，森林面积每年净减少总量为 $830 \times 10^4 \ hm^2$，相当于这一期间森林保有量的 0.20%。在 2000—2010 年期间，全球森林面积每年净减少量为 $520 \times 10^4 \ hm^2$，相当于每天损失高于 $1.4 \times 10^4 \ hm^2$ 的森林。与 20 世纪 90 年代相比，目前的年净损失量降低了 37%，相当于同期森林保有量的 0.13%。森林减少速度下降的原因有两方面：一是森林砍伐率降低；二是通过种植、播种及现存森林的自然扩展致使森林面积扩大。1990—2010 年各区域森林面积的年变化、2010 年森林面积最大的 10 个国家分别见表 3-2、表 3-3。

表 3-3　2010 年森林面积最大的 10 个国家

序号	国家	森林面积/ $\times 10^8$ hm^2	序号	国家	森林面积/ $\times 10^8$ hm^2
1	俄罗斯	8.09	6	刚果	1.54
2	巴西	5.20	7	澳大利亚	1.49
3	加拿大	3.10	8	印度尼西亚	0.94
4	美国	3.04	9	苏丹	0.70
5	中国	2.07	10	印度	0.68

3.3.1.2　森林蓄积量、生物量和碳储量

2010 年全世界森林蓄积量为 5 270 $\times 10^8$ m^3，每公顷蓄积量为 131 m^3，南美洲、非洲西部和中部的热带雨林的单位立木蓄积最高，温带和寒温带森林相对较高，亚洲较低，平均每公顷蓄积量 91 m^3。在 2010 年，针叶林蓄积量约占森林总蓄积量的 39%，阔叶林比重约为 61%。

世界森林所含总生物量为 6 000 $\times 10^8$ t，每公顷生物量为 149 t。有热带雨林的地区每公顷生物量蓄积最高，例如南美洲及非洲西部和中部的每公顷生物量蓄积超过 200 t。世界森林的枯死木量约为 670 $\times 10^8$ t。

表 3-4　2010 年全球及各洲森林蓄积量、生物量、碳储量

国家/地区	蓄积量		生物量		生物量中的碳储量	
	m^3/hm^2	总量/ $\times 10^8$ m^3	t/hm^2	总量/ $\times 10^8$ t	t/hm^2	总量/ $\times 10^8$ t
非洲	114	769.51	176	1 187.00	82.8	558.59
亚洲	91	536.85	124.7	738.64	60.2	356.89
欧洲	111	1 120.52	90.2	906.02	44.8	450.10
拉丁美洲和加勒比海地区	145.7	1 806.90	198.5	2 186.70	94.3	1 044.69
北美洲	122	829.41	113.3	769.29	55.0	373.15
大洋洲	109	208.85	111.3	213.02	54.8	104.80
世界	131	5 272.03	148.8	6 000.66	71.6	2 888.21
中国	67.2	132.55	61.8	121.91	31	60.96

全世界森林碳储量 6 520 $\times 10^8$ t，相当于每公顷 161.8 t。其中，44% 在生物量中，11% 在枯死木和枯枝落叶中，45% 在土壤层。

在 2010 年，全球森林生物量中的碳储总量约 2 890 $\times 10^8$ t，枯死木和枯枝落叶的总碳储量为 720 $\times 10^8$ t，相当于 17.8 t/ hm^2。土壤中的总碳储量约为 2 920 $\times 10^8$ t，相当于 72.3 t/ hm^2，比森林生物量中的碳储总量稍高一些。将生物量、枯死木、枯枝落叶和土壤中的所有碳综合在一起，2010 年森林碳储总量约为 6 520 $\times 10^8$ t，相当于 161.8 t/ hm^2。

2010 年全球及各洲森林蓄积量、生物量、碳储量见表 3-4。

3.3.1.3　生物多样性

许多国家正在扩大其划定为保护用途的森林面积。2010 年全球森林总面积中 4.03×10^8 hm^2 的森林(约占 12%),被指定为用于生物多样性保护。包括原生林,尤其是热带雨林。

原生林是生物多样性最多的森林。就全世界而言,原生林占森林总面积的 36%,但自 2000 年起,减少超过了 $4\,000 \times 10^4$ hm^2。原生林在世界上的分布存在很大的差异,面积最大的是南美洲(6.24×10^8 hm^2),其次是北美洲和中美洲及欧洲(几乎全部在俄罗斯)。

在 20 世纪 90 年代,全球的原生林面积每年下降 470×10^4 hm^2 左右;在 2000—2010 年间,每年下降了约 420×10^4 hm^2,相当于在 10 年间每年减少 0.4% 的原生林。原生林损失最多的是南美洲,其次是非洲和亚洲。

反映生物多样性的另一个指标是受威胁或濒危物种的数量。多数渐危和濒危树种都分布在热带国家。

总之,划定为保护用途的森林面积不断增加是一个积极的变化趋势。1990 年以来,指定为多用途的森林面积增加了 $1\,000 \times 10^4$ hm^2,显示出许多国家保护生物多样性的政治意愿。然而,大多数热带国家原始林的持续减少是一个需要特别关注的问题。

3.3.1.4　森林健康和活力

2010 年,森林资源评估收集的关于森林健康和活力的数据大都可以被量化分类。森林病虫害爆发每年损害将近 $3\,500 \times 10^4$ hm^2 的森林,主要发生在温带和寒温带。

据 2010 年的森林资源评估报告,全球范围每年平均有 1% 的森林遭到林火的严重破坏,但由于许多国家缺乏这方面的信息,受火灾影响的森林面积被严重低估了,特别是在非洲。世界林火报告中,不到 10% 的林火是计划烧除引起的,其余的被归类为野火。

占全球森林面积 50% 的 81 个国家,在 2003—2007 年期间的报告显示,平均每年有 156 000 起林火(即每个国家年均发生约 1 900 起林火)发生。报告林火次数最高的国家是美国、俄罗斯、印度、波兰和中国,这些国家都报告每年平均发生 10 000 起林火。

3.3.1.5　森林资源的生产功能

全世界 34% 的森林主要用于生产木材和非木质林产品。将近 12×10^8 hm^2 的森林的主要管理目的是生产木材和非木质林产品,还有 9.49×10^8 hm^2 森林具有多种用途林。自 1990 年起,主要用于生产功能的森林面积下降超过了 $5\,000 \times 10^4$ hm^2,其原因是被指定为其他用途。

世界木材生产量在 20 世纪 80 年代末达到最高点,90 年代初期出现短暂下降之后,十余年中虽有小幅波动,但总体趋势在上升。2009 年全世界木材产量为 32.75×10^8 m^3,工业用原木 14.24×10^8 m^3,锯材 3.62×10^8 m^3,人造板 2.6 m^3。欧洲和北美洲是锯材的主要产地。欧洲、北美洲、亚洲锯材产量占世界的 85% 以上,人造板产量占世界的 92%。北美洲的纸业最为发达,与欧洲共同占领全世界 2/3 的份额。

3.3.1.6　社会经济功能

森林收益平均为每公顷 4.5 美元,从非洲的每公顷不到 1 美元到欧洲每公顷略超过 6

美元。在 2003—2007 年间，每年木材采伐估价略高于 1 000 亿美元，绝大多数的价值来自工业原木。2005 年收获的非木质林产品价值约达 185 亿美元，其中占最大比例的是食品。

报告中显示，森林管理和保护领域中的就业人数约达 1 000 万人，但更多的人直接依赖森林得以生存。

在全球范围内，4% 的森林被指定用于社会服务。只有东亚和欧洲具有指定用于娱乐、旅游、教育或文化和精神遗产保护的森林。在这两个区域，森林总面积的 3%（东亚）和 2%（欧洲）的主要管理目标是提供这种社会服务。巴西已把森林面积的 1/5 划定为用于文化保护，以保护依靠森林赖以生存的居民的生活方式。

3.3.1.7 森林所有权

2005 年，全球森林面积的 80% 属公有，18% 属私有，2% 被分类为"其他"，"其他"包括所有权不明和有争议的森林面积。除欧洲（俄罗斯除外）以外，公有制在所有区域和分区域都占主导地位。

2010 年，全世界 80% 的森林仍为公有，但社区、个人及私营公司拥有和管理的森林有所增加。

森林所有权在区域之间差别较大，美洲、欧洲（俄罗斯除外）和大洋洲的森林私有化比例高于其他区域。中美洲（46%）、欧洲（46%）、大洋洲（37%）、东亚（33%）、北美洲（31%）和南美洲（21%）。私有林较高的国家，有智利、哥伦比亚、巴拉圭和中国等。

3.3.1.8 人工林

全世界人工林面积不断增加，目前已占森林总面积的 7%，为 $2.64 \times 10^8 \ hm^2$。5 个国家（中国、美国、俄罗斯、日本和印度）的人工林面积超过全世界人工林总面积的一半（53%）。

在 2005—2010 年间，人工林面积年均增长约 $500 \times 10^4 \ hm^2$，主要依靠植树造林，尤其在中国。与 20 世纪 90 年代相比，除欧洲之外，大多数区域的人工林营造率有所上升。考虑目前的发展趋势，人工林面积将会继续上升。

3.3.2 中国森林资源概况

森林资源是不断变化的，新中国成立以来，我国已经进行了 8 次全国性的一类森林资源调查。第八次森林资源调查的状况如下。

(1) 森林面积和蓄积总量

第八次全国森林资源清查结果显示（2009—2013 年），全国森林面积约 $2.08 \times 10^8 \ hm^2$，森林覆盖率 21.63%，森林蓄积量 $151.37 \times 10^8 \ m^3$，人工林面积 $0.69 \times 10^8 \ hm^2$，蓄积 $24.83 \times 10^8 \ m^3$。天然林面积 $1.22 \times 10^8 \ hm^2$，天然林蓄积 $122.96 \times 10^8 \ m^3$。根据《2010全球森林资源评估报告》分析，我国森林面积占世界森林面积 5.15%，居俄罗斯、巴西、加拿大、美国之后，列第五位；人工林面积继续保持世界首位；人均森林面积 $0.15 hm^2$ 相当于世界人均占有量的 25%；森林蓄积居巴西、俄罗斯、美国、加拿大、刚果（民）之后，列第六位。

（2）森林资源结构

根据第八次全国森林资源清查结果，全国森林面积 2.08×10^8 hm²，森林面积中，乔木林 1.65×10^8 hm²，占 80%；经济林 $2\,056 \times 10^4$ hm²，占 10%；竹林 601×10^4 hm²，占 3%；国家特别规定的灌木林面积 $1\,438 \times 10^4$ hm²，占 7%。

内蒙古、黑龙江、云南、四川、西藏、广西、湖南、江西森林面积较大（均占全国森林面积比例 5% 以上），8 省合计 1.09×10^8 hm²，占全国的 48%。

森林面积按林种分，防护林 $9\,967 \times 10^4$ hm²，占 48%；特用林 $1\,631 \times 10^4$ hm²，占 8%；用材林 $6\,724 \times 10^4$ hm²，占 33%；薪炭林 177×10^4 hm²，占 1%；经济林 $2\,056 \times 10^4$ hm²，占 10%。按照森林主要用途的不同，将防护林和特用林归为公益林，将用材林、经济林和薪炭林归为商品林，公益林与商品林的面积之比为 56∶44。

（3）我国森林资源变化的主要特点

与第七次森林资源清查结果相比，我国森林资源呈现 4 个主要特点：

一是森林总量持续增长。森林面积由 1.95×10^8 hm² 增加到 2.08×10^8 hm²，净增 $1\,223 \times 10^4$ hm²；森林覆盖率由 20.36% 提高到 21.63%，提高 1.27 个百分点；森林蓄积由 137.21×10^8 m³ 增加到 151.37×10^8 m³，净增 14.16×10^8 m³。

二是森林质量不断提高。森林每公顷蓄积量增加 3.91 m³，达到 89.79 m³；每公顷年均生长量提高到 4.23 m³。随着森林总量增加和质量提高，森林生态功能进一步增强。全国森林植被总碳储量 84.27×10^8 t，年涵养水源量 $5\,807.09 \times 10^8$ m³，年固土量 81.91×10^8 t，年保肥量 4.30×10^8 t，年吸收污染物量 0.38×10^8 t，年滞尘量 58.45×10^8 t。

三是天然林稳步增加。天然林面积从原来的 1.2×10^8 hm² 增加到 1.22×10^8 hm²，增加了 215×10^4 hm²；天然林蓄积从原来的 114.02×10^8 m³ 增加到 122.96×10^8 m³，增加了 8.94×10^8 m³。

四是人工林快速发展。人工林面积从原来的 $6\,169 \times 10^4$ hm² 增加到 $6\,933 \times 10^4$ hm²，增加了 764×10^4 hm²；人工林蓄积从原来的 19.61×10^8 m³ 增加到 24.83×10^8 m³，增加了 5.22×10^8 m³。人工林面积继续居世界首位。

现在我国的木材消耗量将近 5×10^8 m³，包括原木、板材、刨花板、纤维板等纸浆折合量，木材的对外依赖度达到了 50%。据测算，到 2020 年，我国木材需求量可能达到 8×10^8 m³。

清查结果显示，我国森林资源进入了数量增长、质量提升的稳步发展时期。这充分表明，党中央、国务院确定的林业发展和生态建设一系列重大战略决策，实施的一系列重点林业生态工程，取得了显著成效。但是，我国森林覆盖率远低于全球 31% 的平均水平，人均森林面积仅为世界人均水平的 1/4，人均森林蓄积只有世界人均水平的 1/7，森林资源总量相对不足、质量不高，林地生产力低，森林每公顷蓄积量只有 89.79 m³，相当于世界平均水平的 69%，森林分布不均的状况仍未得到根本改变。

我国今后造林绿化改善生态任重而道远。一是实现 2020 年 23% 的森林增长目标任务艰巨。二是严守林业生态红线面临的压力巨大。我国规划到 2050 年，森林覆盖率要达到 26% 以上。如果按 26% 计算，我国的林地保有量不能少于 3.12×10^8 hm² 低线。三是加强森林经营的要求非常迫切。四是森林有效供给与日益增长的社会需求的矛盾依然突出。

思考题

1. 名词解释

林木　下木　幼苗幼树　地被物　层外植物　林相　树种组成　林龄　郁闭和郁闭度　林分蓄积量

2. 什么是林地？在统计上林地包括哪些用地，是如何规定的？

3. 什么是森林？森林如何分类？

4. 什么是森林资源？森林与森林资源有何区别？

5. 简述世界上不同的森林资源所有制类型的特点。

6. 森林资源调查的作用和任务是什么？

7. 森林资源调查如何分类？各类调查的目的是什么？

8. 反映森林资源常用的指标有哪些？它们是如何规定的？

9. 试述世界森林资源及我国森林资源现状。

10. 试分析中国森林资源存在的问题。

第4章

森林学的基础知识

4.1 植物学基础知识

自然界的物质分为生物和非生物两大类。岩石、金属等属于非生物类；花草、树木、鸟兽则属于生物类。生物以能进行呼吸、能排出身体内产生的废物、能对外界刺激作出反应、能生长和繁殖以及生活中需要营养而区别于非生物。18世纪，瑞典博物学家林奈将生物界分成植物界和动物界，这种两界系统建立得最早，也沿用得最广和最久。以后出现了三界系统、四界系统和五界系统的划分等。在不同生物界的分界系统中，植物界的范围大小不一，此处采用的是两界分类系统。

4.1.1 植物的基本特征及多样性

植物是地球发展到某一特定时期出现的，大约距今34亿年前，就已经有植物的祖先。最初出现的植物是单细胞，以后才逐渐演化出多细胞植物。在漫长的地质年代中，由于气候和地质条件的不断变化，有些植物衰亡了，有些则繁盛起来，同时不断产生新的植物种类，从而构成了现在丰富多彩、种类繁多、形态各异的植物界。地球上的植物的产生和发展有数十亿年的历史，形成的植物种类达50多万种。

绝大多数植物都具有细胞壁，有质体(包括叶绿体、有色体和白色体)，能进行光合作用，制造有机养料供自身生长，具有自养能力；生长时可以不断产生新的组织和器官，需要固着在一定位置上生长。

植物种类繁多，数量巨大，是生物圈的重要组成成分。植物体从结构上看有单细胞个体，如细菌、衣藻等，一切生命活动，包括生长、发育和繁殖都由这个细胞来完成；更多的是多细胞类型，它们的个体在发生时也是由一个细胞开始，经过细胞的分裂、生长和分化，形成了由多细胞构成的具有一定形态结构的植物体。一切生命活动是各部分细胞分工协作的综合体现。它们中多数细胞含有叶绿素，称为绿色植物，不含叶绿素的称为非绿色植物。从形态上和生活型上同样表现多样性，有多年生高大乔木和低矮灌木，也有一二年生的草本，还有不能直立生长的藤本。生活方式大多为自养，也有的以寄生和腐生形式存在，可适应陆生、水生或海生、盐生、沙生生活。

植物的分布极为广泛，既能生长在平原、丘陵、台地、湖泊、海岸，也能生长在高寒山区或悬崖峭壁；既能分布在炎热的赤道区域，也能分布在严寒的两极地带；既有生长在酸性土壤上的，也有生长在钙质土或盐碱土壤上的不同种类。

全世界已发现的种子植物种类有 30 万种以上，是现今地球上种类最多，形态最复杂多样，适应性最强，分布最广，进化形式最高，和人类关系最密切的一类植物。有乔木、灌木、藤本、草本等多种生活型，组成了森林、草原、荒漠、田园、芦荡和草甸等各种植被景观，遍布山区平原、戈壁荒漠、河湖沼泽。

我国植物资源丰富。仅已记载过的高等植物就有约 3 万种，其中种子植物约 2.5 万种，是植物种类最丰富的国家之一。我国幅员辽阔，从气候带上看，地跨寒温带、温带、暖温带、亚热带和热带，因此，植物也分布在不同气候带上：我国东北部为寒温带针叶林地带；西北部为干旱及半干旱地区的草原、灌丛和沙漠植物地带；中部温带及暖温带为针阔叶混交林、落叶阔叶林地带；南部亚热带、热带为常绿阔叶林及热带季雨林地带。此外，随着海拔高度的变化，又呈现丰富的垂直带植物分布。由此可见，我国植物种类资源的多样性在世界上是屈指可数的。

4.1.2　植物的分类

根据进化学说，一切生物起源于共同的祖先，彼此间均有亲缘关系，并经历着由低级到高级、从简单到复杂的系统演化过程，为了学习和研究的方便，通常将现有植物种类加以分类。现代的植物分类学是运用等级法表示植物亲缘关系的远近。即以植物进化过程中亲缘关系的远近按等级进行分类。具体方法：首先以植物进化过程中亲缘关系的远近进行分类，然后，再把同一类中在某方面有差异的植物分开，一级一级地分下去，直到把庞大的植物区系分开。

常用的分类单位有界、门、纲、目、科、属、种 7 级。有时由于包括的范围过大，可在每级之间增加亚门、亚纲、亚目、亚种等辅助单位。其中，"种"是分类学上的基本单位。"种"是具有相似的形态特征，表现一定的生物学特性，要求一定的生存条件、能够产生遗传性相似的后代，在自然界中占有一定分布区的无数个体的总和。每一个种均有一定的本质特征并以此区别于其他的种。例如，红松、油松、樟子松、白桦、黑桦、枫桦等。分类学上将那些亲缘关系相近的种集合为"属"，相近的属组合为"科"，再合科为"目"，合目为"纲"，以此类推。

由于同一种所包括的无数个体在其分布区内经受着不同环境条件的影响，因而发生各式各样的变异，如果某些个体积累了一定数量稳定的可遗传的变异特性时，就称为"变种"，如果这些性状的变异并不稳定而且不能遗传给下一代则称为"变型"。在果树经济作物栽培中，常常把人工长期培育而形成的特性种称为"品种"。

4.1.3　植物界的基本类群

在植物界中，植物大致可分为低等植物和高等植物两大类群。

4.1.3.1　低等植物

低等植物是地球上出现最早的一群古老植物，在距今 5.7 亿年的太古代以前即有细菌和蓝藻出现，至距今 4.3 亿~5.7 亿年的古生代寒武纪和奥陶纪藻类植物繁盛。低等植物的结构比较简单，为单细胞或多细胞的叶状体，植物体没有根、茎、叶的分化，大部分生活在水中或潮湿的环境条件下。根据结构和营养方式的不同，又可分为藻类植物、菌类植物和地衣。

(1) 藻类植物

藻类植物是植物界中最原始的低等类群。大约在 34 亿年前出现，目前世界上有 2.5 万~3 万种。

绝大多数藻类植物细胞内含叶绿体和其他色素(称色素体或载色体)，能够进行光合作用，是自养植物。可分为蓝藻、绿藻、红藻、褐藻等，其中如海带、紫菜、石花菜等可供食用。藻类植物形体小，构造简单，没有根茎叶分化，多数生活于水中或潮湿环境中，大小与形态结构差异很大。

藻类植物的有益方面是有一些藻类可以食用(如海带等)、药用以及用作鱼类的饵料、肥料、工业原料等；有害方面是能引起鱼生病甚至死亡。

(2) 菌类植物

世界上约有 12 万种菌类植物。菌类植物可分为细菌、真菌和黏菌。如木耳、蘑菇、灵芝、茯苓、青霉菌等均属真菌。

菌类植物生活范围广泛，在水中、空气中、土壤中、动植物体内都可以生长。但多数生活在水中或潮湿环境中。形态多种多样(单细胞、多细胞，大、小)，没有根茎叶分化。绝大多数的菌类没有叶绿素，不能进行光合作用，异养，寄生、腐生或共生。寄生是指从活的动植物体中吸取营养，被寄生的生物称为寄主。腐生是指从死的动植物遗体或无生命的有机质中吸取营养。共生是指互为有利，如真菌与藻类共生，构成地衣。

菌类植物是生物圈物质循环的分解者。有些菌类可用于工业生产和医药生产，如链霉素、氯霉素、青霉素等。有些菌类可以食用，如猴头、木耳、榛蘑等。但有些菌类可能引起人类、植物、动物生病。

(3) 地衣

地衣是植物界中一类特殊的植物，是由藻类和菌类共生的复合有机体。世界上有 2.6 万余种地衣，我国有近 2 000 种。

在生长过程中地衣型真菌没有叶绿素，不能制造有机养料，但它的菌丝围裹着藻类细胞，能用菌丝体吸收水和无机盐，供给藻类生活，并保证藻类在环境干燥时，不致于干死。藻类有叶绿素，能进行光合作用，制成有机物营养，供本身和菌类需要。在地衣构造上占主导成分的是真菌，地衣形态几乎完全由真菌决定。地衣型真菌必须依靠藻类生活，若分开，菌类死，藻类可活。

地衣据生长状态分为三种类型：壳状地衣（如冰岛衣）、叶状地衣（呈叶片状，如地卷属）、枝状地衣（呈树枝状，如松萝）。

地衣的耐干旱和耐寒能力极强，能生长在岩石上、树皮上、土壤表面，能在南极、北极自然条件恶劣的地区生长繁殖，形成群落。地衣在土壤的形成过程中起着重要的作用，素称起源植物之一。有些地衣还可以食用、药用、提取染料，以及作指示植物等。地衣对空气污染非常敏感，在城市及工业区很少有地衣。

4.1.3.2　高等植物

高等植物是从低等植物进化而来的，除少数水生类型外，大部分都是陆生植物，由于长期适应陆地生活条件，除苔藓植物外，都有根、茎、叶和中柱的分化。可分为苔藓植物、蕨类植物和种子植物三大类群。

(1) 苔藓植物

苔藓植物是高等植物中最原始、最低等的陆生类群，是构造最简单的绿色高等植物，最早出现于距今 4 亿年前。世界上有 2.5 万种，中国约有 3 000 ~ 3 500 种。

苔藓广泛分布于世界各地，是由水生向陆生过渡的类型。苔藓多数生长在潮湿的环境，一般含水量较多，用它包裹苗木，可保苗根湿润，提高造林成活率。苔藓类植物体结构简单，一般矮小，根茎叶分化较浅，有茎、叶的分化，但没有真正的根，只有假根。苔藓是绿色自养性的陆生植物。

苔藓植物还常常是许多森林中的地被物，能反映林地状况和森林特征，林业上常根据林地上苔藓植物成分确定森林的类型。苔藓生活于荒漠、冻原地带以及裸露石表面上，分泌酸性物质，促进岩石分解和土壤形成，为其他高等植物创造了生存条件，所以苔藓和地衣一样，对岩石的风化和土壤的形成起着先锋作用。有些苔藓类植物可以药用、有些用作燃料。

(2) 蕨类植物

蕨类植物具有比苔藓植物更适应陆地生活的特性，形态构造较复杂，有真正的根、茎、叶的分化，并出现了维管束的结构，因此生长比苔藓高大。例如，南方的树蕨，高可达 15 ~ 20 m。但蕨类植物一般无地上茎，多为地下茎，幼叶多呈拳卷状，外型与种子植物相似，但不产生种子，产生孢子，以孢子繁殖。

蕨类植物最早出现于古生代至留纪，至石炭纪、二叠纪极繁盛。古生代后期，为蕨类植物时代，当时那些大型的树蕨今已绝迹，是构成化石植物和煤层的一个重要组成部分。现存的蕨类植物约有 1.2 万种，我国约 2 600 种，主要分布在华南及西南地区，云南有"蕨类王国"之称。

蕨类植物分布广泛。除海洋和沙漠之外，无论在平原、森林、草地、沼泽、高山还是水中，都有分布。蕨类植物基本上为陆生植物，少数水生，但喜阴湿环境，多生于温暖湿润的森林环境里，以热带、亚热带、温带分布最多，成为林下草本层的重要组成部分，对森林的生长发育有很大的影响，其中有些种类是土壤、气候等自然条件的指示物质，因此根据蕨类植物的分布，对选择合适的造林树种和抚育管理措施有一定意义。此外，有不少蕨类植物是重要的药用植物，如石松、木贼、问荆、贯众、卷柏、铁线蕨、紫萁、石苇等；有的可食用，也可作饲料、绿肥等。

（3）种子植物

种子植物是植物界构造最复杂、进化程度最高的类群，是现代地球上适应性最强、分布最广、种类最多、经济价值最大的一类植物。世界上有 25 万 ~ 30 万种，中国有 3 万多种。

种子植物其最主要的特征是用种子繁殖。胚被保护在种子内，不但能抵抗不适宜的环境条件，而且在种子内还储存了胚发育时必需的养料。因此，种子的出现，是植物界进化过程中的一次飞跃，是种子植物能从古生代泥盆纪起开始不断繁盛，广布于地球上的重要因素。

根据种子有无果皮的包被，种子植物又可分为裸子植物和被子植物两大类。

①裸子植物　无子房，不形成果实，胚珠和种子均裸露。最早产生于古生代泥盆纪，石炭纪、二叠纪发展繁盛，至中生代三叠纪、侏罗纪仍盛，白垩纪后衰退，现存的裸子植物经地史、气候的多次重大变化而演变更替，繁衍至今。

我国是裸子植物种类最多、资源最丰富的国家。现存有 11 科 41 属约 230 种，多数是重要的用材、纤维、树脂、单宁、药用、食用及观赏的珍贵树种。

②被子植物　是植物界中发展到最高等的类型，是陆生最完善、最高级的植物。它们最显著的特点是在繁殖过程中产生特有的生殖器官——花，所以又叫有花植物。胚珠包被在子房里，不裸露，传粉受精后胚珠发育成种子而子房发育成果实，种子包被在果实内。它们与人类的关系最为密切，农作物、果树、蔬菜、医药、木材、纤维等绝大部分都来源于被子植物，是我们生活和国民经济建设不可缺少的植物资源。

全世界有被子植物 25 万多种，分属 420 多科。我国有近 2 600 属约 3 万种，其中木本植物 8 000 种，乔木树种占 3 000 种，重要经济树种占 1 000 种以上。

被子植物根据胚的子叶数目分为双子叶植物（如栎树）和单子叶植物（如毛竹）。

种子植物在自然界物质循环中是生产者，是发挥各种生态作用的主体，具有保持水土、防风固沙、涵养水源、防旱、调节气候、净化空气等功能，并且满足人类的衣、食、住、行需要。在植物界，种子植物对人类的经济意义最大。

4.1.4　种子植物的主要器官

一株典型的种子植物分为根、茎、叶三部分。花是植物的繁殖器官。表皮起保护和气体交换作用。植物的营养器官是根、茎、叶，根茎叶共同活动的结果，保证了植物的营养。

根的主要作用包括支撑固定植株、吸收水分无机盐、输导、繁殖等。根的经济利用可以药用，如人参、三七；食用，如胡萝卜、地瓜；其他，如甜菜制糖、制作根雕等。根系类型有直根系和须根系。根的结构有主根和侧根。

茎的生理机能包括输导、支持、贮藏、繁殖、光合、保护等。茎的经济利用可以药用，如杜仲；食用，如甘蔗；工业用，如木材等。茎的分枝有单轴分枝、合轴分枝和假二叉分枝。

叶的主要生理机能是光合作用（制造养料）、蒸腾作用、气体交换。叶的经济利用可以药用，如艾叶、番泻叶；食用，如青菜、茶叶；其他，如烟叶等。

4.1.5　木本植物常用形态术语

(1) 性状

树木是指多年生，具有发达木质部的植物，称为木本植物。乔木是指具有明显直立的主干，通常高在3 m以上，又可按高度不同分为大乔木、中乔木和小乔木。灌木是指不具主干，由地面分出多数枝条，或虽具主干而其高度不超过3 m的树。如丁香、连翘等。小灌木是指高度在0.5 m以下灌木。半灌木是指茎枝上部越冬枯死，基部为多年生而木质化，又称亚灌木。藤本是指茎干柔软，只能依附他物攀缘而上的植物，如山葡萄、五味子。

(2) 芽

芽是指尚未萌发的树枝、叶和花的雏形。其外部包被的鳞片称为芽鳞，通常由叶变态而成。生于枝顶的芽称为顶芽。生于叶腋的芽称为腋芽，又称侧芽。将发育成花或花序的芽称为花芽。将发育成枝、叶的芽称为叶芽。将同时发育成枝、叶和花的混合的芽称为混合芽。

(3) 枝条

枝条是指着生叶、花、果等器官的轴。枝上着生叶的部位称为节，两节之间的部分称为节间，有长枝、短枝之分，如落叶松长、短枝有很明显的差别。叶柄基部在小枝上留下的痕迹称为叶痕。叶脱落后维管束在叶痕中留下的痕迹称为维管束痕，又叫叶迹。枝条上的周皮破裂形成的裂口称为皮孔。枝条的中心部分称为髓，有空心、片状及实心之分。

(4) 叶

树叶是树进行光合作用的部位。叶子可以有不同的形状、大小、颜色和质感。叶子可以聚成一簇，也可以在枝条上散生。叶子的边缘可以是光滑的，也可以是锯齿状。一片完整的树叶包括叶片、叶柄和托叶三个部分，缺了某些部分的树叶称为不完全叶。叶柄顶端的宽扁部分称为叶片。叶片与枝连接的部分称为叶柄。叶柄基部两侧小型的叶状体称为托叶。叶和小枝间夹角内的位置称为叶腋。仅具一个叶片的叶称为单叶。两片以上分离的叶片着生在一个总叶柄上的叶称为复叶。贯穿在叶肉中的维管束，常浮现于叶面的组织称为叶脉。叶在枝上着生的方式叫叶序。枝条上每节着生一叶，各叶间距离较疏的称为互生；每节相对两面各着生一叶的称为对生；每节有规则地着生3个以上的叶子称为轮生；多数叶子成簇着生于短枝上的称为簇生；每节着生一叶，但节间很短，叶基呈螺旋状排列于枝上的称为螺旋状着生。复叶的小叶排成羽状着生于总叶轴的两侧的称为羽状复叶，有奇数和偶数羽状复叶之分。几个小叶着生在总叶柄顶端一点上，成手掌状向各方开展的称为掌状复叶。

(5) 花

花是种子植物的繁殖器官。一株完全花由花萼、花冠、雄蕊和雌蕊四部分组成。兼有雄蕊和雌蕊的花称为两性花。花被是花萼与花冠的总称为。花最外或最下的一轮花被，通常呈绿色的称为花萼。花冠是花的第二轮，位于花萼内面，通常大于花萼，质较薄，呈各种颜色。由花丝和花药构成的是雄蕊。位于花的中央，由柱头、花柱和子房构成是雌蕊。

发育成种子的部分，通常由珠心和 1 ~ 2 层珠被组成称为胚珠，珠心内有胚囊。花在总花柄上有规律的排列方式称为为花序。白色的花最多。虫媒约 90%，风媒约 10%。

(6) 其他

叶鞘是指由于叶的基部或托叶延伸扩展成鞘状。气孔是植物体气体交换的通道。树脂管是叶内含有树脂的管道。维管束是指导管束、筛管束与薄壁及机械组织复合的组织。

4.1.6　植物的命名

植物命名，也就是如何确定植物的名称，是植物分类中的一个重要组成部分。每一种植物都有它自己的名称，但是由于各国语言的不同，每种植物在各国有各自的叫法，即使在同一个国家的不同地区叫法也不同，经常发生"同名异物"或"同物异名"的混乱现象。如马铃薯，南方叫洋芋或洋山芋，北方叫土豆。为了避免混乱，《国际植物命名法规》规定，用双名法对每一种植物进行命名。双名法是著名的瑞典植物学家林奈提出来的，后被世界各国的植物学家广泛采用。

所谓双名法，即规定每个植物学名是由两个拉丁词或拉丁化的词所组成。第一个词是属名，名词；第二个词是种加词，是形容词或者是名词的第二格。最后还附定名人的姓名缩写。如榆树（*Ulmus pumila* L. ）、糖槭（*Acer mono* Maxim. ）。

4.2　森林分布

森林分布受多种生态因子的影响，温度是影响森林分布的一个重要因子。受温度影响，森林呈水平分布与垂直分布。地球上的温度是呈带状分布的，从南向北按热量递减规律分为几个气候带，相应的森林也随温度变化构成不同的类型。每个温度带都有其相应的森林植物类型，森林植物也由高温度带的繁茂，逐渐变为低温度带的单调，形成各带特有的森林。

4.2.1　中国森林的水平分布

中国森林由南至北分为以下类型。

(1) 热带雨林、季雨林

我国热带区域面积不大，热带雨林、季雨林仅分布在台湾南端，海南省沿岸和山地，广西南部，云南东南部、南部和西南部，以及西藏东南部个别山谷地带。

热带雨林树种组成复杂，建群种不明显。100 m² 的样地中有几十个树种，很难找到相同种。热带雨林层次垒叠，阴暗沉静。树木枝展叶茂，高度不一，一般几十米高，主要属于桃金娘科、豆科、芸香科、樟科、棕榈科、桑科、大戟科、茜草科；下木多为荨麻科、胡椒科、紫金牛科等。层外植物发达是热带森林的特点之一，缠绕藤本植物会把乔木致死，被称为森林中的"绞杀植物"。树干不通直，干形不规则，干皮光滑，颜色不一，叶阔花大，茅苞无鳞，老茎生花等，都是热带雨林的新奇特点。

热带森林有高的生物量，但木材蓄积量并不最大，因灌木较多，枝叶比重大。在热带雨林进行森林调查有很多困难，林型、层次划分、地位级、组成、年龄的确定，都有不同特点和复杂性。

季雨林是因气候不属热带，接近南亚热带的边缘，雨量分配不均，有了干、湿季的区别，森林特点有些变化，旱季有落叶现象。

(2)亚热带常绿阔叶林

我国亚热带分南亚热带、中亚热带、北亚热带三带。由热带林区北缘至亚热带北线秦岭、淮河一线之间宽 1 000 km，由台湾至云贵高原之间有 800 km。由于云贵高原地形抬高，自然条件变化，亚热带又分为东部区(组)和西部区(组)。

组成亚热带常绿阔叶林的树种，主要有青冈栎类、栲类、樟科、冬青科、山矾科等。下木中常见五加科鹅掌柴属、五加属、茜草科山黄皮属等。活地被物层发达，以蕨类为多。森林结构仍较复杂，树种组成比较容易鉴别。

亚热带东部区天然林已经少见，人工经营的杉木林、毛竹林、马尾松林占相当数量。这类树种组成的次生林比重也有增加。本区有价值的经济林木、速生树种甚多，如油桐、油茶、漆树、杉木等。由于这里地形条件较好，交通方便，工业发达，有良好的农业条件，它是我国发展用材林的重要基地。新中国成立后，杉木林用材基地在本区面积扩大很多，经营强度较高。但在大面积杉木林营造中，注意适地适树原则不够，出现了低生产力的杉木林。

亚热带西部区有很多与东部区相同的森林和树种。杉木林数量不多，竹类相当丰富，马尾松林在川东黔西数量较多。常绿阔叶林比重不大，多分布在南部山地和沟谷中。代表本区特点而东部区没有的森林类型是云南松林、高山松林、思茅松林、高山栎林、阴暗针叶林。云南松林面积广大，容易更新，"飞籽成林"，生长迅速，是重要的用材林。思茅松林分布集中，是季雨林与云南松林过渡地带的喜湿热的针叶纯林。高山栎是地中海型干旱硬叶栎类，喜热抗旱，于石灰岩干旱裸露阳坡广泛分布。云杉和冷杉组成的阴暗针叶林，分布在川西和滇西北海拔 2 800～4 000 m 的高山地带，因水热条件较好，森林生长茂盛，是我国最大的暗针叶林区和重要的用材林基地。

(3)暖温带落叶阔叶林

暖温带落叶阔叶林分布在南起秦岭、淮河，西到兰州和陕西、山西中部，北到河北北部和辽宁南部，东至沿海海岸。森林土壤为山地棕壤、山地灰色森林土、山地淋溶褐土、山地森林草甸土和山地草甸土。山地阳坡干旱和水土流失严重，造林绿化困难。

本区森林破坏严重，原始林极少，次生林比重大，很多次生林演化成多代萌生的林分，生产力下降；一些地方沦为荒山和石质山地。人工林数量增多，散生树种很丰富。落叶栎类分布面积甚广，松类到处可见，松、栎纯林较多，偶有云杉小片林；落叶松林在本区海拔高处生长良好，干旱阳坡多栓皮栎和侧柏林。荆条、胡枝子、绣线菊等灌木是森林进一步破坏后形成的。杨、柳、榆、槐、臭椿多散生于四旁，人工栽培的板栗、核桃、柿、枣历史悠久，经济价值高，被称为木本粮食和木本油料树种。

(4)温带针阔混交林

温带针阔混交林主要分布在东北的长白山、小兴安岭林区，北至大兴安岭南部。主要森林土类为棕色森林土、弱灰化棕色森林土和沼泽土。

这里是我国第 一大林区，森林茂密，连绵集中，原始林较多，绝大多数为针阔叶混交林。长白山中高山(1 000 ~ 1 800 m)有较多的针叶纯林，主要树种有红皮云杉、沙冷杉、臭冷杉、鱼鳞云杉和红松。阔叶树种有枫桦、辽杨、春榆、千金榆、蒙古栎、椴、水曲柳、黄波罗、白桦、胡桃楸、槭、山杨等。红松阔叶林集中分布在小兴安岭，是本区的代表类型。近年来，红松林面积因过伐未能更新而大量减少。

本区森林早在100年前已开始采伐，森林经营时间长，由于原始林数量越来越少，次生林、人工林也成了本区的主要森林类型。

(5)寒温带针叶林

寒温带针叶林主要分布在大兴安岭山地丘陵区，地形起伏小，坡度缓，山顶浑圆。森林土壤为山地棕色泰加林土、山地暗棕壤、山地草甸土和谷地沼泽土。土壤厚度不均，有岛状永冻层。

兴安落叶松是这里的优势树种，在山岭、坡地、河谷、沼泽大面积分布，占森林面积的70%；其次为桦木林、樟子松林及少量蒙古栎林、山杨林、红皮云杉林；高海拔处还有低矮偃松、桦木林、山杨林，是落叶松破坏后形成的次生林。各树种多构成单层纯林，结构简单，层外植物不发达。

(6)青藏高原区的森林

本区以青海、西藏高原峡谷地带为主，包括甘南高山区和川西、滇西北部分高山区。印度洋季风和西风带气流交替影响本区，冬季干燥，夏季湿润，垂直地带性明显，与西南高山针叶林一体相连。

针叶林分布较广，主要由云杉属、冷杉属组成，多异龄复层林，林相整齐，蓄积量大，较好林分平均直径达90 cm，平均高50 m。个别云杉胸径达2 m，树高80 m。松林、落叶松林及高山栎林也有分布。

本区北部甘南针叶林以岷江冷杉、紫果云杉、粗枝云杉、青杆为主，少有红豆杉、铁杉、粗榧等。海拔较低处有椴、槭、白蜡等阔叶树。针叶林破坏后，出现红桦、白桦和山杨片林。

(7)蒙新区的森林

我国西北远离海洋，东南季风影响甚微，植被水平分布为草原、荒漠地带，但在山地地形影响下，垂直带谱中仍有森林分布。

天山林区是新疆最大的林区，森林覆盖率达28%。树种以雪岭云杉和红果雪岭云杉为主，有时混有西伯利亚冷杉。东天山山地除云杉外，还有西伯利亚落叶松及少量桦木、山杨林。

阿尔泰山林区森林覆盖率仅次于天山林区。同该区的其他山地一样，山脚为草原荒漠带，森林分布在山腹，南北坡森林上限不同。成林主要树种有西伯利亚落叶松、西伯利亚冷杉、西伯利亚云杉、西伯利亚松、疣皮桦、山杨等。

天山、阿尔泰山森林代表该区森林特点，以成、过熟天然林为主。因气候环境不良，采伐后容易消退为次生林或灌丛草地。

4.2.2 中国森林的垂直分布

(1)森林垂直分布规律

在一定纬度以内的山地,人们发现随着海拔高度的变化,各种自然条件和森林类型随海拔高度有规律的变化,这种变化称为山地的垂直变化。由低到高的变化顺序与由赤道向极地的变化顺序一致,只是带幅宽度不同。

山地自然条件的垂直变化规律是,由低到高温度递减,每升高 100 m,温度下降 0.5~0.6 ℃;雨量在一定高度达到最大,再高,雨量减少;光照强度随高度增加增强;风力随高度增加变大。这些因子中温度、雨量对森林分布影响最大,风和紫外线对森林生长也有明显作用。决定森林水平分布与垂直分布规律相一致的主导因子是温度。水分和温度条件紧密配合决定森林分布的上限。研究证明,森林垂直分布的上限和水平分布极地限界,都与 7 月 10 ℃ 的温度线相吻合;也发现 400 mm 的降水线,时常就是森林分布的限界(也相吻合)。

森林垂直带的完整性决定于山体大小和距赤道的远近。如果近赤道地区有高山,它将有最完整的垂直带谱,自下而上为热带雨林、常绿阔叶林、落叶阔叶林、亚高山针叶林、高山灌丛、高山寒漠等诸带。如北京地区山地,其垂直带谱顺序为落叶阔叶林、针阔混交林、针叶林、灌丛诸带。如果在森林水平分布的极地边界地区,则无森林垂直带可言。

森林垂直带变化与水平地带变化一样,都是逐渐变化的,由量变到质变,带间有过渡带。天然林这种变化受自然因素制约,容易识别,南北坡往往略有区别。在次生林区,人为活动干扰了森林的天然分布,使低中山河谷森林减少,垂直带的界线不明显,下限往往被抬高。

山地垂直带是从事林业生产活动的自然分类基础。它如同不同气候区、不同土壤带一样,影响着农林业生产的很多方面。山地造林或更新,应根据适地适树的原则按垂直带选择树种,并根据垂直带和坡向产生的差别确定造林和营林时机。

(2)我国不同地区的森林垂直分布

我国森林有明显的纬度性变化,由热带雨林到寒温带针叶林;也有经度上的差异,由东部森林区向西北过渡到草原、荒漠区。各区都有较多的高山和中山,因此各地森林垂直带谱各不相同。为加深对森林垂直分布的认识,列举一个实例如下:

吉林长白山森林垂直分布:长白山位于北纬 42°,东经约 128°,海拔 2 744 m。特点是:①基线海拔不高,基带也只从落叶阔叶林开始,缺少了南方下部的两个带;②山高仅 2 744 m,森林也只能分布到 1 900 m;③代表中纬度湿润区,基带就是森林。

4.2.3 森林限界

生态条件决定着森林生长、发育,也决定着森林的分布,由于生态条件的限制使森林不能分布的界线,称为森林限界。森林的限界分为森林的高山限界和森林的水平极地限界。决定森林限界的因子有温度、水分等,其主导因子不是固定不变的。

我们知道,森林不能无限的向极地延伸。森林不能再向极地分布的森林界线,称为森林的水平极地限界。森林向极地延伸的距离,在水分保证的条件下,决定于最热月份的温度，一般 7 月温度能到 10 ℃的地方就有森林分布。所以海洋气候地区，森林极地限界纬度低，大陆气候地区，森林极地限界纬度较高。

我们最常见的是高山限界，即随着海拔的升高森林分布向上延伸。山体足够高而森林不能向上分布的界线，称为森林的高山限界(树木线)。

森林高山限界因地理位置和气候条件等而变化。低纬度森林高山限界高，台湾玉山森林分布到 3 600 m，灌丛直到山顶 3 950 m；而吉林省长白山森林高山限界为 1 900 m。如果低纬度地区，由于山体高度不够而出现森林限界，称为森林的地形限界。

森林限界以上有稀疏乔木，称为乔木限界或树木限界。树木限界以上还有灌丛带，同时会出现灌木限界。森林限界处的林木生长矮小，树干弯曲、稀疏，有时形成垫状。

山体高大或群山，会抬高森林限界。西南高山林区一些大山、群山区的森林高山限界，比台湾、海南岛林区的高山限界高很多，如川西剪子弯山阴坡，森林高山限界达 4 500 m。

高山限界往往因坡向而有差别。南坡和北坡的森林限界因限制森林分布的主导因子不同而不同。当水分条件可以满足，温度是主导因子时，阳坡森林限界更高些，如天山因积雪上部冷湿，森林的分布则南坡比北坡高；当温度可以满足，水分成为主导因子时，阴坡森林分布更高，因阴坡蒸发弱土壤湿度条件好，如我国西南高山暗针叶林区，在山原地带，暗针叶林只分布在阴坡，块状分布，称为块状暗针叶林区。

森林限界会因人为干扰而变动。在森林与草原接壤处，大面积破坏森林，森林容易被草原侵占；西南林区和天山、阿尔泰山林区，森林上限常因森林采伐或火烧而下降；在接近农区且开发早的林区，如华北、西北次生林区，因垦荒、放牧、樵采等活动，常使森林下限抬高。

4.3　森林环境

了解森林环境以及各生态因子的相互影响、相互作用规律，目的是科学经营管理森林。

4.3.1　环境与生态因子

生态是指生物在一定自然条件下生存和发展的状态。环境是指某一特定生物体或生物群体以外的空间及直接、间接影响该生物体或生物群体生存的一切事物的总和。在森林生态学中，通常把环境理解为森林植物有机体生存空间内各种自然条件的总和。森林的分布、森林植物的生长都依赖于生活的环境。同时由于构成森林的主要成分是寿命较长的高大乔木，因而森林对环境也具有一定的影响和改造作用。

从环境中分离出来的条件单位，称为环境因子，如气候因子、土壤因子、地形因子、生物因子等。对于森林来说，并非所有的环境因子都对它起同等的作用。有的作用很大，有的几乎不起作用。环境中对森林植物的生长发育等有着直接或间接影响的环境因子称为生态因子，如温度、湿度、食物、氧气和其他相关生物等。

生态因子根据性质和作用可以划分为 5 类：

①气候因子　光照、温度、降水、风等。
②土壤因子　土壤质地、结构、土壤有机质、土壤生物等。
③地形因子　地貌、海拔高度、坡度、坡位等。
④生物因子　动物、植物、微生物对生境的作用，以及生物之间的相互影响。
⑤人为因子　人类对森林资源的利用、改造和破坏，以及环境污染的危害等。

森林所存在的具体环境中，全部的生态因子综合在一起构成了森林的生态环境。生态环境在林学上称为立地条件，有时简称为生境。

在生态因子中起更主要作用的生态因子称为主导因子。当主导因子中某个生态因子量接近树木所忍受的极限时，该因子起最重要的限制作用，叫限制因子。各地区主导因子和限制因子不同。

4.3.2　森林与光

维持所有生命系统的能量来自太阳能，绿色植物利用太阳能将水和二氧化碳还原为氧气并合成碳水化合物。树木生长发育所需的有机物质主要靠光合作用合成。

4.3.2.1　光对林木生长的作用

(1) 光对林木生长发育的作用

光对植物的作用取决于光的种类和强度，光的种类与性质不同，对植物的生长发育产生不同的作用。不同种的光，波长和颜色不同，植物的光合作用对不同的光利用率也不同。按阳光到达地面的光照性质，可分为直射光和散射光。森林植物不仅可利用直射光，而且还可利用来自天空、云层的散射光和透过林冠的透射光以及来自地面与水面的反射光。光照条件对植物的作用还与光的强度相关，每日光照时间的长短对植物的开花也有重要影响。

(2) 光对树木形态的影响

光照的强弱、多少对树冠、树干、尖削度、叶子、根系均有不同的影响和作用；光照条件的突然变化也会对树木生长造成一系列影响。这是在进行森林经营时需要注意的一个问题。

4.3.2.2　树种的耐阴性

由于不同的树种长期处于不同的光照条件下，因此对光照产生了各不相同的适应性。根据树种耐阴程度的差异一般把树种分为3类：

①耐阴树种　能耐庇荫，能在弱光下生长的树种。如云杉、冷杉、白楠、红豆杉等。
②喜光树种　指能在全光照或强光照条件下正常生长发育而不耐庇荫的树种。如落叶松、樟子松、白桦、杨、柳、桉等。
③中性树种　对光照要求介于以上二者之间。如红松、椴、杉木、毛竹、香樟等。该类树种多数情况下幼年时耐庇荫，而成年后喜光。

需要指出的是树种对光的要求不是固定不变的。育苗、造林、林粮间作、混交树种的搭配、幼林与成林的抚育以及采伐方式的确定等，都要考虑树种的耐阴程度。

4.3.3　森林与温度

热量是植物不可缺少的主要生活条件。它不仅关系着植物的多种生理活动与生长发育，而且影响每种植物的地理分布。

（1）温度与森林分布

每个树种都有最适宜生长的温度。就北半球来说，从南到北，可以划分为不同的温度带，森林的类型与之相对应也是地带性分布。

（2）温度与林木的生长发育

树木的各种生理活动是在一定的温度范围内进行的。一般植物在气温 5℃ 时萌发，在土温达 5℃、气温达 10℃ 时开始生长。平均气温 10℃ 以下的地区森林不能生长。气温高于 35~40℃，森林生长也不能进行。不同地带的树木对温度的要求也不同。林木的生长期与热量有关。从春季树液流动到秋季树叶发黄，这个时期称为植物的生长期（季），也称无霜期。不同地区植物的无霜期不同。温度也影响地下根系的生长和对水分、矿物质元素的吸收，只要土壤不结冰、湿润，根系即可生长。植物已适应日夜温度变化。南北方的森林经营也都要考虑这些特点。

（3）树种对温度的要求与适应

按树种对温度的要求，树种相对可分为耐寒树种、喜温树种和中庸树种。一般可以用它们分布区域内的年平均温度或者生长期平均温度、最热月或最冷月平均温度来表示。这种划分是相对的。

（4）极限温度对林木的危害

温度超过树木所能适应的范围时称为极限温度。极限低温的危害主要有寒害、冻害、冻拔、冻裂及生理干旱等；极限高温的危害有两种，即根茎烧伤和皮烧。在林木培育中，可以通过选择树种，保持一定的郁闭度，或其他人为措施来防止这些危害的发生。

（5）森林对温度的影响

森林对温度的影响很显著，这可以从林内、林外的气温和地温的差异上看出来。森林系统的作用形成了区域小气候，进而对周围环境的温度产生了调节作用。

4.3.4　森林与水

树木的整个生命过程都离不开水。正在生长的林木组织中含有 90% 以上的水分，树干含水量约 50%，风干的种子也有 10% 的含水量。

（1）树种对水分的需要

树木的生理活动在有水分的条件下才能进行，光合作用需要水分作原料，水解作用要有水分参与反应，土壤中的无机盐类只有溶解在水中后，才能被树木所吸收，在树木体内运转和被利用。树木需要大量的水分用于蒸腾，有了蒸腾树木才能从土壤中吸进水分保持生命活动。树木用于制造碳水化合物的水分，一般不超过 1%。

（2）树种对水分的适应

树种在不同水分条件下长期生活，形成不同的生态习性，可以分为旱生树种、湿生树种和中生树种三类。

①旱生树种　指能长期正常生长在土壤水分少、空气干旱条件下的树种，它们有显著的耐旱能力。常见的树种有侧柏、白皮松、樟子松、沙棘、酸枣、云南松、栓皮栎等。

②湿生树种　能够生长在土壤含水量很高，甚至沼泽地上。常见的树种有水杉、水松、红树、垂柳、水冬瓜、枫杨、紫桦等。

③中生树种　介于旱生与湿生树种之间的类型，数量较多，分布广。常见的树种有云杉、冷杉、红松、胡桃楸、杉木、山杨、槭、梧桐等。

(3) 森林对水分的影响

森林对水分有很大的、多方面的影响。

①林内水分。主要表现在林冠对降水的截留，林内的蒸发与林木的蒸腾，林内枯枝落叶的吸水对土壤水分的影响。

②森林在水分循环中的作用及对降水的影响。

③森林的水源涵养、保持水土的作用。

④森林对水体污染的净化作用。

4.3.5　森林与大气、土壤、地形和生物

森林除了与光照、温度和水分有密切的关系外，还与大气、土壤、地形和生物之间有一定的关系。

4.3.5.1　森林与大气

人类和一切生物均生活在大气层内，大气层可以阻止短波辐射对地面生物的伤害，也可以缓和巨大气温的昼夜变化；更为主要的是，大气与生物有机体进行变换，是地球上生物赖以生存的重要条件。

(1) 森林对大气污染的净化效应

由于自然界或人类活动的结果，直接或间接地将物质和能量输入大气，因数量和强度超出正常的大气净化能力，造成大气污染。森林能净化大气，其主要作用表现在：森林是天然的吸尘器；森林是有害气体的过滤器；森林是氧气、二氧化碳浓度的调节器；森林可防止放射性污染；森林可减弱噪音；森林有杀菌作用；森林为人类提供美好生活环境。

(2) 森林与风

风是一个重要的生态因子，风对树木的影响是多方面的，作用大小决定于风的性质和风的速度。弱风对林木生长是有利的，可促进林木的蒸腾作用，还可促进植物与环境的气体交换；风也是种子传播的重要动力。风速过大，单向强风和干旱风，对林木生长有害，使林木畸形，并影响木材结构。森林对气流是个强大的阻碍物，由于森林的阻挡，可以改变风向和风速，从而发挥森林防风固沙、保护农牧业生产的作用。

4.3.5.2　森林与土壤

植物生长离不开土壤。从生态系统讲，绿色植物是"生产者"。土壤作为林木的生态因子对林木有着多方面的影响。

矿物质、有机质、水分和空气4种成分的比例决定着土壤性状和肥力，其制约着林木

生长所必需的多种营养的来源；制约着林木根系的空间环境；对森林生产力有着重大影响。另一方面，树种对养分的需要和适应性往往并不一致，研究树种对土壤肥力的适应，对造林更新有重要的意义。如树种对养分元素的要求及对土壤酸度的适应性。

森林经营中通过营林措施、土壤管理和其他生物、工程措施，可以提高林地土壤的肥力。如营造混交林、保护死地被物、抚育间伐、间作、排水、接种菌根、施肥、松土、防止污染等多种方法的应用。

4.3.5.3　森林与地形

气温、降水因地形和高度不同而不同。山地气候具有明显的垂直变化，并形成山地垂直气候带，又随局部地形特征的变化，森林植物分布和生长呈规律性变化。其地形因子主要是海拔高度、坡向、坡度、坡位等。

4.3.5.4　森林与生物

前面所讨论的多项内容，都是指森林与无机界生态条件之间的关系。就生物之间来说，林木的生长、发育和更新都受着其他生物的影响。其相互作用的方式有直接作用和间接作用。

直接作用有共生、寄生、附生、攀缘、绞杀、根系连生及机械作用等。共生指两种植物结合在一起共同生活，相互有益，如豆科植物与根瘤菌共生、地衣等。寄生是指植物生长在寄主(受害方)上，吸取寄主营养生活，对寄主一般是有害的。附生是指一种植物栖息在其他植物表面但自养。攀缘是藤本植物不能直立，攀缘在其他植物体上生活，一般被攀缘的植物生长衰弱。绞杀是指植物如一种榕树，用附生根紧缠寄主树干，最终会使寄主死亡。根系连生一般是在密度大林中，同种个体之间连根生。机械作用是指植物生长较密时，树冠互相的撞击。

间接作用表现在生存中，通过本身的新陈代谢，改变它周围的环境，然后由环境再产生影响。

森林与动物间的关系较复杂，既存在有利的一面，也存在有害的一面。在森林群落中，各种生物处在多种矛盾之中。一方面反映出生物对环境的相对适应；另一方面反映出生物对森林的依存。只有当发生了外因的突变时，或森林本身创造了不利于本群落存在的条件时，这时平衡就被打破，产生新的矛盾。人类应调节它们的关系，不断地发展森林，使之能不断地实现可持续发展。

4.4　森林群落

4.4.1　森林群落的概念

森林群落是植物群落的一种，植物群落是指一定地段上，一定植物种类有规律的组合。森林中占据一定空间的同种个体的总和叫作种群。生长在不同森林地段的同种的个体集合体可以理解为同一个森林种群。在自然界中，不是某个种的种群孤立存在的，而是很多的种群共同生活在一起的，即使所谓的人工纯林，除了乔木成分外，还有多种灌木、草本、苔藓、地衣、各种土壤微生物、各种动物等。群居在一起的物种并非杂乱无章地堆积，而是一个有规律的物种的集合。森林群落是生活在一个森林环境中并且彼此产生相互作用的森林植物、动物、微生物有规律的组合。这种组合具有一定的物种组成、垂直结构、动态变化以及生物量、能量和养分循环的格局。从生态系统来说看，森林群落仅是生态系统的一个成分。

4.4.2 森林更新

生长、发育、衰老、死亡是所有生物生命过程的规律，也是森林生活的规律。生物都能延续自己的后代，森林也不例外。森林结实量多，结实期长，除种子形成新的林木外，还有其他繁殖后代的方式。不论用什么样的方式或手段，幼苗、幼树发生，新林代替老林的过程称为森林更新。森林更新可以在林下、林缘、林中空地、采伐迹地和火烧迹地上发生。森林可以天然更新，也可以人工更新或人工促进天然更新。在无林荒山培育新林，属于造林范畴。

森林有着强大的天然更新能力，自然条件下可以自行更新，长期延续。"枯树前头万木春"中，反映了一木倒下万木更新的森林天然更新规律。喜光树种的天然更新往往需要老树朽倒后才能更新；耐阴树种无须老树朽倒形成林窗、空地再更新，在林冠下即可更新，形成世代不断的复层异龄林。如云杉林、冷杉林、红松林以及热带雨林和季雨林。

森林更新是森林可持续经营的基础。森林天然更新的趋势，就是地盘的扩大，群落的发展。人工更新当然更能达到上述目的。当代林区的一些无林荒山的形成，与采伐量偏大、采伐方式不当、更新不力等因素有关。旧有的大面积宜林荒山，则是人们没有认识森林效益及森林更新规律，长期掠夺式采伐的恶果。森林没有了，木材没有了，动植物资源没有了，一切森林效益没有了，穷山招来恶水，毁林换来了种种生态性灾难。当前，人们越来越重视森林的持续经营，森林可持续经营，森林更新是基础。实现森林更新必须了解森林更新的规律。

实生林是用种子更新形成的森林。种子更新需要几个过程：林木结实、种子传播、种子发芽、幼树稳定。林木如果不是以种子繁殖，而是以其干、根、枝等营养器官繁育成林者，称为无性更新。无性更新在森林经营上有重要意义。通常阔叶树种可以采用无性繁殖的方法更新。

4.4.3 森林生长发育规律

森林群落是聚集成群的，因而植物种类之间的相互作用，相互影响，在环境相似的不同地段也能有规律的重复出现。任何一片森林在形成发展过程中，都可以划分出不同的生长发育时期，掌握各时期的特点是认识森林发生发展规律，合理经营森林的基础。下面以人工同龄林为例来说明森林的生长发育规律。

(1)幼龄林时期

幼龄林时期指林分郁闭前的时期。此时树冠还未相互衔接，目的树种基本处于孤立状态，尚未出现自然整枝的现象。这时森林的特点是：林木是孤立的，个体间几乎不发生关系，还没形成森林环境。由于阳光直射地面，林内喜光的灌木、杂草繁茂，还有一些非目的树种生长。这一时期森林的主要矛盾是：目的树种对环境的适应和与非目的树种及杂草灌木的竞争。如果目的树种密度大，成活率高，生长迅速，则郁闭早，成林速度较快，反之，可能被非目的树种、杂草和灌木所抑制。所以初植密度非常重要。此时森林经营的主要任务是：进行幼林抚育，保证幼林成活，清除非目的树种及杂草。

（2）中龄林时期

幼林林冠郁闭后到成熟前，即进入中龄时期。此时期时间很长，这时林木的树冠彼此交接，形成荫蔽的环境。喜光的非目的树种、灌木和杂草已被压抑，林木之间对营养物质和空间的竞争上升为森林的主要矛盾。这时森林的主要特征是：林木开始自然整枝，明显林木分化（指同一树种同一年龄的林木所组成的森林，生长发育中林木个体的差异现象），相继出现枯立木，自然稀疏（森林随着年龄增加，单位面积上林木株数不断减少的现象）持续进行，部分林木开始开花结实，逐渐的大部分林木开花结实。此时不同类型的森林经营的主要任务不同，用材林要尽量缩短森林培育周期，保证高产优质，充分利用木材及森林资源，定期调整林分密度，具体的经营措施是抚育间伐和人工整枝等；生态公益林要保证其生态效益最大化。

（3）成、过熟林时期

自然稀疏基本结束，林木的材积连年生长和开花结实达到最大量时，标志着进入成熟林时期。随着林龄的增长，部分林木由于生理衰退出现枯枝或枯立腐朽，心腐、病虫侵害，林分经济价值与有益效能下降，充分显示出林分的自然成熟。进入过熟林时期的标志是：林分枯损量很大，超过生长量，林分的经济价值和有益效能都在进一步下降。由于林木枯损，导致林冠破裂，阳光射入林中，林下的幼树逐渐增多，新的一代森林在形成之中。这时森林的主要矛盾是新一代林木与老一代林木的竞争。这时森林经营的主要任务是及时采伐利用成熟林木，避免木材损失浪费，同时也给下一代林木让出生长空间，及时更新。

4.4.4　森林成熟

森林成熟是指经营的森林在生长发育过程中，某一生理现象充分显示，或达到最符合经营目的的一种状态。此时的年龄称为森林成熟龄。

森林成熟与农作物比较，具有成熟的不明显性，同时由于森林效益的多样性和社会对森林需求的多样性，也使得森林成熟表现出多种类型。

在森林培育生产中，森林成熟是组织森林经营和采取森林经营措施，安排森林经营活动的重要依据。因此认识并把握森林成熟的各种类型对森林经营具有十分重要的意义。

（1）数量成熟

数量成熟是指树木或林分的材积平均生长量达到最大值时的状态。此时的年龄称为数量成熟龄。数量成熟是说明树木或林分生长量的数量指标，是以绝对值表示的。不考虑木材质量因素，也叫材积收获最多的成熟。可见，若在数量成熟时采伐利用，并及时进行更新，则这块林地上平均每年所得的木材数量应是最多的。

数量成熟的早晚与多种因素有关，树种、地位级、起源等均影响数量成熟龄。如喜光树种，数量成熟龄较低，耐阴树种的数量成熟龄则较高，当其他因素不变，立地条件好的林分数量成熟较低，反之则较高。

（2）工艺成熟

工艺成熟是指林分生长发育过程中目的材种平均生长量达到最大时的状态。此时的年龄称为工艺成熟龄。工艺成熟与数量成熟都属于数量指标，不同之处在于工艺成熟还强调了材种的质量，且并不是所有的林分或树木都可以达到工艺成熟，如在立地条件差的林地培育某种大径级材种就可能永远达不到工艺成熟。另外，从木材材质来说也有可能不适宜某些材种，例如杨树木材不能用作枕木，马尾松木材不能用作车辆材、造船材等。

影响工艺成熟龄的主要因素有材种规格、树种、立地条件、起源等，其中树种、立地条件、起源的影响情况同数量成熟龄的影响方向相同，材种规格是影响工艺成熟龄的最重要因素，一般材种规格越大，工艺成熟龄越大，反之越小。

（3）经济成熟

经济成熟是指森林生长发育过程中，货币收入达最多时的状态。此时的年龄称为经济成熟龄。由于我国目前实施限额采伐制度，林木及林地流转也不完善，目前用该方法确定成熟期没有实践意义。

（4）自然成熟

自然成熟是指林分或树木生长到开始枯萎阶段时的状态，也叫生理成熟。

影响自然成熟的因素主要有树种、起源、立地条件、群体与个体等。自然成熟的确定，主要依据林木的外部特征和林分蓄积量的变化。达到自然成熟的林木，树高生长停滞、树冠扁平、梢头干枯、树心时有腐烂；如果在阴湿环境中，树干上常有大量的地衣、苔藓等低等植物附生。

（5）防护成熟

防护成熟是指树木或林分发挥防护作用最大时的状态，而此时的年龄称为防护成熟龄。

其确定依据是以获得森林有效防护性能最大为依据；其确定方法随经营目的的不同而应有所变化，这需在防护林生产经营中，准确把握防护林林龄变化与防护效益指标间的关系数据。这些尚需深入研究。

（6）更新成熟

更新成熟是指当林木或林分被采伐后，能确保天然更新完成的状态。此种成熟仅用于可以天然更新且有必要天然更新的树种和林分。

更新成熟因林分起源不同可分为种子更新成熟和萌芽更新成熟两种。实生树林分用种子更新成熟，它是林木或林分开始大量结实的最低年龄。萌芽更新成熟是采伐后能保持旺盛萌芽能力的最高年龄。

（7）竹林成熟

竹子与乔灌木的生物学特性不同，其成熟与乔灌木比较有很大差异。更新成熟在竹林经营中很重要。以毛竹为例，用母竹或鞭根移栽法繁殖都是 2～3 年生时最有利，可作为最佳更新成熟龄。竹子的用途广泛，竹子的工艺成熟也多种多样。

（8）经济林成熟

经济林一般是以生产果品、食用油料、食料、调料、药材等为主要目的的森林。经济林成熟是指经济林分生产经济林产品达到最多时的状态。而此时的年龄称为经济林成熟龄。经济林类型多，各有特点，研究成熟时，既不能用其他林种成熟的标准，也不能用一种经济林成熟尺度去评判另一种经济林成熟。许多乔木型经济林除了经济林产品外，木材也是重要的收获对象，评价成熟时应一起考虑。

4.4.5　森林群落演替

森林演替是指在一个地段上，一种森林群落相继被另一种森林群落替代的现象。在演替中，前一群落被后一群落替代的过程称为演替阶段。演替过程中依次连续出现的各个演替阶段称为演替系列。森林演替是森林内部各成分发展变化的必然结果。演替存在于所有的森林群落中，只不过这种替代有时以比较快的速度完成，有时需要很长时间。

森林演替按群落演替的性质和方向可分为进展（正）演替和逆行演替。在未经干扰的自然状态下，森林都是进展演替，从不稳定或稳定性较小的、结构较简单的森林群落过渡到更稳定、更复杂的阶段。其特点是后一阶段总比前一阶段更加适应环境，对环境的利用也更加充分，如单位面积的生产量增加、稳定性更高。森林的逆行演替多半发生在人为破坏或自然灾害等干扰因素作用之后，原来稳定性较大的、结构复杂的群落消失了，而代之以稳定性较小的、结构较简单的群落。在干扰、破坏严重的情况下森林群落甚至可能退到裸地。

森林演替又分为原生演替和次生演替。开始于原生裸地上的植物群落演替称为原生演替。原生裸地是指以前完全没有植物的地段，或存在过植被，但被彻底消灭，甚至植被下的土壤条件也不复存在的地段。原生演替从极端条件开始，向水分适中方向，即中生化方向发展。火山熔岩或冰川运动形成的裸岩表面或一个湖泊都可以认为是原生裸地，所以原生演替又分旱生演替和水生演替。开始于次生裸地上的群落演替称为次生演替。次生裸地是指植物现已消灭，但土壤中仍保留原来群落中的植物繁殖体的地段。森林采伐后的皆伐迹地、开垦过的草原、发生过火灾和毁灭性病虫害林地都属于次生裸地。

森林群落的演替是一个不断发展变化的动态过程，但这一过程并非永无止境，当演替最终停止于相对稳定阶段时，可以认为此时群落已达到顶极阶段，是顶极群落。顶极群落一般具有下列特征：群落内有机体与非生物因素的物质循环和能量流动达到平衡状态，群落内各种成分构成一个整体，彼此之间能够相互适应。结构复杂而稳定，不再改变品种，适应性与恢复力最强，是最高级的生物群落。除了大的自然灾害或气候条件改变外，群落的组成不发生改变。群落在永续的基础上达到了对环境资源的最充分利用。

4.4.6　森林生态系统

4.4.6.1　森林生态系统的结构

森林生态系统是指森林生物群落与非生物环境之间，通过能量转换和物质循环，形成一定结构，执行一定功能的动态平衡整体。也就是说，动物、微生物以及水、土、光、热等之间存在着相互作用的生态关系，它们所构成的综合统一体就叫作森林生态系统。其中的生物成分根据其功能不同分为以下三部分。

①生产者　生产者主要是绿色植物，包括乔木、灌木、草本、蕨类、苔藓和地衣，它

们能利用太阳能把简单的无机物质制造成有机物质。

②消费者　消费者主要是各种动物，它们以植物或其他动物为食。森林生态系统中的动物种类繁多。

③分解者　分解者主要指细菌和真菌，它们以死的动、植物为食，可将复杂的有机物质分解成简单的无机物质，被生产者所利用。森林生态系统中的微生物主要分布在森林土壤中，对森林土壤肥力和森林植物生长发育均具有很大影响。森林的非生物环境主要指光、热、气、水、土等赖以生存的环境。

4.4.6.2　森林生态系统的功能

(1) 生态系统的能量流动

森林生物所利用的能源基本上都是来自太阳的辐射，其途径是绿色植物通过光合作用将太阳能转换成化学能，动物依靠植物再将化学能转换为机械能和热能。研究生态系统能量的流动对经营和管理森林具有重要的指导作用。

生态系统中，能量转换的一个很主要的途径是通过食物链来进行的。食物链指生物界食物关系中甲吃乙、乙吃丙、丙吃丁的现象。例如，森林生态系统中的树叶→食叶毛虫→山雀→食雀鹰的能量的连续依赖关系形成一条食物链。以绿色植物为基础，以草食动物为开始的食物链称为草牧食物链；以死有机物质为基础，从腐生物开始的食物链称为腐生食物链或分解食物链。森林是以腐生食物链为优势的生态系统，因为木材构成森林的绝大部分生物量，在天然条件下，主要为昆虫、蚯蚓、微生物等所腐化。林地上的森林地被物同样为腐生生物所分解还原。

食物链上的每一个环节叫作营养级，营养级的多少与食物链的长短是一致的，但最多不超过4级。这是由于能量从一个营养级到另一个营养级的转换效率一般只有10%左右，这一规律称之为"林德曼百分之十定律"。

自然界是很复杂的，一种消费者有机体常常吃几种食物，而同一种食物又可能被不同种的消费者所食，这样生物之间的捕食和被食的关系就不是简单的一条链，而是错综复杂相互依赖的网状结构，称为食物网。森林生态系统中，植物、动物、昆虫之间的食物制约关系，带来了森林生态系统的稳定性，因此合理调节森林各生物成分之间的关系是营林措施的重要内容。营造混交林就是利用植物种的多样性为动物提供多种植物资源，增加动物和昆虫等的种类，使害虫不致达到猖獗的程度。

(2) 生态系统的物质循环

生态系统中的生物所需的物质最初来自于环境，当这些物质进入生态系统后，就在各功能单位之间进行传递，被各种生物重复利用，最后复归于环境，这个过程称为物质循环。即有机体维持生命所需要的基本元素（养分），先以矿物形式被植物从空气、水和土壤中吸收，然后以有机分子的形式，从一个营养级传递到下一个营养级，当动、植物有机残体被分解者分解时，它们又以矿物质养分的形式被归还到空气、水和土壤中，再被植物重新吸收利用。物质循环和能量流动同为生态系统功能的组成部分，但能量在生态系统中是单向流动的，而物质却是在进行一种周而复始的循环。

（3）森林生态系统在陆地生态系统中的地位

森林生态系统是陆地生态系统中面积最大、结构最复杂的生态系统。占陆地面积的30.3%，而且物种繁多，是陆地生态系统中最丰富的生物资源库和基因资源库。全世界的动物约有150万种，绝大部分都栖息于森林之中。森林生态系统也是陆地生态系统中生产力最高、生物总量最大的生态系统，而且节省水肥，不占用好地。森林本身像一个巨大的水分调控器，能影响降水和降水的分配，发挥着涵养水源、保持水土、调节气候的巨大作用。研究结果表明，对森林而言，其所体现的生态服务价值远远超过采伐木材的经济效益，而采伐木材虽然获得了暂时的经济效益，但由于森林采伐所带来的水土流失、洪涝等灾害给人类带来的损失又远超出这些经济效益。

4.5　东北主要树种简介

我国幅员辽阔，地跨寒温带、温带、暖温带、亚热带及热带，气候类型多变，冷热干湿差异悬殊，地形复杂，植物资源极其丰富。

4.5.1　针叶树种

针叶树是寒温带的地带性植被，是分布最靠北的森林树种，针叶树分布的北界就是森林的北界。在寒温带以外的地方，也生长着很多不同类型的针叶树，但是面积比起寒温带的针叶林要小很多。针叶树种包括常绿和落叶、耐寒、耐旱和喜温、喜湿等多种类型，主要有云杉、冷杉、落叶松和松树等一些耐寒树种。针叶树木出现于距今2.25亿年前的中生代。

下面介绍几种东北地区常见的、经济价值较高的针叶树种。

（1）红松

又名果松、海松。松科松属。是我国重要的珍贵用材树种之一。树干通直圆满，材质优良，不翘不裂，出材率高，且耐腐朽，易加工，工艺价值很高，是国防、建筑、造船、桥梁、家具等主要用材。种子为珍贵食品，树脂、树皮均有广泛的用途。

常绿乔木，高可达30~40 m，胸径1~1.5 m，树龄可达500年。树皮红褐色，一年生小枝密生黄褐色绒毛。叶五针一束，长6~12 cm，叶鞘早落。球果2年成熟，卵状圆锥形，长7~20 cm，成熟时种鳞不张开，种子不脱落，种鳞先端反曲，种子三角状卵形，无种翅。

分布于我国东北地区东部山地，以小兴安岭、长白山为集中分布区，是寒温带针阔混交林的主要组成树种。朝鲜、日本北部、俄罗斯远东地区亦有分布。

红松喜光，幼苗具有一定耐阴能力；要求湿润而寒冷的气候，耐寒；浅根性，喜生于湿润、肥厚、疏松、排水良好的酸性或微酸性土壤上；寿命长；10~20年前高生长较慢，20~30年后高生长加速，每年可达0.5~1 m；天然更新缓慢。

（2）油松

又名青松。是我国北方(华北、西北、东北南部)主要的造林树种之一。木材坚实，富松脂，耐腐朽，是优良的建筑、造船、电杆、枕木、矿柱等用材。它分布广、适应性强、枝叶繁茂、树姿雄伟、根系发达，是保持水土、防风固沙及荒山荒地造林的重要树种。

常绿乔木，高可达 30 m，胸径 1 m。树皮深灰或褐灰色。一年生枝淡灰黄色，无白粉。叶二针一束，粗硬，长 6.5 ~ 15 cm。球果卵形，鳞盾肥厚，鳞脐有刺，长 4 ~ 9 cm，成熟时暗褐色，易开裂。种子有翅，种皮有条纹，种子飞落后，球果常年(几年)不落(宿果)。

我国特有树种，天然分布很广，北起内蒙古的阴山和辽宁南部，西至宁夏的贺兰山、青海的祁连山和大通河、湟水流域，南至秦岭、太行山、吕梁山、燕山、伏牛山，东至山东山地。以陕西、山西及河北北部山地为其中心分布区，有较大面积的纯林。

喜光，不耐庇荫，喜生于向阳山坡。油松为温带树种，抗寒力较强，适于冷气候。深根性，根系发达，抗风。耐干旱瘠薄，在酸性、中性及石灰性土壤上均能生长，但不耐水涝和盐碱。生长速度中等。

(3) 樟子松

又名海拉尔松、蒙古赤松。是我国东北地区主要速生用材、防护林和四旁绿化的优良树种之一。树干通直，材质良好，用途广泛，是良好的建筑用材，并可供造船、桥梁、车辆、电杆、家具等用材。

常绿乔木，高 30 m，胸径 1 m。老树皮黑褐色，树干上部树皮褐黄色或淡黄色。一年生枝淡黄褐色。叶二针一束，长 4 ~ 8(12) cm，刚硬扭曲，短而宽，叶鞘宿存。小球果下垂，球果长卵形，鳞质强烈隆起，成熟后种鳞紧闭至第二年 5 月始张开。种子长扁卵形或倒扁卵形，有种翅。

天然分布区在大兴安岭北部，海拔 300 ~ 900 m，其中西起莫尔道嘎、金河、根河、新林到呼玛一线以北多成片状纯林；以南多与落叶松、白桦等混生。

喜光、不耐阴，耐寒性强，能耐 -40 ~ 50 ℃低温。抗旱性强，不苛求土壤水分，但不耐水湿。根系发达，适应性强，耐瘠薄，喜酸性或微酸性土壤，有弱度耐盐力。

(4) 兴安落叶松

又名意气松。是我国东北林区重要的优良速生用材树种，也是组成大兴安岭林区森林的主要树种。木质坚硬质密，抗压耐腐，可供建筑、电杆、桥梁、枕木、细木工、船、车等用，树皮可提取栲胶，是东北重要的更新造林树种。

落叶乔木，高 30 m，胸径 80 cm。树皮暗褐色，片状剥落后呈红紫色或紫色。一年生枝淡黄色或黄白色。针叶条形扁平，柔软、在长枝上单生，短枝上簇生。球果杯形或卵圆形，长 1.5 ~ 2.5 cm。种鳞五角状卵形，约 16 ~ 20 片，先端截形或微凹，平滑无毛，有光泽。种子三角状卵形，淡黄褐色，种翅镰刀形。

分布于我国大兴安岭，从沼泽地、山麓、山坡到山顶均组成大面积纯林，约占林地面积的 70%。小兴安岭北部亦有分布。

强度喜光树种，幼时耐庇荫，极耐寒，抗火及抗风力强。对土壤的适应性强，性喜肥沃、湿润、排水良好的土壤，但在比较干旱瘠薄的石砾山地及水湿的河谷、沼泽地均能生长成林，但在强度沼泽化土上生长不良。分布区内天然更新力强，生长迅速。

（5）长白落叶松

又名黄花松。是我国东北地区主要速生用材树种，为长白山林区主要树种之一。纹理通直，耐腐耐湿，是优良的木工用材，如桩木、桥梁、排水涵洞、造船及电柱等。可提制松香、松节油，树皮是良好的栲胶原料。

落叶乔木，高 40 m，胸径 1 m。一年生枝淡红褐色、淡褐色或棕褐色。叶条形扁平。球果卵形或卵圆形。鳞 25～40 片，种子圆形或方状倒卵形，包鳞先端不露出。种鳞密生绒毛。

分布于黑龙江南部山地及辽宁、吉林东部，长白山地区海拔 500～1 800 m；完达山、张广才岭海拔 500～700 m；或沿海两岸及沼泽地。以长白山林区为其分布中心。

极度喜光，幼苗耐庇荫。耐寒喜湿。适应性强，对土壤水肥条件不苛求。但在过酸过碱地生长不良。浅根系，侧根发达。生长快，30 年后高生长减缓。

（6）红皮云杉

又名红皮臭或白松。树姿美观，材质坚硬，轻软，淡白色，纹理直，结构细，易加工，是建筑、航空、造纸、家具、乐器、火柴杆等用材。树皮含单宁。是营造用材林和四旁绿化的优良树种。

常绿乔木，高 35 m，胸径 80 cm。树冠尖塔形，树皮暗红褐色或灰褐色，不规则块裂。一年生枝淡黄褐色，无白粉。枝上有显著突起的叶枕。叶四棱状条形。球果下垂，圆柱形。种鳞革质，倒卵形。

在我国主要分布于小兴安岭、张广才岭及长白山林区，大兴安岭东北和北部的河谷沿岸有少量分布。常与其他针阔叶树种混生，是红松针阔叶混交林的主要组成树种。

耐阴树种，但在全光下亦能生长。前期生长较慢，30 年后需光量大，生长加快，速度不亚于落叶松。耐寒性与耐湿性较强。最适宜的生长环境为空气湿度大、排水良好、土层肥厚的山麓缓坡。浅根性，易风倒，抗病力强，抗火力弱。

（7）鱼鳞云杉

又名鱼鳞松、白松。木材轻软，淡白色，为建筑、枕木、电杆、飞机等用材，又为细木工、乐器、造纸等重要原料。树皮含单宁 3.9%～13.75%。

常绿乔木，高 40 m，胸径 1 m。树皮幼时细鳞状裂，老时圆形片状裂，酷似鱼鳞，因而得名。针叶条形扁平，表面有 2 条白色气孔线，下面无气孔线。球果长椭圆状圆柱形。种鳞斜状卵形，种子比红皮云杉的小。其他特性与红皮云杉相似。

（8）臭松

又名东陵冷杉、华北冷杉。干形通直圆满，树姿美观，是用材和四旁绿化的优良树种。木材轻软易腐朽，多为纤维工业及船舶、箱板、器具等用材。针叶、根、干可提取芳香油，冷杉树脂是光学工业原料。

常绿乔木，高 30 m，胸径 50 cm。幼树皮灰白色平滑，有疣状突起的树脂包，成年时浅纵裂，块状剥裂。一年生小枝浅灰褐色或淡黄褐色，密生淡褐色短毛，有圆形叶痕。针叶条形扁平，果枝与主枝之叶先端尖（或有凹块），营养枝之叶先端凹下或两裂，下面有 2 条白色气孔线。球果近圆柱形直立，长 4.5～9.5 cm。直径 2～3 cm。成熟时种、鳞齐落。

天然分布于东北小兴安岭、长白山及河北、山西山地。常生于冷湿的谷地，成小片纯林，俗称"臭松排子"。在河岸山麓则常与红松等针、阔叶树种混生。

耐阴树种，耐阴、耐湿、耐寒，生长慢，寿命长。浅根性，易风倒，抗火力弱，抗病虫害力强。

4.5.2 阔叶乔木树种

下面介绍几种东北地区常见的、经济价值较大的阔叶乔木树种。

（1）水曲柳

水曲柳是我国东北林区珍贵用材树种，与黄波罗、核桃楸同为东北三大硬阔叶树种。材质优良，花纹美丽，耐磨性强，富弹性、韧性，为建筑、家具、航空、造船、军工、车辆、胶合板及体育器械的优良用材。

落叶乔木，高 30 m，胸径 60 cm。树干通直，树皮灰白，浅纵裂。冬芽黑褐或黑色，新枝近四棱状。树叶对生，奇数羽状复叶，小叶 7～13 枚，椭圆状披针形，无柄，有细尖锯齿，背脉有黄褐色绒毛。翅果扁平扭曲，先端微凹，矩圆形。

分布于小兴安岭、长白山和燕山山地，以小兴安岭为最多。

喜光树种，喜肥喜湿润，对土壤要求较严。能耐寒（-40 ℃），稍耐盐碱。虽性喜湿润，但不耐水渍。生长期较短，易受晚霜危害。生长快，寿命长，出材率高，是东北主要阔叶用材造林树种之一。

（2）核桃楸

又名胡桃楸、楸子。是东北地区三大珍贵硬阔叶树种之一。材质坚硬致密。纹理通直美观，有光泽、易加工，经济价值很高，用途广泛。是军工用材及建筑、家具、船舰、木模、车辆、乐器及运动器械用材。种仁营养丰富，含油率高，为重要的滋补中药。果壳可制活性炭，树皮及外果皮可提制染料和单宁。还可作嫁接核桃的砧木。

落叶乔木，高 25 m，胸径 40～80 cm。树干通直，树皮灰或暗灰色，交叉纵裂。小枝色淡，有毛，粗壮，髓心片状。枝叶互生，奇数羽状复叶，小叶 9～17 片，椭圆形或卵状椭圆形，边缘细齿。核果近球形或卵形。

主要分布在东北小兴安岭和长白山，多散生于沟谷两岸及山麓，与红松、沙松、水曲柳、黄波罗、椴、桦等混生。

喜光树种，不耐庇荫，耐寒、耐旱，根深，生长较快。在土层深厚、肥沃、排水良好的沟谷和山腹生长良好。

（3）黄波罗

又名黄檗，俗称"黄柏"。是东北和华北山区珍贵用材和木栓树种，东北三大硬阔叶树种之一。木材黄至黄褐色，材质优良，花纹美观，有弹性，易加工，用途很广，为上等家具、造船、胶合板、航空工业、枪托等用材。树皮可取木栓，内皮及根可入药，叶可提芳香油。又是优良蜜源植物。

落叶乔木，高 15～20 m，胸径约 50 cm。树皮厚，木栓层发达，内皮鲜黄色，味苦。叶对生，小枝无毛，无顶芽。奇数羽状复叶，小叶 5～13 片。浆果状核果，近圆球形，熟时黑色，种子呈肾形。

分布地区与水曲柳相似，主要产于东北小兴安岭南坡、长白山区及华北燕山山地北部。

喜光树种，不耐庇荫。深根性，萌生能力强，较能耐寒（为芸香科中最耐寒的乔木树种），幼年时对霜冻敏感。喜肥，喜湿。适生于深厚、肥沃、湿润的土壤，中性或微酸性、排水良好的壤质土上生长最好。不耐干燥瘠薄和水湿。

（4）柳树

①旱柳　又名柳树、河柳。是黄河流域、华北平原、东北西部营造用材林、防护林和四旁绿化的主要树种之一。木材可作建筑、桩木、矿柱、包装箱板、胶合板、家具、薪炭等用材。枝条可编筐，细枝和树叶可作饲料。花期早而长，为蜜源树种。

落叶乔木，高 20 m，胸径 80 cm。树皮深灰色。小枝黄色或绿色，无毛。叶披针形或线状披针形。花枝上叶较小全缘。小枝下垂。

分布很广，以黄河流域为中心，遍布华北、东北、西北、华东各地，多为人工栽培。

喜光，较耐寒，喜湿润，生长快，易繁殖。

②垂柳　落叶乔木，高达 12 ~ 18m，树冠倒广卵形。小枝细长下垂，淡黄褐色。叶互生，披针形或条状披针形，长 8 ~ 16cm，先端渐长尖，基部楔形，无毛或幼叶微有毛，具细锯齿，托叶披针形。花期 3 ~ 4 月；果熟期 4 ~ 5 月。

分布于长江流域及其以南各省区平原地区，华北、东北有栽培。垂直分布在海拔 1 300 m 以下，是平原水边常见树种。亚洲、欧洲及美洲许多国家都有悠久的栽培历史。

喜光，喜温暖湿润气候及潮湿深厚的酸性及中性土壤。较耐寒，特耐水湿，但亦能生于土层深厚之干燥地区。萌芽力强，根系发达，生长迅速。15 年生树高达 13 m，胸径 24 cm。但某些虫害比较严重。寿命较短，树干易老化。根系发达，对有毒气体有一定的抗性，并能吸收二氧化硫。

垂柳枝条细长，柔软下垂，随风飘舞，姿态优美潇洒，自古即为重要的庭园观赏树。亦可用作行道树、庭荫树、固岸护堤树及平原造林树种。此外，垂柳对有毒气体抗性较强，并能吸收二氧化硫，故也适用于工厂区绿化。柳树还能炼出火药，可作接骨夹板材料。可编成柳篮、柳箱等日用品。柳芽、柳絮、柳叶的用途也很广泛。如柳絮可作枕芯，也可作鞋垫。

（5）白榆

又名榆树、家榆。是我国常见的阔叶用材树种。木材坚硬有光泽，富弹性，纹理通直，花纹美丽，是良好的建筑、车辆、枕木、家具、农具等用材。树皮纤维可代麻；根皮可制糊料，果实可榨油，供食用；嫩叶是良好饲料；果、叶、树皮可入药，能安神。

落叶乔木，高达 25 m，胸径达 1 m。树皮粗糙，树皮暗灰色。树细长开展，侧生小枝呈羽状排列。叶椭圆状卵形或椭圆状披针形，长 2 ~ 8 cm，两面无毛，叶缘有锯齿，有叶柄。早春发叶前开花，簇生成聚伞花序；翅果近圆形，先端有缺口，熟时黄白色，俗称"榆钱"。

分布很广，我国大部分地区都有分布，多为人工栽培。尤以东北、华北和淮北平原为普遍。

喜光树种，极耐寒。抗旱性强，耐瘠薄，在固定沙丘和栗钙土上能生长。耐盐碱性较强，根系发达，抗风力强，不耐水湿，排水不良处易腐根。生长快，寿命长，一般 20 ~

30 年成材。

（6）蒙古栎

又名蒙栎、蒙古柞。是东北红松针阔叶林及大兴安岭林区中组成树种之一，也是东北林区次生林的主要树种。材质坚重，可作多种用材。种实可提制淀粉及酿酒，树皮可提制栲胶，叶可饲柞蚕。

落叶乔木，高 30 m，胸径 50 cm。树皮灰褐色，小枝无毛。叶倒卵形，长 7 ~ 20 cm，宽 4 ~ 10 cm，边缘有深波状圆钝锯齿，叶柄短。壳斗浅碗状，坚果卵形至长卵形。

分布于我国大、小兴安岭和长白山林区及内蒙古东部、山西、山东、河北等地。

喜光树种，耐寒（是我国栎属树种中分布最北最耐寒的一种），喜凉爽气候，耐干旱瘠薄，多生于向阳干燥山坡。

（7）杨树

杨树是杨柳科杨属的通称。品种包括青杨、山杨、黑杨、胡杨等。杨属有 100 多种，主要分布于中国、欧洲、亚洲、北美洲的温带、寒带以及地中海沿岸国家与中东地区。中国有 50 多种。杨树在我国分布很广，从新疆到东部沿海，北起黑龙江、内蒙古到长江流域都有分布。不论营造防护林还是用材林，杨树都是主要的造林树种。尤其近年来，我国杨树造林面积不断扩大，已成为世界上杨树人工林面积最大的国家。

杨树木材用作民用建筑材，生产家具、火柴梗、锯材等，同时也是人造板及纤维用材。叶是良好的饲料。杨树又是用材林、防护林、四旁绿化的主要树种，园林景观用也是一个非常优秀的树种，其特点是高大雄伟、整齐标志、迅速成林，能防风沙，吸收废气。工业发达国家栽培杨树主要是为了生产木材加工业所需要的原料，如胶合板、纤维板、刨花板和作为火柴工业的原料，一般采用大株行距栽植。发展中国家，则主要实行密植，轮伐期短，生产中径材以供民用。两者之间有一些过渡类型。

落叶乔木，不同品种形态各异。多数生长较快。杨树小枝具顶芽，芽鳞 2 枚以上。单叶互生，卵形或近圆形，不同品种叶大小不一。柔荑花序，雌雄异株，不具花瓣，有环状花盘及苞片。苞片顶端分裂，雄蕊多数。蒴果，小，具冠毛。

喜光。要求温带气候，具有一定的耐寒能力。对水分要求十分严格，因其光合作用和蒸腾作用比其他阔叶树均高。

（8）白桦

又名粉桦。是东北林区中主要阔叶树种之一。在东北地区蓄积量较丰富。木材白色，纹理直，结构细，易腐朽，硬度中等，可作建筑、矿柱、胶合板、火柴杆、造纸、箱板等用材。树皮可提取桦皮油。

落叶乔木，高 25 m，胸径 50 cm。树皮白色，纸状剥落。小枝紫褐色，无毛，有白色蜡层和腺点。单叶互生，三角状卵形，果序圆柱形，果翅比小坚果宽。

分布于东北、华北、西北及西南各地。常成纯林，或与其他针、阔叶树种混生。

喜光，适应性强，耐严寒，耐瘠薄，喜酸性土壤。天然更新良好，萌生力强，为采伐迹地或火烧迹地更新的先锋树种，是东北次生林中主要树种之一。

此外，东北林区中分布较普遍的还有黑桦和黄桦。

黑桦，主要特点是树皮灰黑或灰褐色，薄块状剥落。叶卵形，叶柄较短，果翅窄，仅为小坚果宽的 1/2。

黄桦，主要特点是树皮灰黄色，纸状剥落。叶长卵形。果翅与坚果近等大，是桦木中较耐阴的一种。

(9) 梓树

又名河楸、花楸、水桐、楸豇豆树、大叶梧桐、黄花楸、木角豆等。嫩叶可食；根皮可药用，能清热解毒、杀虫；种子亦入药，为利尿剂；木材可作家具。速生树种，也是具有一定观赏价值的树种。树姿优美，叶片浓密，宜作行道树、庭荫树。有较强的消声、滞尘、忍受大气污染能力，是良好的环保树种，可营建生态风景林。

落叶乔木，高 10 ~ 15 m，个别可达 20 m。树干耸直，分枝开展，枝粗壮，树冠伞形或倒卵形或椭圆形。树皮褐色或黄灰色，纵裂或有薄片剥落。嫩枝和叶柄被毛并有黏质。叶对生或轮生，叶广卵形或圆形，叶长宽几乎相等，叶上端通常 3 ~ 5 浅裂，叶背基部脉腋具 3 ~ 6 个紫色腺斑。顶生圆锥花序，花冠浅黄色或黄白色，内有紫色斑点和 2 黄色条纹。种子长椭圆形。蒴果细长如豇豆，经久不落。种子扁平，两端生有丝状毛丛。花期 5 ~ 6 月；果期 8 ~ 9 月。

原产我国，主要分布于长江流域及以北地区。本地区有少量栽培。

喜光、幼苗耐阴，有一定的耐寒性，适生于温带地区，冬季可耐 - 20℃低温。在暖热气候下生长不良。深根性，喜深厚、湿润、肥沃、疏松的中性土壤。不耐干旱和瘠薄，能耐轻盐碱土。抗污染性较强。

(10) 火炬树

又名鹿角漆。雌花序、果序均亮红似火炬，夏秋之际缀立于梢头，入秋后叶色转红，是极富观赏价值的绿化观赏树种。根系发达，萌蘖性又强，是良好的护坡、固堤、固沙的水土保持和薪炭林树种。

落叶小乔木，高达 12 m。小枝密生灰色绒毛。奇数羽状复叶互生，有锯齿，长圆形至披针形，先端渐尖，基部圆，上面深绿色，下面苍白色，两面有绒毛，老时脱落。直立圆锥花序顶生，密生绒毛，花淡绿色，核果红色，花柱似火炬，宿存、密集。有红色刺毛，果实 9 月成熟后经久不落，而且秋后树叶变红，十分壮观。

原产北美，我国于 1959 年开始引种，现在 20 多个省(自治区、直辖市)试种表现良好，都有分布。

喜光，喜温，耐寒，强健，对土壤适应性极强，耐干旱瘠薄，耐水湿，耐盐碱。根系浅但水平根发达，萌蘖性强。生长快，寿命短。生于河谷、堤岸及沼泽地边缘，也能在干旱的石砾荒坡上生长。

(11) 垂榆

又名垂枝榆。树干形通直，枝条下垂细长柔软，树冠呈圆形蓬松，形态优美，适合作庭院观赏，公路、道路行道树绿化，是园林绿化栽植的优良观赏树种。

落叶小乔木。树干通直，枝条下垂长而柔软，树冠呈圆形蓬松而丰满，自然造型好。单叶互生，椭圆状窄卵形或椭圆状披针形，叶长 2 ~ 9 cm，基部偏斜，叶缘具单锯齿，枝条下垂像柳树，叶像榆树叶。生长快、花先叶开放，翅果近圆形。

1974 年新疆林业厅组织林业科技人员，在甘肃省境内采集种条引种到新疆，次年嫁接繁殖试验成功。垂榆是从我国广为栽培的白榆中选出的栽培品种，属于我国嫁接繁殖的品种。

喜光，耐旱，耐盐碱，耐土壤瘠薄，耐寒，－35℃无冻梢。不耐水湿。根系发达，对有害气体有较强的抗性。

4.5.3　阔叶灌木树种

(1)暴马丁香

落叶小乔木或落叶灌木，有主干。树皮紫灰色或紫灰黑色，粗糙，具细裂纹，常不开裂，枝条带紫色，有光泽，单叶对生，叶片多卵形或广卵形，长 5～10 cm，宽 3～5.5 cm，先端突尖或短渐尖，基部通常圆形，上面绿色，下面淡绿色，两面无毛，全缘；叶柄长 1～2.2 cm；无毛。圆锥花序大而稀疏，长 10～15 cm，常侧生；花白色，较小，花萼、花冠 4 裂。蒴果长圆形，先端钝，长 1.5～2 cm，宽 5～8 mm，外具疣状突起，种子周围有翅。花期 6 月；果期 9 月。

主要分布于小兴安岭以南各山区，大兴安岭只有零星分布；此外，我国吉林、辽宁、华北、西北、华中以及朝鲜、俄罗斯的远东地区、日本也有分布。

中生树种。喜温暖湿润气候，耐严寒，对土壤要求不严，喜湿润的冲积土。常生于海拔 300～1 200m 山地针阔叶混交林内、林缘、路边、河岸及河谷灌丛中。树姿美观，花香浓郁，可作蜜源植物和提取芳香油，是公园、庭院及行道较好的绿化观赏树种。全株可入药，木材纹理通直，材质较轻，含挥发油，可作锄把、碗橱、茶筒、茶杯、烟盒等，有特异清香气味且不变形。

(2)毛樱桃

原产我国，温带树种。主产华北、东北，西南地区也有分布。

落叶灌木，花先叶开放或花叶同放，白色至淡粉红色，萼片红色。果实带毛。花期 3～4 月；果期 6 月。喜光，稍耐阴、耐寒、耐旱瘠薄，也耐高温，适应性极强，寿命较长。

在园林中应用很广。也可作行道树。

(3)榆叶梅

又名榆梅、小桃红。是我国北方地区普遍栽培的早春观花树种，品种丰富。叶形似榆树叶，花貌如梅花。故名"榆叶梅"。

落叶灌木或小乔木，高可达 2～5 m。枝条紫褐色，粗糙。枝叶茂密，花粉红色。花单生或 4～5 朵丛生(单瓣或重瓣)。树呈半球形植株，全株布满色彩艳丽的花朵，十分美丽壮观。

性喜光，根系发达，耐寒，耐旱，对轻度碱土也能适应，不耐水涝。

原产中国北部，现今各地几乎都有分布，是我国北方地区园林、庭院中常见的一种花木。

(4)小叶锦鸡儿

又名小叶金雀花、黑柠条、猴獠刺。是干旱草原、荒漠草原地带的先锋树种。抗旱，萌芽力强。主要用于沙地造林、绿化等，是良好的防风、固沙植物。在北方城市园林绿化中可丛植、孤植。多用于管理粗放或立地条件差的地区。果实、花、根入中药。

落叶灌木，高 3 m。树皮黄褐色或灰绿色，具条棱。枝斜生，当年枝条白色，幼枝有丝毛。偶数羽状复叶，小叶 6 ~ 10 对，倒卵状长圆形，长 0.5 ~ 1cm，先端圆钝。花单生或 2 ~ 3 朵集生，黄色。荚果坚硬，荚条扁 (象豆角)，具锐尖。结实少。

喜光，抗寒性强，耐瘠薄土壤，耐旱性强。喜生于通气良好的沙地及干燥山坡地。在固定及半固定沙地上均能生长。忌涝，根系发达，有根瘤。萌芽力强。

分布于中国东北、华北、西北等地区。

(5) 水腊

水腊是城市绿化的常用树种，其枝叶紧密、圆整，庭院中常栽植观赏，主要用作园林绿化，能修剪成水腊球，还可作绿篱栽植。抗多种有毒气体，是优良的抗污染树种。核果可入药。

落叶灌木，小枝具短柔毛，开张成拱形。叶细带形，薄革质，椭圆形至倒卵状长圆形，无毛，叶背面有短毛，顶端钝，基部楔形，全缘，边缘略向外反卷；叶柄有短柔毛。圆锥花序；花白色，芳香，无梗。核果椭圆形，紫黑色。花期 7 ~ 8 月；果期 10 ~ 11 月。

产于我国东北部、华北、西北及华中地区。

喜光，耐寒，耐旱，对土壤要求不严。萌枝力强。

(6) 红瑞木

又名红梗木、凉子木。是少有的观茎植物，也是良好的切枝材料。常用于园林绿化观景。园林中多丛植草坪上或与常绿乔木相间种植，得红绿相映之效果。

落叶灌木。老干暗红色，枝干血红色。叶对生，椭圆形，秋叶鲜红。聚伞花序顶生，花乳白色。果实乳白或蓝白色。花期 5 ~ 6 月；果期 8 ~ 10 月。

产于我国东北、华北、西北、华东等地，朝鲜半岛及俄罗斯也有分布。

性极耐寒、耐旱、耐修剪，喜光，喜较深厚湿润但肥沃疏松的土壤。繁殖力强，用播种、扦插和压条法均可繁殖。

(7) 金银忍冬

落叶灌木，高约 5 m。幼枝有柔毛，髓心中空。叶对生，卵状披针形。花冠唇形，白色带紫红色，先白后黄，芳香。浆果圆球形，红色，宿存。可观花果。

分布于山东、河南、内蒙古，全国大部分地区均有分布。

耐寒，耐旱，喜光也耐阴，喜湿润沃土。

(8) 迎春花

又名金梅、金腰带、小黄花、串串金。因其在百花之中开花最早，花后即迎来百花齐放的春天而得名，它与梅花、水仙和山茶花统称为"雪中四友"，是中国名贵花卉之一。迎春花不仅花色端庄秀丽，气质非凡，而且具有不畏寒威，不择风土，适应性强的特点，历来为人们所喜爱。主要用于园林，可供早春观花；花、叶、嫩枝均可入药。

落叶灌木枝条细长，呈拱形下垂生长，长可达 2 m 以上。老枝灰褐色，侧枝健壮，嫩枝绿色，四棱形。小叶 3 枚或单叶，对生，长 2 ~ 3 cm，小叶卵状椭圆形，表面光滑，全缘。花单生于叶腋间，花冠高脚杯状，其花小色黄，形似小喇叭，花冠 5 裂，顶端 6 裂，或成复瓣。花先叶开放，具清香。花期 3 ~ 5 月，可持续 50 天之久。

喜光，稍耐阴，略耐寒，怕涝，在华北地区可露地越冬，要求温暖而湿润的气候，疏松肥沃和排水良好的砂质土，在酸性土中生长旺盛，碱性土中生长不良。根部萌发力强。枝条着地部分极易生根。

原产于中国北方，主要分布于华北、辽宁、陕西、山东等地。目前各地常有栽培，我国中部和北部各省也有分布。

思考题

1. 名词解释

森林成熟　数量成熟　工艺成熟　经济成熟　自然成熟　防护成熟　更新成熟　竹林成熟　经济成熟

2. 植物界分为哪些基本类群？怎样区分低等植物和高等植物？

3. 植物命名的双名法是如何规定的？

4. 森林分布的一般规律有哪些？

5. 简述我国森林水平分布类型及其分布特点。

6. 解释森林限界及规律。

7. 根据树种耐阴性可以把树种分成哪几类？有何特点？

8. 简述林木各种生理活动与温度的一般关系。

9. 森林更新指什么？有哪些种类？

10. 简述森林生长发育的一般规律。

11. 什么是森林生态系统？森林生态系统的结构组成是什么？

12. 简述下列树种的生物学特性：红松、樟子松、油松、兴安落叶松、红皮云杉、臭松、水曲柳、黄波罗、核桃楸、旱柳、垂柳、蒙古栎、白桦、梓树、火炬树、榆叶梅、小叶锦鸡儿、红瑞木、水腊。

第 **5** 章

森林培育

5.1　林木种子

林木种子是承载林木遗传基因、促进森林世世代代繁衍的载体，其数量的多少、质量的优劣直接关系到森林质量的高低和林业建设的成效。因此，林木种子既是发展现代林业的重要基础保障，也是现代林业建设与发展的战略资源。种子生产是林业生产中的基础内容。

5.1.1　林木良种选育及繁育

2000 年颁布实施的《中华人民共和国种子法》中所谓种子是指农作物和林木的种植材料或者繁殖材料，包括籽粒、果实和根、茎、苗、芽、叶等。

森林培育的周期长，一旦用劣种造林，不仅影响树木成活、成林、成材，而且损失严重，难以挽回。为了保证造林质量，提高造林成活率、木材的生产率、林分质量以及林分的各种生态效益，必须选择优良的种子更新造林。

良种指遗传品质和播种品质均优良的林木种子。优良的遗传品质主要表现在用此种子造林形成的林分具有速生、丰产、优质、抗逆性强等特点，而播种品质优良则体现在种子物理特性和发芽能力等指标达到和超过有关国家标准。只有两者都优良的情况下才能称良种。

林木良种是经过选育才能获得速生、丰产、优质、抗逆等符合人们育种目标的特性的。林木良种选育是林木良种选种和育种的统称。育种方法一般包括选种、引种、杂交育种、良种繁育、辐射育种、化学诱变育种、遗传工程育种、倍体育种、生物工程育种等。树木育种的基本内容是寻找遗传变异、鉴定变异，通过选择和繁殖稳定变异，最后培育出符合种人们育种目标的新品种。

　　林木育种工作者在林木良种选育时，首先根据各地气候特征和林业建设需求，选好适宜造林的树种，在此基础上，进行种内群体和个体选择，并对所选树种的优良群体和个体采用合适的繁殖方式扩大繁殖，推广应用于生产。

　　林木繁殖方式可分为有性繁殖和无性繁殖。有性繁殖主要通过种子园、优良母树林等进行良种生产，也可以从优树或优势木上采种应用于生产。无性繁殖主要通过扦插、压条、分株、嫁接以及组织培养等方式进行。

5.1.2　林木良种繁育基地

　　林木的繁殖，主要有有性繁殖和无性繁殖两种。在当前林业生产中，母树林、种子园和采穗圃一起构成了林木良种繁育的主要形式。

（1）母树林

　　母树林是良种繁育的初级形式，是临时的采种基地。是在现有林分中选择符合要求的优良天然林或人工林，经过去劣留优疏伐改造后，以生产造林用种子为基本经营目的的林分。

　　母树林与种子园相比具有投产早、结实早，种子产量高，种子品质略微改善，集中，便于管理和采集种子，投资少，技术简单等优点。

　　应选择合适的地点建立母树林。一般选在立地条件好，光照充足，相对平坦，交通方便，栽植树种的中心地，周围不易杂交的环境建立母树林。母树林的年龄应选在盛果期。母树林的林分选择：优势木占优势，改造后林分郁闭度不低于0.6，最好是同龄林和纯林，目的树种株数不低于50%。

　　设置和管理母树林的主要内容有：选择优良林分、选定优树、去劣留优、疏伐及采取必要的栽培措施，包括除草、松土、灌溉、施肥、病虫害防治、建档案等。

（2）种子园

　　种子园是人工建立的长远的种子繁殖基地。种子园是由选择的优树建成的，以生产遗传品质和播种品质较高的种子为经营目的的人工林。按繁殖方式，可分为无性系种子园和实生苗种子园。

　　与母树林相比种子园的优点是：可以提高种子遗传品质，提供良种快，便于经营管理，促进结果实，便于采集种子和便于机械化作业（喷灌等）。但投资相对多些。

　　种子园应设置在适于该树生长和发育的生态条件范围内。一般选在交通方便、地势平坦、土壤肥力中等以上、接近水源的地区。在经营中要考虑多种影响因素，以不断提高种源质量。应采取隔离和集约经营措施。

（3）良种采穗圃

　　采穗圃是以生产大量优质采穗种条为经营目的的圃地。随着育种工作的开展，不论是优良无性系造林，还是建种子园，都需要大量种条。要想持续不断地提供大量优质接穗，主要办法是建立采穗圃。

5.1.3　林木种子采集与调制

　　林木种子是树木繁殖后代的主要材料，是育苗造林的物质基础。为了培育速生、丰产、优质的人工林,必须要有优良的种子。要实现林木良种化,除采取良种繁育措施外,还应采用先进技术进行种子生产,用科学的方法管理种子。

(1)林木的开花结实规律

乔灌木树种是多年生多次结果实的植物。树木达到一定年龄和发育阶段,才有能力开花结实。树木幼年期不能开花结实,而幼年期长短因树而异;同一树种,由于生长环境不同,开花时期也不相同;已经开始结实的树木,每年结实的数量差异很大,有的年份结实较多,称之为丰年、大年或种子年,有的年份结实较少,此时称为歉年或小年。各年中树木结果实数量或多或少的波动现象称为结实的周期性,也叫结实的大小年现象。从一个丰年到下一个丰年的时间为林木结实的间隔期。林木丰年接的果实不仅量多,种子品质好,而且采种费用较低。所以,采种要以丰年补歉年(以丰补歉)。

影响林木种子产量和质量的因子有内因和外因。常见的内因如林木年龄、林木生长发育状况、遗传特性等;外因有气候条件、土壤条件、生物方面的影响等。

(2)种子的脱落

林木种子成熟后与母树脱离叫脱落。大多数树种种子成熟先是生理成熟,而后进入形态成熟。各树种种实的脱落期和脱落方式是不同的;种实脱离期持续的时间长短常随天气的变化而变化;在不同时期脱落的种实质量也有差别。一般针叶树早期脱落的种子质量好,而阔叶树中期脱落的种子质量较好,一般以大量脱落时种子质量好。应尽量采集质量好的种子。

(3)种实的采集

不同树种种实脱落的特性、时间、方式影响采种时期及采种方法的确定。采种时要了解不同树种的种子成熟期、种实脱落的特性,以便确定采种时期及采种方式。

种子采集除了注意遵循以上规律外,采种时还应注意:切忌掠青,不同种子分别装放,并及时登记,妥善保管。

采种一般可以采取上树采种、拉网采种和地上捡种等方法。

(4)种实的调制

种实调制的目的是为了使种实达到适于贮藏或播种的状态,并清除种实中的夹杂物。种实调制的内容包括干燥、脱粒、净种、去翅、种粒分级等。但不是所有类型的种实都是需要经过这些工序,有的只需做其中的一项或几项。

采种后应尽快进行种实调制,以免种实发热、发霉,致使种子质量降低。

5.1.4　林木种子的贮藏与品质检验

5.1.4.1　林木种子的贮藏

贮藏林木种实的目的是为了保证种实在贮藏期间不变质,使种实能最大限度地保持其发芽力(生命力)。

影响种子寿命(生命力)长短的因素有种子入库时的状态和贮存种子的环境条件。

贮藏种子要控制的主要环境条件有:温度、空气相对湿度、通气、生物因子。

种子入库的状态包括:种子成熟程度、种子的净度、种子含水率。未完全成熟的种子容易发热霉烂;受机械损伤、受虫害或无生命力的种子容易受霉菌感染。为了保持种子的生命力，在贮藏前要严格地净种。种子含水率不在安全含水率范围内，种子容易丧失生命力。

安全含水率（标准含水率）是指贮藏种子时维持种子生命力最适宜的含水率。不同种子安全含水率不同。

贮藏种子的方法，可分为干藏和湿藏两类方法。

贮藏种子适宜的温度，干藏法为 2~5℃，但安全含水率高的种子适合湿藏法，适宜温度以 0℃ 左右较好。

5.1.4.2　林木种子品质检验

林木种子品质检验又叫质量鉴定。检验种子的播种品质，确定种子的使用价值，为合理使用种子提供科学依据。林木种子检验工作是科学经营林木种子中不可缺少的环节，尤其是播种前应对林木种子进行品质检验。

种子品质检验之前首先要取样，取样的原则是最大程度地代表该批种子的品质状况。

种子检验的内容主要是测定种子质量指标，包括检测种子净度、千粒重、发芽势、发芽率、生活力、优良度、含水率和病虫感染度等。

5.1.5　林木种子的调运

造林必须遵循"适地适树"的原则，包括适地适树种、适地适种源，只有这样，才能保证营造的人工林生产力高、稳定性强。如果造林地条件与种源地条件差异太大，会出现林木生长不良，甚至全部死亡的现象，我国在这方面曾有过不少的惨痛教训。

在进行大规模造林时，需要大量的各种林木种子，有时某地区种子不能满足育苗造林需要，必须从外地调运。

一般来说，当地种源适应性强，来自当地的种子育苗造林比较安全，确实需从外地调运种子时，必须注意调拨范围有一定的界限，当采用外来种源时，最好先引进种源试验，试验成功后才能大量调进种子。

为避免因种源不明和种子盲目调拨使用而造成重大的损失，林业发达国家对种源实施法律控制，并进行种子区划工作。如美国划定了全国林木种子区，并且规定了采种范围标准。不仅考虑了纬度的差异，还考虑了海拔高度对不同种源的影响。加拿大每个省都有林木种子区划，有相应的种源区划图，在实际工作中严格按照该区划实施采种和造林工作。

我国在经过大量种源实验的基础上，于 1988 年制定并颁布实施了《中国林木种子区划》的国家标准，选择红松、华山松、樟子松、油松、马尾松、云南松、华北落叶松、兴安落叶松、黄花落叶松、云杉、杉木、侧柏、白榆等 13 个主要造林树种，依据各树种的地理分布、生态特点、树木生长情况、种源等综合分析后，进行了种子区和种子亚区的区划。

5.2　苗木培育

苗木是植苗造林必需的物质基础，培育出树种对路、数量充足、质量好的苗木是保证造林成功及提高森林质量的关键之一。苗木的培育是在苗圃中进行的。苗木的种类很多，苗圃可以根据造林绿化的需要定向培育有针对性的、合格的苗木。苗圃育苗是实现以最低的成本、最短的时间，规范化培育高产优质苗木的基础，是森林培育的重要环节。

5.2.1　苗圃的建立

苗圃是生产优质苗木的基地。为了完成绿化任务，必须根据绿化工作的需要，建立起足够数量的、生产技术水平较高的林木苗圃，才能保证按计划培育高产优质的苗木。苗圃的任务是以最短的时间，最低的成本，培育优质高产苗木。

5.2.1.1　苗圃的种类

苗圃的种类很多。

根据使用时间的长短，苗圃可分为固定苗圃和临时苗圃。固定苗圃又称永久苗圃，使用年限可达十几年至几十年以上。为了提高工作效率，实现机械化生产，有些固定苗圃有向大型苗圃的方向发展的趋势。临时苗圃是为完成某一地区的造林任务在造林地区内或附近临时设置的苗圃，使用年限较短，一般不超过 3 年，当完成任务或因圃地的土壤肥力已被消耗不能继续育苗时，便停止使用。临时苗圃一般面积较小，苗木种类相对较少。

根据苗木生产任务不同，苗圃可以分为专业化苗圃和综合性苗圃。

根据苗圃面积大小，苗圃可以分为特大型苗圃（育苗面积 $\geqslant 100~\mathrm{hm}^2$）、大型苗圃（育苗面积 $60 \sim 100~\mathrm{hm}^2$）、中型苗圃（育苗面积 $20 \sim 60~\mathrm{hm}^2$）和小型苗圃（育苗面积 $10 \sim 20~\mathrm{hm}^2$）。

根据所属行业，苗圃可以分为林业苗圃、农业苗圃、园林苗圃和实验苗圃等。

根据权属不同，苗圃可以分为国营苗圃、集体苗圃和私人苗圃。

根据建设标准，苗圃可以分为现代化苗圃、机械化苗圃和一般苗圃。

5.2.1.2　苗木的种类

凡是在苗圃中培育的树苗，无论年龄大小，在苗圃出圃之前均叫苗木。绝大部分苗木必须在专门设置的苗圃中加以精心培育，才能符合要求。

造林用的苗木种类较多，有实生苗、营养繁殖苗、移植苗、容器苗等。

实生苗是指用种子繁殖的苗木。其中以人工播种培育的苗木叫播种苗，包括一年生和多年生（无论移植与否）的播种苗。在野外由母树天然下种长出来的苗木叫野生实生苗。在苗圃中播种苗培育是苗圃中最主要的生产内容。

营养繁殖苗是指用乔灌木树种的枝条、苗干、根、叶、芽等营养器官作繁殖材料培育的苗木。非种子繁殖，即非实生。营养繁殖苗也有野生苗。同时，营养繁殖苗又可以分为插条苗、埋条苗、插根苗、根蘖苗、压条苗、嫁接苗、插叶和组织培养繁殖苗。

移植苗是实生苗或营养繁殖苗经过移植后培育成的苗木。

5.2.1.3　选择苗圃地的条件

建立林木苗圃，选择适宜的环境条件是十分重要的。圃地选择不当会给育苗工作带来不可弥补的损失，不仅达不到壮苗丰产的目的，而且要浪费大量的人力和物力，使苗木的成本高，造林成活率低。所以，无论是固定苗圃或是临时苗圃，都要充分注意合理选择苗圃地，尤其固定苗圃因使用时间久，选地更为重要。

(1) 苗圃的位置

苗圃宜设在造林地的附近或其中心地区。苗圃地要尽量设在交通较方便、靠近主要交通衔接点的地方，以利运输育苗生产资料、苗木和生活用品，解决电力、畜力问题。尽量靠近乡镇和居民点，便于招用季节性工人和方便职工生活。

(2) 地形地势

建立固定苗圃尽量选在地势平坦、排水良好的地带，山地丘陵区建苗圃，也要注意坡度不能超过 5°并注意坡向。

(3) 土壤条件

土壤条件是影响苗木质量和产量的重要条件，所以必须做好选地工作。适宜的土壤条件主要表现在土壤的肥力、质地、结构、酸碱度等方面。一般土壤以团粒结构，质地较肥沃的砂壤土、壤土或轻壤黏土为宜。土层厚度应在 50 cm 以上。

(4) 水源

水是培育苗木的重要条件。在土壤水分适宜的条件下，才能培育出生长健壮、根系发达的苗木。苗圃地要尽量利用河流、湖泊、池塘和水库等为水源。如果无上述水源，要有打井的条件。灌溉用水应该是淡水。

(5) 病虫害及动物害

选苗圃地时，应避免选用有病虫害和自然鸟兽危害严重的土地。

根据上述各项条件选定苗圃地的位置后，还应根据苗木生产任务量的大小及当地的实际情况，确定苗圃地的面积大小。

5.2.1.4 苗圃地区划及设施

苗圃地选定之后，为了合理地利用土地，要根据已有的资料，如地图(根据平面测量和地形测量绘制的地图)、气象、土壤、地形、水文、病虫害情况、与排灌有关的水利技术资料、育苗树种的特性、育苗方法和每年计划生产任务等，将土地进行合理区划设计，把所需的生产用地和辅助用地进行合理布局。

生产用地包括各个树种育苗所需的土地(播种区、移植苗区、无性繁殖区和采条母树区)及其休闲地；辅助用地(又叫非生产用地)包括道路网、排灌系统、各种建筑物、积肥场、晾晒场和防风林带等所占的土地。

总之，建立苗圃要进行苗木市场预测，选择苗圃的种类，选定苗圃地，确定苗圃生产任务(苗木种类、数量、苗木标准)、计算苗圃用面积，进行苗圃区划和筹资建设。

5.2.2 播种苗培育

播种苗的培育是苗圃中最主要的生产内容。主要包括播种前准备、播种、播种苗的抚育管理和苗木出圃 4 个生产过程。每个生产过程都有具体的生产工序和需要注意的问题。

5.2.2.1　播种前准备

播种前准备包括整地、施肥、作床作垄、土壤消毒、种子处理(种子检验和催芽)等工序。

(1)整地

为便于浇灌和为种子发芽、幼苗出土创造良好条件，需在作床或作垄前进行平整圃地及播种前的碎石和保墒等工作。整地可以改善土壤的通气性和透水性，保蓄土壤水分，改善土壤的温度条件，给土壤微生物创造良好的生活环境，有利于土壤养分的释放，促进土壤风化，在盐碱地还有防止返盐碱的作用。整地还能消灭杂草和病虫害，它是苗木生产不可缺少的环节之一。整地的良好效果是通过耕地、耙地、平整土地、作苗床和镇压等环节的合理配合实现的。

(2)施肥

培育生长粗壮、根系发达、造林成活率高、抗性强、生长快的优良苗木，必须有较好的营养条件。所以说，苗圃施肥在培育优质高产苗木的育苗技术中是最关键的环节。因为苗木在生长过程中，必须吸收很多它所需要的营养元素，并通过光合作用制造养分来供应其生长。植物如果缺乏营养元素就不能生长发育。苗圃施用有机肥料，能给土壤增加有机质和各种营养元素。同时将大量的有益微生物带入土中，加速土壤中无机营养的释放，还能改善土壤的通透性和气、热条件，给土壤微生物的生命活动和苗木根系生长创造有利条件。施用化学肥料不仅能增加营养元素，还能调节土壤的化学反应。施肥能防止圃地生产力下降。出圃的苗木每年都从土壤中带走大量营养物质，所以必须年年施肥加以补充，提高土壤的肥力。常用肥料种类有有机肥料、无机肥料(化肥)和生物肥料。施肥应符合经济原则和技术原则。施肥的经济支出小于经济收益，而且应获得最大的经济效益。施肥的技术原则是合理施肥，即施肥的种类、时间、次数、数量、方式合理。施肥方法以基肥为主，追肥为辅。

(3)作床作垄

育苗方式可分为床式育苗和大田式育苗。生长缓慢又需细致抚育管理的树种及小粒种子，适合于苗床育苗，苗床育苗是苗圃育苗的基本方式。

(4)土壤消毒

为消灭土壤病菌和地下害虫，应在播种前一周进行土壤消毒处理，可采用烧土法和药剂处理法。药剂处理法是用规定浓度的药液消毒。

(5)种子处理

包括种子检验、发芽促进和催芽。未经品质检查的种子，不能用于播种。为使种子播种后出苗迅速整齐，在生产上经常进行催芽。催芽方法很多，在生产上常用的方法有：混沙催芽，冷水浸种，雪埋，化学处理种子等方法。不同方法适合于不同种子。

5.2.2.2　播种

(1)播种季节

播种季节可以分为春播、夏播、秋播和冬播。其中春季是我国的主要播种季节。一般夏播只适合于夏季成熟的种子，如杨、柳、榆、桑、桉等。

(2)播种方法与技术

播种方法主要有条播、点播、撒播、水播4种。条播是按一定行距将种子均匀地播到播种沟里，是应用最广泛的方法；点播是按一定的株行距将种子点播于播种沟里，一般只适用于大粒种子；撒播是将种子均匀地播种在育苗地上；水播是将微粒种子（如绣线菊等）与水均匀混合后，将种水混合物均匀播于床面。播种技术包括播种、覆土、镇压。

(3)苗木密度和播种量

苗木密度是在单位面积（或单位长度）上的苗木数量。苗木密度对苗木的产量和质量起着决定性作用。因为苗木的质量与数量之间存在着矛盾关系，数量如果太多，则质量下降；反之，数量适宜则质量高。播种量太大，不仅费种子，而且出苗过密间苗费工；播种量太小，产苗量低。为了节约种子，要提倡科学计算播种量。计算播种量方法可以查有关苗木生产方面书籍。

(4)一年生播种苗与留床苗的生长特点

一年生播种苗生长周期：出苗期、幼苗期、快速生长期、苗木硬化期（休眠越冬期）。出苗期是从播种时开始，种子发育成幼苗，到幼苗地上部出现真叶，地下部出现侧根时止。针、阔叶树种一般地下部都只有主根而无侧根。这时地上部生长很慢，而根生长较快，主根向地下伸长。幼苗期是从幼苗地上部出现真叶，地下部生出侧根，幼苗能自行制造营养物质时开始，到幼苗的高生长量大幅度上升时止。幼苗前期的高生长缓慢，根系生长快，生出多个侧根。苗木速生期是从苗木的高生长量大幅度上升时开始，到高生长量大幅度下降时止。苗木在速生期，地上部和根系的生长量都最大。苗木硬化期（曾叫生长后期）是苗木地上部和根系充分木质化进入休眠的时期。

留床的二年生苗及二年生以上的苗木的年生长过程，与一年生播种苗有所不同。它表现出两种生长型（即前期生长型和全期生长型）的生长特点，两种类型苗木的高生长期相差悬殊。根据留床苗的地上部和根系的生长特点，可分为生长初期、速生期和硬化期三个时期。从速生期开始，两种不同生长型的苗木生长出现差异。不同生长型留床苗的育苗技术应与其生长规律相适应。

5.2.2.3 播种地的抚育管理

播种地管理很重要，它直接影响着出苗的多少、快慢，关系到苗木的产量和质量，甚至对育苗的成败有一定影响。播种地的抚育管理是指从播种时开始，到幼苗出土后为止这一时期的管理工作。其内容包括：遮阴、灌溉、除草松土（中耕）、排水、间苗、幼苗移植（换床）、病虫害防治、苗木防寒、防鸟害等主要工序。

(1)降温措施

在地温太高时防止高温灼伤幼苗，需要采取降温措施，降温的有效方法是遮阴和喷灌。

(2)灌溉

幼苗出土后需要湿润的环境条件，在速生期需水量最多。灌溉应做到：每次灌溉湿润的深度应该达到主要吸收根系的分布深度；每次的灌溉量要足，间隔期宜适当延长。常用的灌溉方法有侧方灌溉、浸灌、喷灌、滴灌等。

(3)中耕

苗圃地由于灌溉和降雨等各种原因使土壤出现板结现象，妨碍苗木根系呼吸和吸收功能，通过中耕能消除障碍，促进气体交换、保蓄水分并减轻土壤返盐碱现象，给土壤微生物的生活创造适宜条件，提高土壤中有效养分的利用率，在较黏的土壤上，能防止土壤龟裂。通过中耕促进了苗木生长。中耕必须及时，每逢灌溉或降雨后，当土壤湿度适宜时要及时进行中耕，以减少土壤水分的蒸发，并防止土壤出现板结和龟裂。

(4)除草及排水

杂草不仅与苗木争夺养分、水分和阳光，还能招来病虫害，因此，必须及时除草。只有使苗圃地经常处于无草的状态，苗木才能顺利生长。除草必须掌握及时，即"除小除了"，省工又省力。在育苗工作中排出圃地的积水是防涝和防除病虫害不可缺少的措施。

(5)间苗

苗木过密时由于光照不足，通风不良，每株苗木营养面积过小，使苗木生长细弱，会降低苗木的质量，还易引起病虫害。间苗宜早不宜迟。具体时间因树种和地区而异。间苗一般应分 2～3 次进行。

(6)幼苗移植

种子很少的珍贵树种或生长特别迅速树种，一般要在苗圃培育中进行幼苗移植。如桉树、木麻黄等。有时为了调节苗木密度而补苗时，也要幼苗移植。阔叶树种当幼苗生出两个真叶时，进行移植成活率高。幼苗移植工作，主要应掌握移植的时期，并选阴雨天进行。移植后要及时灌溉，每天喷水 1～2 次，必要时进行遮阴。

(7)苗木的越冬及防霜冻

在我国北方地区，由于冬季气温较低，苗木越冬防寒要以防止生理干旱为主。越冬保苗的方法较多，如用土埋苗、盖草、设防风障和架暖棚等。春季播种或插条，当幼苗刚发芽时如遇晚霜，幼苗易遭霜冻之害，可用喷灌或熏烟等方法防除。

5.2.2.4　苗木出圃

苗木出圃是苗圃中最后一道工序。过程包括起苗、分级统计、假植、低温贮藏、包装运输。

(1)起苗

起苗对苗木质量有直接的影响，在实际工作中必须认真做好，否则会前功尽弃。起苗季节原则上要在苗木休眠期间。如落叶树种从秋季苗木地上部生长停止时开始，到翌年春季树液开始流动以前都可以进行起苗。在秋季起苗，利于苗圃实行秋(冬)耕作制，并能减轻春季作业劳动力紧张的压力。春季开始生长很早的苗木(如落叶松)宜在秋季起苗，进行越冬贮藏。春季起苗要早，否则，在芽苞开放后起苗，会大大降低苗木成活率。常绿针叶树种除以上时间外，也可在雨季起苗。起苗时要使苗木有较多的根系且有一定长度；圃地土壤不宜过干；要边起、边检、边分级、边假植或及时包装外运；另外不宜在大风天起苗。

(2)假植

假植是将苗木的根系用湿润的土壤进行暂时的埋植。假植主要是为防止根系干燥，保护苗根不失水。假植有临时假植和越冬假植之分。在起苗后和造林前进行的短期假植，叫临时假植。在秋季起苗时，要通过假植来越冬，叫越冬假植或长期假植。临时假植的选地主要是选背阴背风的地方。

（3）低温贮藏

将苗木置于低温下保存，既能保护苗木质量，又能推迟苗木的萌动期，延长造林时间。低温贮藏一般控制在 $-3 \sim 3$ ℃，空气相对湿度为 $85\% \sim 100\%$。要有通气设备。可利用冷藏库、冰窖、能保持低温的地下室和地窖等进行贮藏。

（4）裸根苗的包装和运输

运输苗木时要将苗木加以包装。包装的目的是为了防止苗木失水太多，并避免在搬运过程中碰伤苗木。运输时间较长时要进行细致包装。一般常用的包装材料有草包、蒲包、聚乙烯袋、涂沥青不透水的麻袋或纸袋、集运箱等。

如果短距离运输苗木可散放在筐篓中，在筐底放一层湿润物，再将苗木根对根分层放在湿铺垫物上，并在根间稍放些湿润物。筐装满后，在苗木上面再盖一层湿润物即可。

在运输期间，要经常检查包内的温度和湿度，以免发热。若发现湿度不够，要适当加水。苗木运到目的地要立即将包打开，进行假植。但在运输时间较长、苗根较干的情况下，要先将根部用水浸一昼夜再假植。

5.2.3　插条与移植育苗

（1）插条育苗法

插条育苗法是截取树木枝条或苗干的一部分作繁殖材料进行育苗的方法。经过截制的繁殖材料（苗干或枝的一部分）叫作插穗。用插条法培育的苗木叫作插条苗。

插穗插入土壤中，成活与否，关键在于插穗能否生根。提高插穗成活率的关键措施在于选择母树、插穗的年龄、枝条的发育状况及生长的部位、枝条部位、插穗长度、插穗粗度、插穗水分、环境条件等方面的内容。

（2）移植育苗

大苗因为具有发达的根系和生长粗壮的地上部，苗木对自然灾害抵抗力强，造林成活率高，生长快，可减少补植投资。因此，近年来用大苗造林受到重视。

播种育苗或插条育苗一般密度大，培育 $2 \sim 3$ 年生以上的苗木，如果在原播种地继续育苗，因营养面积小，光照不足，通风不良，常使苗木地上部枝叶少，苗干细弱，地下根量少而细长，造林成活率低，生长不良。因此，一般培育年龄较大的苗木，要进行"移植"（东北称换床，南方有的地区称分床）。在苗圃中用这种方法培育的苗木（原为播种苗、野生苗、营养繁殖苗）都称移植苗。

经过移植的苗木，由于扩大了苗木的营养面积，改善了光照条件，使苗木枝叶繁茂，促进多生侧根和须根，同时还抑制了苗木高生长，使苗木茎根比值小，地上部生长粗壮而枝叶繁茂，地下根系发达。因而提高了苗木质量，并能提高造林成活率。

5.2.4　容器和塑料大棚育苗

传统的造林苗木，一般都在裸地培育，起苗后，苗根裸露。

容器育苗是在各种容器中装入配制好的营养土进行培育苗木，苗木育成后，带着完整的根团运到造林地造林的育苗方法。其优点是起苗、包装、运输时不会伤根；贮藏时不易丧失生命力；造林后无缓苗期，成活率高，初期生长快。比较适用于在干旱、贫瘠、沙地造林或造林成活困难的树种。缺点是容器育苗具有技术复杂、成本高、单位面积产苗量低、苗小、木质化程度差、根成团易造成林木畸形发展等。

塑料大棚（或称塑料温室）育苗是利用塑料薄膜大棚育苗。20 世纪 70 年代以来迅速发展，它具备以下优点：① 能提高棚内气温，在春季比空旷地增温 2.5 ~ 5 ℃，能延长苗木生长期 1 个月以上。② 种子发芽快，在棚内的落叶松、赤杨和栎类种子的发芽日期比空旷地缩短 4 ~ 7 天，云杉、松树种子缩短 8 ~ 10 天。③ 能提高棚内空气相对湿度，白天能提高 7% ~ 13%，随温度上升，空气相对湿度也相应增加。此外，光合作用效率提高30% ~ 60%。因而能加速苗木生长。在这些条件的综合影响下，松树、云杉、栎树等生长旺盛期比空旷地延长 30 天，山杨、槭树等延长 40 天。生长量也显著提高，如青海省的油松在塑料大棚内育苗，一年生的高生长比在室外培育的一年生播种苗高一倍左右，地际直径也有所提高。所以说，在生长季短的地区，用塑料大棚育苗能缩短一半左右的育苗年限。④ 便于控制环境条件，能防止风沙灾害和霜害；施肥和灌溉等可安装固定设备，既能减轻劳动强度，又能减少农药的消耗，便于经常管理。

大棚育苗仍存在育苗成本高、病虫害较多等问题。所以塑料大棚育苗只适于在气候寒冷、生长期较短的地区或风沙灾害和霜害严重的地区应用。

5.3　森林营造

5.3.1　造林及其质量要求

(1) 造林

造林一般是指按照一定设计方案，用人工种植的方法营造森林达到郁闭成林的生产过程。供造林使用的土地资源称为造林地，有时也称宜林地。造林地有许多种类，如森林经采伐或火烧后所形成的采伐迹地、火烧迹地，需经人工加密或改造的疏林地、低价林地，原来未生长过森林的荒山荒地（包括沙荒地、荒滩地、四旁隙地等）以及原来归农业利用的农耕地及撂荒地等。在不同种类的造林地上造林有不同的特点。在宜林的荒山荒地及其他无林地上营造森林称为人工造林；在原来生长森林的迹地上（采伐迹地、火烧迹地）人工恢复森林，称为人工更新。在疏林地及低价值林地上用造林的方法改造时，这种林分改造措施也属于造林范畴。

(2) 人工林

用人工种植的方法营造的森林称为人工林。人工林具有树种按人们的需要合理选定、种苗经过选择、密度配置均匀、林地环境受控等不同于天然林形成过程的一些特点，具有比天然林更速生丰产的潜力。人工林和天然林一样，也可按其经营的主要目的的不同，而区分为不同的林种：用材林、防护林、经济林、特种用途林和薪炭林。各林种还可以按其主要产品或功能不同进一步细分。

(3)造林质量要求

扩大造林数量，提高造林质量，是我国林业生产的主要任务，特别是造林质量问题，已成为当前影响我国林业建设成效的主要问题。在造林质量方面，有几个层次的要求：第一个要求是成活，即要求植树造林有较高的成活率和保存率，没有这方面的质量，也就没有造林数量可言。其次，在保证成活的基础上，还要求植树造林能速生、丰产和稳定。速生是要求树木长得快，成材（或受益）早；丰产是要求单位面积产量高，充分发挥造林地潜力；稳定是要求林木在长期培育过程中，能顶得住各种自然灾害（旱、寒、大气污染等）的干扰，抗得住病、虫、兽害的侵袭，即抗环境胁迫。第三个层次的要求是它的功能效益，即要求人工林能在较高水平上满足各林种的产品质量和功能要求，达到优质。成活、速生、丰产、优质、稳定可以说是衡量造林质量的5个主要指标。但判定造林质量高低，最终还要依据造林的经济指标，统计造林成本的投入量及人工林所提供的经济收益和生态效益的产出量，作出经济效益的分析。

提高造林质量需要采取综合措施，只有在解决有关认识问题、政策问题、投资问题的基础上，技术工作才能有效落实。从技术的角度来看，提高造林质量需要一个基础，并从三个方面采取适用的技术措施。这个基础就是按照适地适树的原则进行树种选择。这三方面的措施就是：以良种优苗和认真种植来保证树木的个体优良健壮；以合理的配置密度及合理的树种组成来保证人工林有合理的群体结构；以细致的整地、抚育保护及可能条件下的施肥灌水（排水）来保证良好的林地环境。这些就是造林的基本技术措施，各项技术措施还要通过造林调查设计工作使之落实到地块。

(4)造林地

造林地又叫宜林地，是指正在利用或即将利用来造林的土地。造林地是培育人工林的外界环境，是由相互联系又相互制约的许多环境因子组成的复杂综合体，并受人类社会经济活动的影响。

造林地是由许多环境因子组成的复杂综合体。这个综合体，从造林的观点出发，可将其分为两个方面，即造林地的立地条件与造林地的环境状况。立地条件因子包括：大气候因子和小气候因子（光照、温度、湿度）、地形地势（海拔、坡向、坡度、地形部位）、地质土壤（基岩、母质、土层厚度等）；环境状况因子包括：地表状况（植被、伐根分布、切割情况等）、造林地的土地利用情况（荒山、撂荒地、耕地）、伐区清理情况等。

造林地的立地条件是与造林有直接关系的生态因子，对造林起根本作用，它决定着造林树种的选择、造林成活率的高低、人工林的生长发育和生产力的高低以及木材质量的好坏，又称森林植物条件或造林地条件。

造林地的环境状况是与造林没有（或很少有）直接关系的环境因子，故而不影响树种的选择、幼林的成活及人工林的成长，或者仅在造林初期有暂时性的影响，是可以改变的，但却对造林的方式、整地方法等方面有显著的影响，如林地的天然更新状况、地表状况、土地利用情况及伐区清理状况等。这些非根本性的环境因子的综合称为造林地环境状况，或称造林地的地类。

以上这种划分也是大致的、相对的、有条件的，因为实际上各个环境因子是相互联系、相互制约的，各种环境状况都在一定程度上影响着立地条件。

　　造林地的立地条件尽管千差万别，但可按一定规律，根据某些相似性或相异性将其分门别类，这种类型称为立地条件类型。立地条件类型是具有相同的气候、土壤、地形、水文等综合自然因子的许多地段的总和。立地条件类型的划分应在同一气候区范围内(造林类型区)进行。相同的立地类型区在造林时可以采取类似的措施。

　　由于我国地域辽阔，自然条件复杂，树种繁多，不同地区造林地的经济条件与自然特点不同，造林工作地域性强，在选择造林树种和造林技术措施时，应贯彻因地制宜的原则。

5.3.2　造林树种选择

5.3.2.1　造林树种选择的意义

　　造林树种选择的适当与否，是造林工作成败的关键之一。如果造林树种选择不当，不但使造林不易成活，以致徒费劳力、种苗和资金，而且即使能成活，人工林也可能长期生长不良，难于成林、成材，造林地的生产潜力在很长时间内不能充分发挥，也起不到森林的防护及美化等作用，使国家与人民蒙受巨大的损失。新中国成立以来，我国的大量造林生产实践在这方面取得了不少经验和教训。造林工作本身具有基本建设的性质，是"百年大计"，而树种选择又是"百年大计"的开端，必须认真对待。

5.3.2.2　造林树种选择的原则

　　许多乔灌木树种都有对人类有利的某些性状，都有可能被选为造林树种。但是在一定的条件下，为了满足国民经济的某种特定要求，经过比较，就只能选用其中一部分最优良的树种。选择造林树种的主要原则：一方面造林树种要具备最有利于满足造林目的要求(生产、防护、美化等)的性状，要注意国民经济需要是多方面的；另一方面造林树种又最能适应造林地的立地条件，即能达到适地适树的要求。这两个方面是紧密结合、相辅相成的。满足国民经济要求是目的，如果不按这个要求去选择树种，费了很大努力培育出的人工林，经济价值不高或防护效果不好，当然是个失败。而"适地适树"是生物规律要求，是满足国民经济要求的手段。树种选择如果违反适地适树的要求，则造林树种的经济性状和防护潜力无论有多好，也得不到实际效果。因此，这两个方面必须兼顾，不能偏废。另外，在选择造林树种时还要考虑其他一些次要因素，如种苗来源是否充足、栽培技术上有什么困难、当地有无培育该树种的经验和习惯、造林成本等。这些因素都在一定程度上影响造林树种的选用及其比例。

5.3.2.3　各林种造林树种的选择

　　选择造林树种要根据造林的目的要求，而林种就是反映这种目的要求的，因此就要按不同林种对造林树种提出要求，进行比较，加以选定。

　　(1)用材林的树种选择

　　用材林造林树种的选择，要求具有速生、丰产、优质三个条件。我国森林资源不足，覆盖率低，用材缺乏，必须大力发展速生用材树种。如北方的落叶松、杨树；中部的泡桐、刺槐；南方的杉木、马尾松、桉树和竹类。丰产是指在单位时间内(例如一个培育周期)单位面积上产量(蓄积量)高。优质是指材质优良,一般要求材质坚韧、纹理通直均匀、不易变形而易加工、抗压力强、富弹性、耐腐力强等;纤维用材要求纤维长且含量高,颜色浅;家具用材应致密,纹理美观,胶合性好,"吃钉子",有香味等。此外,在注意速生、丰产、优质的同时,对有些珍贵用材树种,如东北的三大硬阔材和南方的柚木、楠木等,生长虽然不迅速,但材质好,为了满足国民经济的特殊需要,应有适当的发展。

除了以上几方面的主要性状外,在选择树种时还要了解其他一些性状,如树种生长的稳定性如何,有没有毁灭性的病虫害,除了生产木材以外的其他林副产品及生态效益如何等。

(2)经济林树种的选择

经济林对造林树种的要求与用材林是相似的,只是在含义上略有不同。例如,对于以利用果实为主的木本油料林来说,与用材林的"速生性"相对应的是"早实性"。"丰产性"的要求在字面上是一样的,而内容上这里指的是果实的单位面积年产量,有时还要换算为油脂的单位面积年产量,这样在产量的概念中就包括了部分的质量概念,如果实的出仁率、种仁的含油率等。至于优质性,在这里除了出仁率、含油率等指标外,还包括油脂的成分、品质及用途等。正是从这些方面来衡量油料树种经济性状的优劣,以决定其取舍。

上述对木本油料林的要求原则上也适用于经济林的其他各类树种。由于经济林的产品种类多样,利用部位各异,对树种要求的具体指标也是不一样的。

发展经济林时,首先要根据市场需求及当地条件决定发展哪一类经济林最为有利,在经营方向确定以后,树种选择问题相对来说比较容易解决,更重要的应是品种或类型的选择。

(3)防护林树种的选择

防护林因具体防护对象不同,在树种选择上应有不同的要求。

农田防护林应选抗风力强,生长迅速,树形高大,枝叶繁茂,树冠较窄,直根性,侧根不太发达,寿命较长,经济价值较高,没有和农作物共同的病虫害的树种。

水土保持林应选根系发达,根蘖力强,生长迅速,树冠浓密,落叶丰富,耐干旱、瘠薄或耐水湿等特殊的环境条件的树种。

固沙林应选根系伸展广,能笼络地表沙粒,耐风吹、露根及沙埋、沙割(如沙柳等),有生长不定根的能力,落叶丰富,能改良土壤,能适应沙地干旱、瘠薄、地表高温的环境,或耐沙洼地的水湿及盐碱的树种。

(4)环境保护林和风景林树种选择

环保风景林应根据不同具体目的选择不同的树种。在大型疗养区周围营造以保健为主要目的的人工林,最好选用能发挥具有杀菌能力的分泌物树种。大部分松属及桉属树种都有这种能力。在大型厂矿周围,特别是在能产生有害气体的污染源周围造林时,要选择那些对污染物的抗性强而且能吸收这类污染气体的树种。在城市附近为了给人民群众提供休息场所而造林时,除了树种的保健性能外,还要考虑美化及游憩活动的需要。造林树种应具有四季常绿(或发叶早、落叶迟)、株型或形体颇佳、色彩鲜明、花果艳丽等特性,而且最好是不同树种交替配置,而不要形成单一呆板的环境。

（5）四旁绿化树种的选择

四旁树是指在路旁、水旁、村旁、宅旁进行成行或零星栽植的树。它本身不是一个林种，四旁树兼有生产、防护及美化的作用，但在不同场合有不同的侧重点。城镇地区的四旁绿化包括植树、种花、养草在内，形成一个体系。其中植树部分实质上是环保风景林的组成部分，选择树种时要考虑景色构成及防止空气、噪音污染的要求。在农村地区的四旁植树，既是农田林网的组成部分，又是平原木材生产的重要源泉，要兼顾防护及生产的要求。四旁的条件相差很大，要求也不相同。如路旁树种应树体高大，干直枝密；水旁树种应喜湿耐淹、抗冲防浪；村旁、宅旁的经营条件好，应当选择一些对立地条件要求较严及经济价值较高的用材树种和经济树种。

护牧林、海防林等也都有其特殊要求。

国民经济需要是多方面的，树种选择应有不同的要求，应提倡多样化，避免单一化。

5.3.2.4　适地适树

适地适树就是造林时要根据造林地的立地条件和树种的生物学特性，选择既符合造林目的要求，又适宜于造林地条件的树种。也就是要做到使造林树种的生物学特性与造林地的立地条件互相统一。这是充分发挥生产潜力，保证造林成功，达到速生、丰产、优质的科学基础。适地适树作为树种选择的一项基本原则，对造林成败有很大的影响。

树种的生物学特性是指该树种在长期历史发展过程中形成的对外界环境的要求和反应的特性。为了做到适地适树，必须对树种的一系列特性作详细的了解。例如对光的要求和反应，对温度、水分、养分的要求，对土壤酸碱度及盐碱的反应等。

对适地适树的理解可以包括两个方面，一是根据造林目的和经济要求，为一定的造林树种选择适宜的造林地；二是为一定的造林地选择适宜的造林树种，使树种的生物学特性和造林地的条件达到统一。

衡量是否达到适地适树需有客观标准。这个标准要根据造林的目的要求来确定。对于用材林来说，起码要达到成活、成林、成材，还要有一定的稳定性。从成材这一基本要求出发，还应当有数量标准，如不同立地条件下各树种的立地指数（地位指数）、各树种的单产指标（蓄积量及平均材积生长量）等。

为了使"地"和"树"基本相适应，可以归纳出三条基本途径。第一是选择，既包括选树适地，也包括选地适树。第二是改树适地，即在地和树之间某些方面不太适应的情况下，通过选种、引种驯化、育种等方法改变树种的某些特性，使它们能适应造林地的条件。第三是改地适树，即通过整地、施肥、灌溉、混交、土壤管理等措施改变造林地的生长环境，使其适应原来不适应的树种生长。这三条途径应当是互为补充的，后两条途径必须以第一条途径为基础。在当前的技术经济条件下，改树或改地的程度都是有限的。

根据适地适树的原则，树种选择一般以乡土树种为宜，但也可在种源试验的基础上，积极引进速生、丰产、优质、珍贵或有其他有利特性的外来树种，以提高人工林的产量和质量。

在最后确定造林树种时，要把造林目的与适地适树的要求结合起来统筹安排，分析确定树种发展比例，并制订方案，进一步把选定的树种落实到各个造林地块，造林设计工作要追求长期稳定的整体最高效益。

5.3.3 人工林结构设计

结构决定功能。合理的结构是森林充分发挥各种功能的基础，也是林木高产稳产的重要条件。

5.3.3.1 人工林结构

人工林结构是指人工林(林木)群体结构，即是指人工林(林木)群体的各组成部分的空间和时间分布格式。林木群体结构包括它的水平结构、垂直结构和年龄结构。合理的林木群体结构能促进林木高产稳产。人工林的结构可以通过造林前的设计作出有意识的安排，使之达到预想的要求；人工林的结构也要靠造林后的抚育管理来调节和维持。

人工林的结构主要取决于密度、配置、树种组成、年龄等因素。在主要造林树种确定以后，人工林的结构主要决定于密度、配置、组成和林龄等因素。其中密度和配置主要决定人工林的水平结构，树种组成和林龄主要决定人工林的垂直结构。由于人工造林一般都采用同龄造林的方式，因此，人工林的年龄结构问题比较简单。但在营造混交林时也有异龄造林的情况，在林分改造工作中也出现异龄结构问题。

5.3.3.2 造林密度

造林密度也称初植密度，是指单位面积上的栽植株数或播种的穴数，通常以株(穴)/hm² 表示。密度是形成一定的林分水平结构的数量基础，它对林产品的数量、质量及林分的稳定性都有深刻的影响。林分的产量是由单位面积上每株树的材积和总株数决定的，株数是个条件，只有合理的株数，单位面积的木材产量才能提高。密度过大或过小都不利于达到培育森林的目的。探索合理的造林密度一向是造林研究的中心课题之一。

(1)造林密度与森林生长的关系

密度与幼杆郁闭早晚的关系：密度对幼林郁闭的早晚有决定性的作用。密度越大，郁闭越早。因为造林密度大，单位面积上株数多，则相邻植株的树冠互相衔接所需年限就短，郁闭就早；相反，密度小，则郁闭就慢。

密度与林分生长的关系：密度与林分生长有密切关系。在一定的幅度内，生长量随密度的减小而增大。密度小则营养面积就大，光照充足，生长良好；反之，光照缺乏，抑制了生长。但随着密度的减小，株数过少，全林分总产量会下降，所以要确定一个适中的密度，才能提高单位面积上的总生长量。

密度与径生长的关系：一般是胸径随密度的增大而递减。

密度与树高生长的关系：这个关系比较复杂，不及密度对径生长的影响明显有规律性。不同的树种在不同造林密度时的反应可分三类：第一类是密度越大，高生长也大，这类主要是树冠大、侧枝发达的树种，由于密度大能抑制侧枝生长，因而促进了主干的高生长。第二类是稀植能促进高生长，这类主要是速生树种。第三类是高生长与密度无显著相关，密度对高生长影响不大，如落叶松。此外，还要考虑不同的立地条件对高生长均有影响。

密度与根系生长的关系：在不同密度的林分中，林木根系生长有很大差异，研究发现，总根量随林分密度的增加而递减。密度越大，根系交错越密集，发育细弱，影响地上部分生长。

密度与材积的关系：单株材积随密度的增大而递减。林分的总蓄积是由单位面积上株数和单株材积构成的，因此与密度也存在密切的关系。

密度与抚育的关系：造林密度不同，郁闭早晚不同，幼林抚育年限长短亦异。密度大则郁闭早，幼林抚育年限短，可节省造林经费开支。但郁闭快，幼林的分化和自然稀疏也开始得早，这就需要早进行间伐抚育，抚育间伐的次数也增多，当然投资也大。当造林密度大时，不及时间伐以调整密度，会导致林分生长量下降，对人工林的产量、质量均有严重影响。同时早期间伐的林木小，利用价值不大，收益少，往往得不偿失。因此在确定造林密度时，必须根据树种特性、立地条件、经济要求等综合考虑。

密度与材质、材种的关系：密度与材质、材种也密切相关。因为适中的密度既可提高树干通直度和圆满度，又能促进适当的天然整枝，培育无节或少节良材，并能增加大径材的比例。

由此可见，造林密度不是一个简单的数字概念，而是保证人工林达到速生、丰产、优质的一项重要技术措施。合理的密度可提高树干通直度和圆满度，能促进树木适当的天然整枝，培育无节和少节优良材，并且能增加大径材的比例，产量高。

(2) 确定造林密度的原则

①根据造林目的确定　不同林种密度不同，因其要求的材种规格不同，营造的林分结构不同，密度必然也有异。如用材林中育大径材的密度可小些，培育小径材(如矿柱)的密度可大些。

②根据树种特性确定　如树种的喜光程度、生长快慢、树冠特点(是否分枝多)等。喜光、速生、分枝多的可稀些，密度小些。

③根据立地条件确定　立地条件影响林木生长速度，一般在立地条件好的造林地上适于培育大径材，应适当稀植，而立地条件差的地方只适于培育中小径材或营造防护林，要适当密植。但立地条件太差，特别是草原和干旱地区，因土壤水分不足，造林密度宜小些。

④根据经营条件确定　交通方便、木材缺乏的地方密度可大些，以便及早间伐，反之则应稀些。

5.3.3.3　种植点的配置

种植点的配置是指一定数量的播种或栽植点在造林地上的分布形式。每一种造林密度必须以某种配置方式来体现。如造林密度相同而配置方式不同，则由于植株的受光、营养空间分配状况的不同及植株间相互关系的不同，具有不同的生物学及经济效果。

①正方形配置　指株行距相等。这种配置有利于形成良好的干形，便于在株间和行间进行全面的机械抚育。

②长方形配置　指行距大于株距。这种配置有利于在行间进行间作或机械抚育。应用较普遍。

③三角形配置 指相临行间的种植点互相错开。这种配置有利于幼树对空间的充分利用，可用于防护林。

④丛状配置 指丛内密植，形成植生组。这种配置适合在干旱地区造林及次生林改造时采用。

5.3.3.4 人工林树种组成

人工林的树种组成是指构成人工林林分的树种成分及其所占的比重。由一种树种组成的人工林叫纯林，由两种和两种以上的树种组成的人工林叫混交林。两者各有不同的特点，要根据树种特性、立地条件和造林目的，结合生产实践经验等因地制宜地确定。造林时的树种组成以各树种占全林的株数百分比来表示。

不同的树种组成形成不同的林分结构。同龄纯林只能形成结构简单的单层林，混交林既可形成较为复杂的单层林，也可形成复层林。不同树种组成的人工林具有不同的经济效益和生态效益。

(1)纯林特点

纯林的优点：由单一树种组成，结构简单，造林施工及抚育管理较易；单位面积上主要树种产量高；有些特殊地类，立地条件差，适生树种少，只能营造纯林；有些经济树种纯林生长良好，大都造纯林。

纯林的缺点：对环境的利用不充分，且稳定性差，易生病虫害，针叶纯林的火险性大，抗风力弱，改土保土性差，易引起地力衰退。

(2)混交林的特点

混交林的优点：混交林若营造成功，可以有许多优越性。混交林能够更充分地利用环境条件，如光照、土壤水分和养分，因而往往比纯林有更高的木材收获量。据国外资料统计，一般复层混交林可使蓄积量增加30%～50%；混交林能培育出优质的木材，在混交林中由于伴生树种的存在，促进了主要树种天然整枝和形成通直干形，这对直干性差的树种如黄波罗、胡桃楸等有更重要的意义；混交林对各种自然灾害的抵抗力较强，因而比较稳定；混交林(尤其是针阔混交林)在改良土壤、防止地力减退、涵养水源、保持水土方面比纯林(特别是针叶纯林)强得多。

由此可知，合理的树种混交，无论从生物学或林业生产的观点看均有重要的意义。

近些年来，营造混交林的问题，已引起世界各国普遍注意。我国对混交林也提倡已久，例如在林区实行"栽针保阔"的更新原则，但收效不大，混交林面积甚微。目前大面积的人工纯林，特别是落叶松林，已暴露出了致命的弱点——松毛虫大发生、土壤质量出现恶化、退化的趋势等。所以营造混交林的问题已提到重要的议事日程上来。

混交林的缺点：混交林具有复杂的种间关系，营造和抚育管理的技术难度大，如果树种选配不当，混交比例欠妥或经营管理粗放、不及时，可能造成某一树种的受压或被排挤掉，从而导致混交造林的失败。实际上到目前为止，各国造林仍以纯林为主，这表明纯林的优点和混交林的缺点不容忽视。

(3)混交林的营造

组成混交林的各树种在混交林中有着不同的地位和作用，可分为主要树种、伴生树种

（辅佐树种）和灌木。有时和主要树种相对应，将伴生树种和灌木合称为混交树种。通过一系列技术措施调节好树种间关系，促进有利关系，抑制不利关系，达到培育目的，是培育混交林成功的关键。混交林类型主要有：乔木树种混交，指两个以上主要树种（目的树种）混交；主辅混交；乔灌木混交；主辅与乔灌相结合的混交。各树种在混交林中的组成比例，既影响种间关系的发展及混交作用的发挥，又最终影响产量。一般来说，要保证主要树种在林分中自始至终占优势，到采伐利用之前要发展成为以它为主（7 成以上）的林分，因此，在通常情况下，主要树种的混交比例要大些。混交方法一般可根据树种特性及混交目的不同，进行内株间混交、行间混交、带状混交、块状混交或植生组混交。大多数混交林中的主要树种和混交树种都是同时造林，终生相伴，少数时候除外，根据需要确定。

（4）人工林的间作和轮作

间作和混交没有严格的界限。一般把树种之间长期紧密的同地生长关系称为混交，而把树种和草本植物（农作物、瓜菜类、药材等）之间的短期较松散的同地生长关系称为间作。实质上树种与间作农作物之间的关系和主要树种与混交树种之间的关系，是属于同一类性质的问题，也要通过间作作物的选择、间作数量、配置方式和间距、间作时间等环节来调节种间关系，形成合理的群体结构，达到培育目标（经济或生态目标）。

连续几代在同一块林地上培育纯林，有可能使地力衰退，林分生产力下降，这种现象国内外都出现过。这个问题的潜在威胁很大，许多地方新中国成立后营造的人工林也需要更新换代，因此，在开展这方面的基础研究的同时，也要采取一些防备措施。进行人工林的树种轮作就是这种防备措施之一。

5.3.4　造林施工技术

造林要按一定的设计方案进行造林施工，其工序可分为三大阶段，即整地阶段、种植造林阶段和幼林抚育阶段。

5.3.4.1　造林地整地

造林地整地是造林前改善造林地环境条件，以便于种植施工及有利于苗木成活生长的一项重要措施。它具有改善小气候条件、改善土壤的物理性质和化学性质、减少杂草及病虫的危害、保持水土、提高造林成活率、促进林木生长的作用。

造林地整地可分解为造林地清理及造林地土壤翻垦两道工序。后一道工序起主导作用。通常把土壤翻垦泛称为整地。

在整地之前对造林地进行清理的对象包括清除造林地上的灌木、杂草及采伐迹地上的枝丫、梢头、站杆、伐根等，可用割除、火烧、堆积、挖除及化学方法清理。

整地的方式可分为全面整地（全垦）和局部整地，后者又可分为带状整地（带垦）和块状整地（块垦）。不同整地方法适用于不同造林地条件，因地制宜地选用整地方法是一条重要原则，有时几种整地方法可以结合使用。

选择适宜的整地季节，既有利于改善立地条件，又有利于施工。整地季节最好比造林季节提前几个月至一年，以待土壤适当熟化并保蓄更多水分。

5.3.4.2 造林方式方法

造林方法一般按造林所用材料的不同分为播种造林、植苗造林和分殖造林。不同的造林方法具有不同特点及适用条件。选用何种方法，应考虑树种的繁殖特性和造林地的自然条件、经济条件。造林方法是否选用得当，对造林成活率和人工林生长有密切关系。

(1)播种造林(直播造林)

播种造林的优点：播种造林能使植株形成发育完全而匀称的根系，避免了植苗造林时可能引起的根系损伤；播种造林幼林可塑性强，从播种后就在造林地的环境条件下生长，易适应造林地的条件；播种造林时播种穴上生长的幼苗多，经过自然分化，人为和自然选择，选留生长健壮的植株最后定苗，可以提高林分质量；播种造林工作便于机械化；播种造林不用经过育苗和繁重的栽植工序，成本低。

播种造林的缺点：播种造林虽有上述优点，但也有它的不足，即播种后要求较细致的抚育管理；易受鸟、兽、杂草的危害；种子消耗多，在缺种地区受到限制；要求较严格的造林环境条件，只有在湿润的造林地才容易成功。

根据播种造林的特点，播种造林适合于：中、大粒种子的树种；种子来源丰富，幼苗生长快而且适应能力强的树种；立地条件好，土壤湿润疏松、杂草少以及土层薄、岩石多或高山陡坡采用植苗造林有困难的地区；鸟兽危害不严重或有有效防范措施情况下的造林。

(2)植苗造林(栽植造林)

植苗造林的优点：植苗的苗木是已具有完整根系和健壮茎干的植株，对不良环境条件的抵抗力较强，造林后成活率较高，比较稳定，最初几年的生长比播种造林的幼林快，能提早郁闭成林，减少抚育年限和次数。故植苗造林是目前最广泛且较可靠的造林方法。

植苗造林的缺点：植苗造林的不足之处是育苗、栽植比较费工，造林成本较高，造林过程中易使苗根受到损伤而影响幼林的成活和生长。需要在起苗、运苗和栽苗过程中采取正确措施，保证苗木质量和造林成活率。

根据植苗造林的特点，植苗造林适合于：干旱盐碱地区；干旱和水土流失严重地区；杂草多的造林地；容易发生冻拔害的造林地；鸟兽害严重，播种造林受到限制的地区；种子来源不足的情况。

(3)分殖造林

分殖造林能节省育苗的时间和费用，施工技术比较简单，但只有营养器官具有萌芽能力的树种才能采用分殖造林。由于分殖造林所用的材料没有现成的根系，因而要求比较湿润的土壤条件才能造林成功。

5.3.4.3 幼林抚育管理

幼林抚育管理通常是指从造林后到幼林郁闭成林前这一阶段所进行的全部抚育保护措施。新造幼林一般要经历缓苗、扎根、生长的过程，然后逐渐进入速生阶段。幼林阶段是影响人工林以后能否速生丰产优质的关键时期，幼林阶段的主要矛盾是处于散生状态的林木(幼树)与外界环境条件的矛盾。幼林抚育的任务在于创造良好的环境条件，满足幼树对水、肥、气、热和光照的要求，以提高成活率和保存率，适时郁闭，为速生、丰产、优质奠定良好基础。

幼林抚育管理措施主要有土壤管理、林木管理和幼林保护以及幼林检查、补植、登记几个环节。

(1)土壤管理

土壤管理是幼林抚育最基本的内容，主要是除草松土，有时还包括灌溉和施肥。除草松土进行的年限及次数，应根据树种、造林地条件、造林密度及经营强度、成本等而定。一般应进行到幼林全面郁闭为止，大约需3~7年。各年抚育次数不等，应根据造林技术规程进行。

(2)林木管理

林木管理包括间苗、平茬、摘芽、除蘖和修枝几个方面。播种造林时，应在造林的第二三年进行间苗，使每穴留健壮、端直的苗木1~2株。对萌芽力强（如杨、柳、刺槐等）而生长不良，无培育前途的幼林，可进行平茬复壮，培育成端直主干。修枝的目的是为培育无节和少节的树干而修剪枯枝和一部分活枝的抚育措施。幼林修枝强度不应过大，以不超过树高的1/3~1/2为宜。

(3)幼林保护

幼林保护是人工林抚育管理的重要内容之一。包括防火，防治病虫害、鸟兽、鼠害，防除寒害、冻拔、日灼及人、畜危害等。

(4)幼林检查、补植和登记

营林工作特点之一是生产周期长，每块人工林生长的好坏，要经过十几年以至几十年才能看出效果，故必须做好林木档案的建立工作，进行林木生长状况的各项调查，以便总结经验教训，改进营林措施。

幼林检查主要内容是检查造林成活率，检查对象是当年春季及前一年秋季造林的成活率。方法是在秋冬季节，用标准地法或标准行法选择2%~5%的造林面积进行调查。当幼林将郁闭时，再进行一次较全面的调查以统计保存率。

幼林补植是按照国家规定，除成活率达90%以上且分布均匀者外，均需进行补植，而低于24%者则需重新造林。补植要用同种同龄的苗木，以使幼林生长一致。补植宜在早春进行，雨季亦可。

为了掌握人工林生长发育规律，及时总结和分析造林经验教训，检查经营效果，提高管理水平，应从造林设计开始直至成林为止，逐年进行造林、营林工作的登记，形成制度，按小班为单位建立技术档案。

思考题
1. 良种是什么？林木良种繁育基地有几种形式？有何区别？
2. 种子采集应注意哪些问题？种子调制的目的与内容是什么？
3. 影响种子生命力的因素有哪些？
4. 苗圃是怎样分类的？如何建立苗圃？
5. 试述播种苗培育的主要生产内容。

6. 什么是容器育苗？有何优点？

7. 营造人工林的质量要求是什么？

8. 各林种如何选择造林树种？为什么在造林过程中，树种选择要考虑"适地适树"的原则？

9. 人工林的结构受哪些因素影响？简述确定造林密度的原则。

10. 简述纯林与混交林的优缺点。

11. 现在我国采用的人工造林方法有哪几种？每种造林方法有何特点？

12. 幼林抚育管理包括哪些内容？

第**6**章

森林经营

　　造林或林地更新之后，直至森林成熟（或主伐利用）前，整个时期对森林及林地采取的经营管理和保护措施，均属森林经营的范畴。广义的森林经营包括森林营造与更新、抚育间伐、林分改造、森林防火、病虫害防治、伐区管理等内容。但在中国狭义的森林经营通常指抚育间伐和林分改造。

　　森林经营的目的是为了有效的管理森林生态系统，从而最大地发挥森林的多种功能。森林经营的基本手段是对森林实施抚育间伐，对不符合经营目标的森林进行林分改造经营，对成熟的用材林主伐利用并及时更新、对防护效益开始下降的各类防护林及时抚育和更新等。这里主要介绍森林抚育间伐、林分改造和封山育林。

6.1　抚育间伐

6.1.1　抚育间伐的概念和目的

6.1.1.1　抚育间伐的概念

　　抚育间伐也叫抚育采伐，是指在未成熟的林分中，为改善林分质量，促进林分生长而伐去一部分林木的措施。未成熟的林分是指广义的幼中龄林。

　　抚育间伐的对象应是有培育前途和培育价值的林分中进行。也就是优势树种合乎要求，郁闭度 0.7 以上，幼中龄林，交通方便，无病虫害且健康的林分，若林下目的树种更新良好，则最为理想。

　　抚育间伐首先是培育森林的措施，其次是获得木材的手段。正因为它能获得一部分木材，因此又称抚育间伐为中间利用采伐，简称间伐。

6.1.1.2 抚育间伐的目的

抚育间伐的普遍目的是增加林分抵抗不良环境因子能力，促进个体林木健康成长，改善林分质量，同时又因林种不同，其目的又有所侧重。总的来说，通过系统的抚育间伐，应达到以下具体目的。

①调整林分结构，改善林木品质。在纯林内，通过及时调整林分密度，达到合理株数；在混交林内，既调节密度，又调整各树种比例，形成较适宜的林分组成。形成良好的层次结构及各种林分结构，充分利用营养空间，改善林分品质以提高林分质量。

②缩短林木培育期限，增强单位面积的总出材量。

③改善林分卫生状况，增强林分对各种自然灾害的抵抗力。

④加强森林各种有益效益。如在防护林内，通过间伐造成良好的垂直结构，以保证林带合理的透风性能；在母树林内，通过间伐，为林木结实提供良好的条件等。

⑤获得部分中小径材，提高木材总利用量。

上述目的的取舍，取决于林种。在用材林中，间伐主要目的在于增加单位面积木材出材量，提高材质，缩短林木培育期。在各种防护林中，间伐的主要目的在于如何确保防护功能的最大。对母树林而言，间伐则是为了促进获得稳定、大量的结实量及优质种子。

同一林种中，因年龄阶段不同，抚育间伐的目的也不一样。例如，在混交林中，幼龄林时期抚育间伐的目的主要在于调整林分的树种组成，而以后的时期中，由于组成已确定，抚育间伐的主要目的应该是改善林木品质，促进林木的生长等方面。

值得注意的是抚育间伐的主要目的是培育森林，而获得木材只是其附带效应，并非主要目的，因此，在实践中切不可把后者作为抚育间伐的主要目的，而造成不良后果。

6.1.2 抚育间伐的种类和方法

由于森林的树种组成和年龄时期不同，抚育间伐有着不同的目的和任务，便产生了不同的抚育采伐类型。

6.1.2.1 卫生伐

卫生伐是为改善林分的卫生状况进行的抚育采伐。商品林一般结合其他种类的间伐而进行。只有在突然受灾害后(如病虫害大发生、大面积风倒、森林火灾、大面积雪压、雾凇等)才单独进行。在以发挥间接效益为主的防护林、特用林中，主要清除对象是林内枯立木、风倒木、风折木、受病虫危害的林木及火烧木等。也有人把森林大面积遭受病虫害、风灾、火烧后，及时采伐受害林木，尽可能减少灾害造成的经济损失的卫生伐方式称为拯救伐。

6.1.2.2 透光伐

透光伐是在幼龄林时期，为解决树种之间矛盾及调整林分组成为主要目的的一种抚育间伐种类。所谓解决树种之间的矛盾就是保证目的树种不受其他树种排挤和压抑，清除非目的树种，使目的树种得到充足的光照条件得以健康生长。

适用条件：在阔叶红松林的皆伐迹地和火烧迹地上，人工更新喜光或中性树种，在其幼龄时，常常被迹地上天然发生的先锋树种所压抑，这时需透光伐；次生林区林分改造时，营造的喜光或中性树种被萌生的阔叶树所压抑时需透光伐。

东北林区需要透光伐的林分主要是人工红松幼林。红松在幼龄时生长缓慢，往往被天然发生的杨、桦等树种所压，需要透光伐。针对红松的特性，在实施人工红松幼林透光伐时，对于林地上天然更新发生的乔灌木的砍除办法和强度，应使其"挨着别挤着"红松侧枝，"护着别盖着"红松主枝，即上方必须有一定的光照，侧方要有适当的蔽荫，这样不仅把红松由被阔叶树压抑下解放出来，而且又合理地利用阔叶树为红松创造良好的生长条件。

在生产上还有一种"上层木处理"，适于上层木处理的林分，上层是老龄的目的或非目的树种，下层目的树种已明显形成演替层。实施时把上层老龄过熟木伐掉，解放下层目的树种，称之为上层木处理。以解放下层目的树种来理解，是一种透光伐。

透光伐的作业时间：东北地区最好在春末夏初进行。这时春季旱风已停，气温转暖，环境变化对解放出来的幼树影响不大。这时树液已开始流动，枝条柔软，采伐时不易砸伤碰断幼树。冬季透光伐最不利，因为冬季幼树枝条较脆，采伐上层木时很容易砸伤碰断刚解放出来的幼树，突然遇到初春的旱风，在迎风处往往造成死亡。

透光伐的种类：分全面抚育、团状抚育和带状抚育 3 种。全面抚育是在全部林地上将抑制主要树种生长的次要树种按一定强度普遍砍除。这种方法只有在交通方便，劳力充足，薪材有销路，主要树种占优势且分布均匀的情况下才使用。团状抚育适用于主要树种的幼树在林地分布不均匀，数量又不多的林分，抚育仅在有主要树种的群团内进行砍除那些抑制主要树种幼树生长的次要树种。带状抚育是将林分分成若干带，在带内进行抚育，保留主要树种，清除次要树种，带宽要根据树种特性、林地条件和人力条件而定，1 ~ 10 m 不等。这三种方法中带状抚育(即带状透光伐)是较常用的。

除莠剂的应用：在透光伐时可应用化学药剂进行除草灭灌或消灭非目的树种。目前可用的除莠剂有 20 多种，可以除治一年生和多年生双子叶杂草和某些单子叶杂草，对木本植物也很有效，林业上主要用于灭灌和消灭非目的树种。一般药剂有良好的选择性，使用时注意说明，特别是使用浓度，最好先进行试验，然后再大面积展开。

6.1.2.3　疏伐

疏伐是指在中龄林(从目的树种基本郁闭到林分成熟前)中，用调整林分密度的办法，促进林木迅速生长，干形良好，以达到优质高产目的的一种抚育间伐种类。疏伐是人工林中最主要的一种抚育间伐措施。

疏伐的原则是"去劣留优"。世界各国疏伐实践历史比较悠久，因而方法很多，根据其林木砍留的方法可分为以下主要的几种：

(1)下层疏伐法

遵循自然稀疏的规律，把将要被自然淘汰的林木进行间伐利用的间伐方法。下层疏伐法是伐去濒于死亡和生长势弱的下层林木，保留高大的林木。此法多用于喜光树种的针叶林中。

选定间伐木通常以五级分级法为基础。间伐木的五级分级法是 1884 年德国克拉夫特创立的林木分级法，根据林木生长势将林木分为五级：Ⅰ级为优势木；Ⅱ级为亚优势木；Ⅲ级为中等木；Ⅳ级为被压木；Ⅴ级为濒死木。五级之中都可以分亚级：如Ⅴa，Ⅴb。

按选择间伐木的级别不同，下层疏伐法可分为3种间伐强度：

弱度间伐：伐Ⅳ、Ⅴ级木及少数生长势差的Ⅲ级木。

中度间伐：伐Ⅳ、Ⅴ级木及大部分Ⅲ级木。

强度间伐：伐Ⅳ、Ⅴ、Ⅲ（大部分）级木及部分影响优良木生长的Ⅰ、Ⅱ级木。

下层间伐强度的确定因要求不同而异。也有一种根据林况而定的较轻的强度标准：

弱度间伐：伐去全部Ⅴ级木。

中度间伐：伐去Ⅴ级木和部分Ⅳ级木。

强度间伐：伐去全部Ⅳ、Ⅴ级木。

（2）上层疏伐法

上层疏伐法与下层疏伐法相反，主要是砍除居于林冠上层的林木，保留林冠下层的目的树种。在混交林中，有时位于林冠上层的往往是非目的树种，或者虽为目的树种，但时常是树形不良、多节分叉、树冠过大、经济价值较低的林木，在林分中继续保留这些林木无益，并且影响周围其他林木的正常生长，必须伐除，为经济价值高、有培育前途的林木创造良好的生长条件。

上层疏伐适用于次生林区由带状改造或林冠下植苗所形成的林分，以及采伐迹地混有较多阔叶树的人工红松林。

（3）综合疏伐法

综合疏伐法是上下层疏伐法的综合，既可从林冠上层选伐，也可从林冠下层选伐林木。此法的依据是，在抚育间伐后，由于环境的改善，生长落后的林木能够恢复和加快生长量。

在施行综合疏伐时，先将在生态上彼此有密切联系的林木划分成若干植生组，然后在每个植生组内一般根据林木生长势将林木分为3级，按三级法进行选择间伐木。

林木三级法一般根据林木生长势将林木分为3级：优良木，是培养对象（目的树种），长势良好的树；有益木，是能有利于护土，促进优良木整枝，长势一般的树；有害木，妨碍目的树种生长的树。

综合疏伐时采取"伐去有害木，留有益木，培育优良木"的原则。植生组的划分及林木分级都是暂时的，每次疏伐时都要重新划分，因此每次挂号只挂在有害木上，以免砍错。

（4）机械疏伐法

机械疏伐法是指凡间隔一定距离，机械地确定砍伐木的疏伐方法。此法基本上不考虑林木分级和品质优劣，只要事先确定砍伐行距或株距后，采伐中不论林木大小，凡在砍伐行的位置上一律伐掉。确定保留木与砍伐木有3种情况：隔行砍、隔株砍、隔行隔株砍，目的是控制间伐强度，隔行隔株越多，强度就越小；反之强度大。此法工艺简单、作业方便、工效高、成本低，适用于密度大、林龄小的人工纯林，即林木分化不激烈时，林木个体间优劣的差异尚不很明显时使用。

6.1.3 抚育间伐的开始期与间隔期

6.1.3.1 抚育间伐的开始期

确定开始期的一般原则：全部抚育间伐的开始期应包括透光伐在内，初植幼林需要透光伐的时间，以林分中目的树种是否受压抑作为标准，透光伐时间与目的树种耐阴性有密切关系。一般中龄林疏伐的开始期应是林木间树冠和根系已经发生相互干扰的时间。首次间伐在不影响林分生长的条件下，在经济上最好有所收益。

确定开始期的方法较多，可以根据林分生长状态、林木分化程度、树冠变化动态、自然整枝高度、其他生态条件和经营条件及市场需求等确定。

（1）根据林分生长状态

林分直径连年生长量的变化，能明显反映出林分的密度状况。当林分密度适当，光照和营养空间可以满足林木生长需求时，林木生长量（通常采用对密度比较敏感的胸径来衡量）应不断上升；当林分连年生长量明显下降时，说明林分密度过大，林木生长受到抑制，应该开始间伐。黑龙江省林业科学研究所通过对落叶松人工林胸径和材积连年生长量的测定，提出黑龙江省人工落叶松第一次间伐一般应在 13～15 年生时。

（2）根据林木分化程度

根据林木分级，一般认为，林分过密，林内的 Ⅳ、Ⅴ 级木比例大，随着林龄的增加，这个比例逐渐加大，当 Ⅳ、Ⅴ 级木的数量达到 30% 左右时，应进行首次间伐。或小于平均直径的林木株数达到 40% 以上时，应该首次间伐。

（3）根据树冠变化动态

林木在成熟前，树冠逐渐增大，若不及时间伐，树冠增长越来越慢，到某一年龄时，树冠长度不但不增大，反而变小，产生所谓"负生长"。负生长使直径生长量下降，因此在树冠将要出现负生长时，进行首次间伐。

（4）根据自然整枝高度

林冠郁闭后，林木开始自然整枝。自然整枝越强烈，树冠越小，说明林木之间竞争越剧烈。树冠大小可用树冠长度占全树高之比来表示，称为冠高比。冠高比可作为衡量供应一株树营养能力的指标，一般一株树的冠高比大于 1/3 时，可以生长良好；等于 1/3 或偏低时，长势减退；冠高比过低时，间伐后很难恢复生长。所以当林分中优势木冠高比处于 1/3 左右时，应开始间伐。

（5）根据其他生态条件

在容易发生风害、雪压的地区，应及早间伐以加速直径生长和根系发育，增强抵抗力。

（6）根据经营条件和市场需求

第一次间伐所得木材利用率往往很低，因此在小径材、薪炭材能够充分利用的地区，起始年限应尽量早些，否则可以适当推迟，以求间伐的经济效益尽可能抵消支出，但林分幼龄时生长正处于旺盛期，间伐过晚，林分过密，对以后材积影响很大，因此确定间伐起始年限时，既要考虑当前利益，又要考虑长远利益。

一般确定第一次间伐开始期符合以下规律：林分初植密度大的比密度小的早；树冠大

的比树冠小的早；喜光树种比耐阴树种早；速生树种比慢生树种早；立地条件好，林木生长快，郁闭早的林分早。

6.1.3.2 抚育间伐的间隔期

相邻两次间伐所间隔的年数称为抚育间伐的间隔期，间隔期的长短主要取决于林分郁闭度增长的快慢。间伐后林分树冠重新开始相互干扰，使林木生长量又开始下降时，应再次间伐。一般说来，喜光树种比耐阴树种组成的林分的间隔期要短；立地条件好的林分比立地条件差的林分间隔期要短；林分年龄小的比林分年龄大的要短；间伐强度大，则间隔期长。经济条件是决定间隔期的重要因素，一般交通方便，木材缺乏的地区，适用短间隔期、小强度的原则；在交通不便，劳力缺乏和间伐出材不能充分利用的地区，适用长间隔期、大强度的原则。

6.1.4 选择间伐木

在抚育间伐中选择间伐木是为了确保培育木的良好生长发育，伐除妨碍培育木生长和有缺陷的林木。林木分级是选择间伐木的重要依据。定性间伐就是建立在这个基础上，即使是定量间伐也要按"几砍几留"的原则选定间伐木。

间伐中确定采伐木是比较重要和复杂的问题。我国各地在生产实践中积累了丰富的经验，各省几乎都有"几砍几不砍"和"几留几不留"的规定。例如，"三砍三留"，即砍劣留优、砍密留稀、砍小留大。"四砍四留"，即砍病留健、砍弯留直、砍密留稀、砍萌留实。"四看"，即看树冠，保证郁闭合适；看树干，保证留优去劣；看周围，保证株距合适；看树种，正确选定间伐木。又如，吉林省敦化林业局的口诀是："白桦山杨别留大，易枯干心质量差，胸径30cm应当伐；水(曲柳)胡(桃楸)榆易枯枝，不易死腐来迟，再留几年没问题；萌芽核桦喜丛生，过度稀疏易生病，保留原状暂不动；色木习性长势慢，疙瘩流球经常见，综合考虑别主观；幼壮柞林少稀疏，免得形成老婆树。"这些作业规定和林业谚语及口诀，都是确定合理密度和郁闭度以及选择间伐木的形象化概括。

"优"应具有如下的含义：

①目的树种 指各省根据本省的森林历史和地理条件确定目的树种。如黑龙江省的目的树种顺序是红松、落叶松、樟子松、水曲柳、核桃楸、黄波罗、椴树等。在混交林中保留目的树种是首要准则。

②最适于该立地条件的树种 在天然混交林中，根据混交的各树种与立地条件适宜程度，保留最适株数。

③林木在林分中所处位置的优势程度 这在林木分级中明显反映出来，保留优势木。

④林木的优良品质 指生长发育良好，干形圆满，少节无病虫害。

⑤演替趋向 演替中的进展种应列为主要培育对象，衰退种一般应砍除。

稀密的问题。天然林中经常存在稀密不均的现象，为了充分利用林地的营养空间，防止由于出现林中空地而引起阳性杂草灌木的大量侵入，在林木稀疏的地方，应尽量少砍或不砍，在密的地方，即使是目的树种或生长健壮、干形良好者，也应选其次者砍之。

砍小留大是指同一林分同一树种中个体的大小。一般来说，大的个体是在自然竞争过程中的优胜者，小的个体多数是自然竞争过程中的落后者，为保证整个林分生长迅速、提前成熟，应砍小留大。

从整体的角度选择间伐木有两种方法：一是预先选出"终伐木"进行重点培育，用油漆或其他办法标记，一直保留到主伐，每次间伐时都注意为这些终伐木创造良好的生长空间；二是每次间伐普遍地为所有保留木创造生长空间，仅在最后一次间伐时选出最后采伐的保留木。这是重视整个林分的生长。前种做法除第一次间伐选木费时外，以后间伐不存在选木问题，且节省劳力，便于整枝、施肥等对终伐木的培育，可缩短培育期；后一种做法，每次间伐要全面考虑，需要由熟练的专人掌握，可获得较多的木材产量，比较适用于林木分化剧烈的林分。

选择间伐木以培育林分为主，防止单纯取材观点，片面考虑出材量，砍大砍优，结果林分中生长落后的林木比重增加，推迟了整个林分的成熟时间，达不到抚育间伐的最终目的。

此外，选择砍伐木还应注意维护生态系统平衡，为益鸟和益兽提供生息繁殖场所，应该保留一些有洞穴但没有感染性病害的林木，以及筑有巢穴的林木。对于林下的下木及灌木应尽量保留，以增加有机物的积累和转换。

6.1.5　抚育间伐的强度

抚育间伐强度是指每次间伐采多少留多少。既可以用株数表示，也可用材积或断面积表示。用株数表示的间伐强度是指采伐木株数占伐前林分总株数的百分比。它能反映间伐前后林木营养面积的变化，也便于间伐施工时掌握。用材积表示的间伐强度是采伐木材积占伐前林分蓄积量的百分比。它能表明采伐木材的数量。

合理的间伐强度应该达到下述要求：①维持林分的健康稳定生长，不会因林分稀疏使林地杂草滋生蔓延以及受风害而使林分遭到损失；②为保留的优良木创造最适宜的生长发育条件；③每次间伐量比较大，然而最终又不减少木材的总产量。

确定间伐强度要考虑很多因素，比较好的办法是在所在的地区，按照一定的经营目的，在不同密度的林分中，进行不同强度的间伐试验，从试验中总结出所在地区各立地条件下，各林龄阶段、各树种每公顷应保留的最适株数。确定间伐强度的方法很多，按其发展阶段，可归为两大类：定性间伐和定量间伐。

①定性间伐　人们开始认识间伐的重要性，是看到密的林分中有的林木被压枯死，有的即将死亡，有的树冠很小，有的偏冠弯干等，这样的林木不宜留到主伐，应尽早伐除，这就产生了间伐，这种间伐没有充分考虑应该砍去多少株，留下多少株，才能使林分有最高生长量，而是把注意力集中到对每株林木是否采伐的问题上。在确定间伐强度时，凡是把注意力放在选择间伐木上，而不放在应保留多少株上的方法，称为定性间伐。选择间伐木是根据林木的外形、材质等区分，即按林木分级确定间伐木，随之间伐强度也就确定了。如下层疏伐中，根据选择采伐木级别不同，区分为弱度、中度、强度间伐。所以在定性间伐中，选择采伐木就成为最重要的问题，既决定了保留木的质量，也确定了采伐强度，而在选采伐木时，并没有明确的是非标准和客观界线，因此不同的人在同一林分中确定的采伐强度，可能有较大差异。在确定间伐强度时，缺乏对林分历史条件和发展方向的

分析预测，较难满足科学经营的要求。但熟练的技术人员能运用生态学知识，根据具体林分的实际情况，灵活掌握采伐强度，在每次间伐时亦能达到满意的结果。

②定量间伐 在确定间伐强度时，凡把应保留株数放在最优先地位的方法，都叫定量间伐。保留株数是根据生长与密度之间的数量关系，按不同树种、不同生长发育阶段，确定出适宜的保留株数，绘成表或图供生产中使用。如何确定这个适宜的保留株数，方法很多，可以通过不同的角度和途径达到这一目的，从而出现了不同的定量间伐方法。有根据树高定量间伐的方法；也有用林分密度管理图求得间伐强度的。

6.1.6 不同林种抚育间伐

6.1.6.1 母树林的抚育间伐

母树林的抚育间伐侧重于以下几方面：

一是母树的选择：母树林抚育间伐的选木工作着重选出母树，即选留发育良好、健康的林木。在选择时应从树皮粗细、裂纹深浅、结实数量和质量、节间的长短等方面进行。一般而言，树皮光滑、节间长、枝条上斜百分比大等，是发育阶段年轻的标志，尚未进入结实期。而对于是否开始分叉或达到一定的胸径也可作为母树选择的标志。

二是间伐强度的确定：母树林间伐目的在于改善母树生长条件，促进大量开花结实。因此，间伐强度应以伐后保持适当的郁闭度为宜。经验证明，对于母树林合适的郁闭度为0.5~0.6，此时既能保证树冠扩张，增强抗风能力，又能促进死地被物分解，增加结实量。

此外，母树林的培育除进行上述抚育外，还应进行修枝、打顶、施肥等措施。

6.1.6.2 防护林的抚育间伐

防护林抚育间伐目的是要有利于增强防护效能。其技术不同于用材林和母树林。为使防护林尽快发挥较好的防护效能，并提高防护效能，必须进行抚育间伐。

防护林的成熟程度直接影响防护效能的大小。在确定防护林成熟龄时，可参考以下因素：一是林带的平均高度。当林带结构相同或相近条件下，林带高度是影响防护效能的主要因素。二是林带结构。这是影响防护效能的又一重要因素，林带结构一般用透风系数或疏透度表示，过密者必须实施间伐。三是林带的卫生状况。卫生状况决定林带发挥防护作用的最高年限。若病虫害百分比过高应及时更新，病虫害较轻的则可通过间伐及卫生伐来保持和提高林带的成熟龄。

防护林间伐开始年限需根据不同的树种，因地制宜加以确定，过早易破坏林带结构，降低防护作用，间伐过晚，又影响林木生长，降低防护林成熟龄，影响防护效益。因此，一定要确定得合理。间隔期一般为5年。

防护林的间伐的强度，一般来说，应根据去劣留优，间密留疏，分布均匀，照顾距离的要求确定，同时考虑初植密度、保存率、林带结构、树种配置方式、林带生长现状和疏透度等确定间伐强度。各地区可以依本地具体情况，在试验基础上，总结出适宜间伐强度的基本规律。

林带要达到较好的防护效果，应以下部透风性大，林冠通风性小，中部透风性介于中间的结构为好。因此，防护林的间伐方法原则上应以下层间伐为主。同时，考虑到林带情况实际并不均一，如受病虫害林木是属上层林木时，就应适当伐一些上层木。

6.2　林分改造与封山育林

6.2.1　林分改造的对象

低质低效林分在森林中尤其是在次生林中十分常见，因此，如何对其实施有效经营管理显得十分重要。对森林中不符合经营要求的低质低效林分要进行改造。低质低效林分改造就是指改变低劣林分的综合技术措施。

一般需要林分改造的对象包括：一些林地郁闭度小（不到 0.2）的疏林地，林木生长量低，成材率低，生产力过低的低产残破林，林木分布不均的林分，优势树种的经济价值低、非目的树种为主的林分，人工林的"小老头树"林，受严重灾害林，无培养前途的林分，长势不好的萌生林，有严重的病虫害的林分，天然更新不良的林分，大片灌丛、防护功能弱的林分等。

6.2.2　林分改造的原则及标准

（1）林分改造的原则

①坚持以培育为主的林分改造方针，但又要考虑经济条件，做到加强抚育，积极改造，充分利用。

②因地制宜，适地适树，一般按林分改造的标准设计林分改造的技术措施。如应实现改林中空地为有林地，改灌丛为乔林，改萌生为实生等。

③合理布局，有效实施林分改造。坚持由近及远，由易及难；一面坡一条沟的改造，以便于作业和管理。

④充分调动社会力量参与林分改造。

（2）林分改造的标准

一般林分改造要适地适树，树种选择符合经营要求，既有较高经济价值，又能适合于该立地条件，有较高的生长量。

林分改造应达到的标准：变低产林为高产林，改萌生林为实生林，改疏林为密林，改低价值林为高价值林，改灌丛为乔木林，改造后的林分应有足够的株数，密度适中，林分卫生状况良好，林木生长健壮。

6.2.3　林分改造措施

林分改造主要用采伐和造林的方法。林分改造的采伐面积一般依需要改造林分的边界为准，强度和大小取决于林分状况和进行改造的要求。改造方法有带状改造、块状改造、全面改造、林冠下植苗等几种。

（1）带状改造

指在被改造的林地上，隔一定距离伐带，全部清除带上林木和灌丛，然后整地造林。这是生产上最常用的一种方式。带状改造中有几个技术问题须认真考虑：一是采伐带与保留带宽度和栽植树种的关系。采伐宽度不同，带内生态条件不同，适宜栽植的树种不同。采伐带宽，气温变化大，生态条件变化激烈，适宜栽喜光树种，采伐带在5 m以下，一般来说更适宜栽耐阴树种和中庸性树种，但是采伐带宽窄的生态效果还与保留带上的树高有关，一般来说保留带上的树高低于采伐带宽度时，可考虑造喜光树种。二是采伐带的方向与坡度的关系。顺山带便于作业，但不适于在坡度大的条件下采用。一般土层厚，地被物繁茂，坡度在15°~20°以下，可用顺山带，超过此坡度应按斜山或横山割带，防止造成水土流失和冲刷。

（2）全面改造

全面改造是彻底清除原有林木和灌丛，然后全面造林。此法适用于地势平坦或植被恢复快、不易引起水土流失的林地，便于机械作业。

（3）块状改造

块状改造是在一定面积的块状林地上，清除全部林木和灌木，然后整地造林。块状的大小和块间距离取决于原有林木灌丛的高度和栽植种的生态学特性。一般以原有林木平均高度的1~2倍为块状大小的标准。若栽植树种较耐阴，块状地可小些；若栽植树种耐阴性弱或为喜光树种，块状地可大些。

（4）林冠下植苗

在林冠下栽植目的树种，待目的树种长到一定高度或年龄后，伐去上层林冠。这种方法于20世纪50年代曾在黑龙江省局部地区大面积施用，效果较好，基本是在稀疏蒙古栎林下栽植或直播红松，直接恢复到针阔混交林或红松纯林。选择林冠下植苗林分郁闭度0.4~0.5为好，栽植株数每公顷2 000株较适当，当红松生长到需要增加光照时，及时伐去蒙古栎林上层木，这种改造方式是根据演替的规律和趋势，以人为措施为外力，达到当地气候顶极群落，在理论上是完全行得通的，在实践中伐去上层木时，对栽植的目的树种有一定的损失，损失的百分数与采伐技术水平、设计的采伐时间及目的树种林龄等有关，不能以粗放的采伐技术为依据，过高地估计对幼树的损害程度。

6.2.4 封山育林

所谓封山育林就是在摆脱人为干扰和破坏的前提下，以封禁为主要手段，将荒山或灌丛置于自然演替之中，让林分沿着群落自身发展的规律发展的森林经营方法。

封山育林的理论基础源于森林可以天然更新和群落的演替规律。实践已证明，它是一项恢复和扩大森林的有效方法，体现了人们在森林经营中充分利用自然力，对退化生态系统进行修复和治理，进而保护和扩大森林资源，恢复生态环境的结果，在我国由来已久，被国外专家称"中国式的造林法"。人工造林、飞机播种造林和封山育林是我国扩大森林资源的3种方式。

与人工造林培育森林相比，封山育林有用工少、投资少、成本低、见效快、效益高、技术便于掌握、易形成结构合理的植物群落等特点，是进行植被恢复的有效途径。封山育林对恢复和增加森林资源，修复和治理退化生态系统，国土绿化和生态建设具有重要意义。封山育林要达到塑造景观、增加森林植被覆盖、促进生物多样性、控制森林病虫害、改良土壤与维持地力、促进森林演替与天然更新、提高生产力、提高经济效益和生态效益的目的。

封山育林的对象：一般是树种组成基本合乎要求，生长良好，林龄中幼，密度不大的林分。也可对暂时无力造林的荒山、草地、灌木丛，或一时无力改造、抚育的低价值林分实施封山，以达到育林的目的。

封山育林的方法主要包括全封、半封和轮封 3 种方式，实施封禁、封育、封造，一般按沟系进行，以便于管理和保护。培育森林的类型可以是乔木型、乔灌型、灌木型、灌草型、竹林型等森林植被类型。

封山育林的原则：一是以生态效益为基础，生态、经济和社会效益兼顾；二是合理处理近期效益和长期效益的关系；三是宜封则封，以封为主，封、造、管并举，乔灌草相结合；四是合理规划，分区制定封育措施和原则；五是适地适树，以乡土树种为主，尽量形成混交林；六是在干旱瘠薄的山地上，以草灌为主。

封山育林一般要先编制规划设计，确定封山育林的范围并划定起止界限和年限，区域内合理区划，确定封山育林的类型和目的林种，以小班为单位进行作业设计，确定封山育林管护培育和检查措施，并建立封山育林档案。一般封山育林的管护措施包括：开设防火线、设立护林哨所、设立护林瞭望台、修筑林道、建立通讯网、设立围栏和标志、人工巡逻、宣传教育、健全组织、建立制度和订立公约等。

6.3　次生林经营

次生林是森林资源系统中的一个重要类型。随着原始林的开发利用，次生林的面积越来越多。在我国，次生林面积占森林总面积一半以上，因此，次生林经营已成为森林经营中一个十分重要的部分，经营好次生林不仅能解决木材及林产品的供应不足，而且在维持生态平衡、发挥森林的环境效益等方面都具有十分重要的意义。

6.3.1　次生林的概念

次生林是在次生裸地上天然发生并形成的森林群落。所谓次生裸地是指那些原生植被虽被消灭，但原生群落下的土壤条件仍或多或少保留着，而且在土壤中还多少保留着原生群落中某些种类的繁殖体的地段，如采伐迹地、放牧草场、撂荒地等。有的人把次生林概括为，原始林经人为和自然因子多次反复破坏后，发生树种更替，再次天然生长起来的森林。无论哪一种说法，都揭示出：次生林是相对于原始林而言的。原始林是在原生裸地上天然产生并经过一系列植物群落演替，最后形成的森林，而次生林则是在原始林受到人为或自然因素破坏后，在各种次生裸地上又形成的天然林群落。因此，次生林已失去原始林的森林环境条件，原来的群落及建群树种已为各次生群落所代替，群落中的成分有了很大差别。应注意的是次生即再生之意，次生林即再生林，并不能表明次生林的质量低，它不是生长量低、质量次的意思。

6.3.2　次生林的特点

认识和把握次生林的特点，是经营好次生林的一个前提。次生林具有树种组成较单纯、林龄小，且林龄结构变动大，起源多为多代萌生，林分进展演替缓慢，尚需漫长过程，生长迅速，衰退较早，林木分布不均等特点。次生林经营必须充分考虑上述特征，采取适当的措施经营。

6.3.3 次生林经营措施

对一个具体林地采用什么样的经营措施，取决于很多因素，包括土地类型、树种组成、林分年龄、林分郁闭度、坡度和病虫害情况等。确定经营措施应综合考虑上述因素，并根据具体地域有所侧重地考虑其中一两个因素。

我国对次生林经营的总方针是：全面规划，因林制宜，抚育为主，抚育、改造、利用相结合。就是说对次生林以培育为主，利用木材为次。

次生林的经营措施主要有抚育间伐、低质林分改造、成熟林采伐和封山育林。

（1）次生林的抚育间伐

抚育间伐的对象适用于在有培育前途和培育价值的次生林分。也就是优势树种合乎要求，郁闭度0.7以上，幼中龄，交通方便，无病虫害且健康的林分，若林下目的树种更新良好，则最为理想。次生林抚育间伐的主要目的是调整树种组成和株数，改善林分环境，促进生长，提高材质等级。

次生林中确定抚育间伐采伐木较人工林要复杂和重要，它影响到林分的组成、结构及发展方向。次生林抚育间伐应本着强度小、间隔期短的原则进行。一般采伐强度纯林较混交林小；山地较平地小；陡坡较缓坡小；阳坡较阴坡小。伐后保留的林木要均匀分布，防止风倒风折的发生。1978年，林业部颁发的《国有林抚育间伐、低产林改造技术试行规程》规定，透光伐应伐去原林分蓄积量的10%～20%；生长伐应伐去原林分蓄积量的15%～30%。一般林分抚育间伐后，郁闭度不应低于0.5，而且不得造成天窗和疏林地。有些地区结合本省次生林的特点，作出抚育间伐保留木适宜株数的表或图作为参考。

（2）次生低质林分的改造

次生林中不符合经营要求的低质林分改造对象包括：一些林地郁闭度小（不到0.2）的疏林地，林木分布不均、优势树种的经济价值低、林木生长量低、成材率低、无培养前途的林分、有严重的病虫害的次生林林分，天然更新不良、低产的残破近熟林、大片灌丛、防护功能弱的林分等。

次生低质林分的改造应达到的标准是：变低产林为高产林，改萌生林为实生林，改疏林为密林，改低价值林为高价值林，改灌丛为乔木林，改造后的林分应有足够的株数，密度适中，林分卫生状况良好，林木生长健壮。

（3）次生成熟林的采伐

次生林中的用材林达到成熟后，应及时采伐利用，并及时更新。根据次生林主要组成树种为喜光树种喜光，前期生长快，后期生长慢的特性，以及成熟后随着林龄的增大病腐株数和程度显著增加的情况，采伐年龄不宜过大。黑龙江省主要次生林树种采伐年龄如下，珍贵硬阔叶树：45～50年；蒙古栎：40～50年；山杨：30～35年。确定活立木的年龄比较困难，野外很难掌握，鉴于此，辽宁省以林木直径大小为标准决定是否主伐，规定的次生林主要树种采伐直径标准：蒙古栎、水曲柳、紫椴、核桃楸采伐直径为24cm，桦树、色木、黄波罗、刺楸采伐直径为 20cm，山杨、糠椴、榆树、花曲柳采伐直径为 16cm。次生林主伐的原则和方法一般与天然林相同。

（4）次生林的封山育林

次生林封山育林的对象主要是树种组成基本合乎要求，生长良好的中幼龄林，密度不大的林分，或暂时无力造林的荒山、草地、灌木丛，或一时无力改造、抚育的低价值次生林。

思考题

1. 简述抚育间伐的概念及目的。
2. 抚育间伐有哪些种类？每种方法适应的对象是什么？
3. 如何确定抚育间伐的开始期与间隔期？
4. 林分改造的对象、原则及标准是什么？
5. 封山育林的概念及对象是什么？

第7章

森林保护

森林在生长发育过程中，面临三大灾害，即火灾、病虫害和人为的乱砍滥伐。因此，从种育苗生产直到采伐利用森林都需要精心保护，尤其是森林生产周期长的特性，使得森林保护的意义更加重要。

森林保护包括防止人为破坏、森林防火、病虫害防治和保护生物多样性四方面内容。森林保护的主要目的是采取各种科学、有效措施防止灾害发生，或将灾害损失降到最低。

在此我们将以预防和救治森林火灾及病虫害、自然保护区建设为主要内容，研究并认识其各种措施，而人为乱砍滥伐的治理主要依赖于政策法规及制度的建立和执行情况，故在此不做讨论。

7.1 森林防火

森林火灾是森林最大的破坏性灾害，因此各国普遍重视森林防火工作。森林防火是指森林、林木和林地火灾的预防和扑救。预防林火仍是一项极为重要的森林保护任务。许多发达国家已由防火灭火向林火管理方向发展。我国森林防火还多侧重于行政措施，技术措施相对较少，尚缺乏先进性。

7.1.1 林火对森林的危害

(1) 烧坏林木，破坏森林结构和环境

林火不仅烧坏林木，还烧死幼苗幼树，引起病虫害的发生蔓延，影响林木生长，降低木材品质，破坏林分结构，导致树种更替，使低价值树种代替珍贵树种，如在东北地区红松、落叶松林变为杨、桦、蒙古栎林或杂木林。反复火烧则严重破坏森林环境，会使林地变为荒山。

（2）破坏森林生态功效

林火能烧毁地被物，破坏郁闭度，使林地土壤裸露，引起水土冲刷，河流泛滥，山洪成灾，水源枯竭，致使森林各种生态功能下降。

（3）危害森林动植物

林火能烧毁林内经济植物，驱走珍贵鸟兽。例如，紫貂生活在偃松林内，灰鼠生活在阔叶红松林中。森林被毁则动物迁徙。故林火严重破坏动植物资源，破坏林业资源和生态系统。

（4）危害林区人民生命财产，耗损大量物资

世界每年发生森林火灾几十万次，被烧毁林地面积几百万公顷，约占世界现有林面积的 0.1% 以上。每年死于山火的人数达千余人。

我国每年平均发生森林火灾 1.45 万次，年均森林受害面积 $83.4 \times 10^4\ hm^2$。1987 年在黑龙江省大兴安岭北部发生的特大森林火灾，受灾害森林面积 $87 \times 10^4\ hm^2$，造成 213 人死亡，226 人受伤，受灾群众达 1.1 万户，5.6 万多人。火灾直接经济损失高达 5 亿多元。

7.1.2　林火发生原因和种类

研究林火首先应知道林火发生的原因，这样才能从根本上寻求防止和杜绝的火灾的办法。

7.1.2.1　林火发生的原因

引起林火的原因有很多种，一般可以概括为两大类。

（1）自然火源

指雷电火、泥炭发酵自燃、滚石击起火花、火山爆发、林木干枝的摩擦等引起的火灾。

自然火在不同国家和地区发生率差别很大。我国自然火平均占 1% 左右，而大兴安岭林区自然火高达 30%。

（2）人为火源

指由人为原因引起的火灾源。人为火源又分为生产性用火和非生产性用火两类。

生产性用火包括烧荒积肥、打防火线、清林、炼山、机车喷火、漏火等。生产性用火引起火灾很普遍，约占 60%~80%。

非生产性用火包括吸烟、烤火、驱蚊、上坟烧纸等。据统计，在人为火源中，吸烟引起的火灾高达 28%。

此外还有外来火源（如国境外来火），这种火占的比重很小。

各地区火源不同，同一地区，亦因季节、生产活动、社会因素的变化而不同，故应经常分析火源，采取相应措施，防止林火的发生。

7.1.2.2　森林火灾的种类

林火的种类不同，对森林造成的损失和后果不同，对组织扑救的使用工具、技术方法以及对火烧迹地的改造利用亦异，因此划分林火种类有重要的实践意义。

根据火灾性质、火灾部位、蔓延速度及树木受害程度，可把林火分3类：

(1) 地表火

又称地面火或低层火，火灾沿地表面蔓延，能烧毁幼树、下木，烧伤树干基部和露出地面的树根，虽不致烧死大树，但使木材变质，生长衰退，病虫侵入，有时造成大片枯死，是各类火灾中分布最多的。根据蔓延速度不同可分急进地表火和稳进地表火；根据发生地段不同，可分为沟塘地表火、林内地表火和灌丛地表火。

(2) 树冠火

一般均由地表火遇到强风或特殊地形向上延烧至树冠，或由雷击火使树冠燃烧，由树冠蔓延和扩展的林火。上部烧毁枝叶、枝干，下部烧毁地被物、幼树和下木，在火头前，经常有枝丫碎木和火星乱飞，加速火灾蔓延。破坏性大，不易扑救。多发生在长期干旱的针叶林内，特别是异龄常绿针叶林或树干上大量附生有松萝树挂等易燃物时，易使地表火转为树冠火。根据蔓延情况又可分为两种类型，即连续型树冠火和间歇型树冠火。

(3) 地下火

又称土壤火，在地表以下蔓延和扩展的林火。多发生在干旱、有腐殖质层和泥炭层的森林中，蔓延较缓慢，温度高，破坏力强，持续时间长，灾后大量林木枯黄或倒下。

森林火灾以地表火最多，地下火最少，树冠火和地下火危害较大。没有及时扑灭的林火会转变成另一种形式，危害更大。

森林火灾按受灾面积大小，可分为森林火警、森林火灾、大森林火灾和特大森林火灾4类。森林火情是指森林起火，还未了解清楚之前，统称火情。有了火情林业主管部门，防火部门应立即组织人力扑救。森林火警是指凡起火烧了成片林木，不论成林或幼树，面积在10亩*以下的林火。森林火灾是指凡起火烧了成片林木，不论成林或幼树，面积在10~1 000亩之间的林火。大森林火灾是指南方地区火烧面积在1 000~10 000亩之间、北方地区火烧面积在1 000~50 000亩之间的林火。特大森林火灾是指南方地区面积在10 000亩以上的林火、北方地区面积在50 000亩以上的林火。

林火发生后，火烧林地上单位面积上成林被烧毁和烧死的株数在30%以上，或幼林在60%以上的火烧面积称为森林火灾成灾面积，达不到成灾标准的火烧面积称为过火面积。

7.1.3 林火发生的条件

造成森林火灾发生和蔓延的因素可分为3类，即稳定少变因素，如地形、树种等；缓变因素，如火源密度的季节变化、物候变化等；易变因素，如温度、湿度、降水、风速、积雪等。

(1) 地形条件

地形会导致局部气象要素的变化，从而影响着林木的燃烧条件。如坡向，一般北坡林中空气湿度比南坡大，植物体内含水量高，不易发生火灾；坡度大的地方径流量大，林中较干燥，易发生火灾，一旦林火出现，受局部山谷风的作用，白天有利于林火向山上蔓

---

* 1 亩 = 1/15 hm^2。

延，阻碍林火下山，夜晚山谷风的作用则恰恰相反；另外，植被的高矮对火灾也同样具有一定的影响，高植物区比低植物区水分含量高，高植物相对比矮植物易燃程度要小些。由于气象要素对林火的影响是综合性的，因此不能用单一的气象要素去研究预报林火，而应分析研究各要素间的综合作用和机理，如海拔增加，气温降低，降水量在一定高度范围内，随高度的增加而增加，从而造成温度低、湿度大的不易燃烧条件。但海拔增高，相应风速加大，又使火灾蔓延加速。

(2) 植物种类和森林类型

一般针叶比阔叶易燃，如松类、落叶松、云杉冷杉等含大量的树脂和挥发油，极易燃烧，而阔叶树含水分相对较多，较不易燃，但桦树皮非常易燃。混交林不易发生火灾，即使发生蔓延也慢，损失小。幼龄针叶林、复层林易发生树冠火，且火灾危害重。疏林中多发生地表火。林内卫生状况不良易引起火灾。不同的森林类型是树种组成、林分结构、地被物和立地条件的综合反映，其燃烧特点有明显差异。如落叶松的不同林型燃烧也不同。

(3) 气候、气象条件

在其他条件相同的情况下，火灾的发生发展取决于气象因子。如空气湿度、风速风向、温度、气压等。

①湿度与森林火灾　空气中的湿度可直接影响可燃物体的水分蒸发。当空气中相对湿度小时，可燃物蒸发快，失水量大，林火易发生和蔓延。

②气温与森林火灾　气温高时，可燃物易燃。资料统计分析结果表明：气温 $t < -10℃$ 时，一般无火灾发生；$-10℃ < t ≤ 0℃$ 时可能有火灾发生；$0℃ < t ≤ 10℃$ 时发生火灾次数明显增多，致灾也最严重；$11℃ ≤ t ≤ 15℃$ 时，草木植被复苏返青，火灾次数逐渐减少。

③风与森林火灾　风不但能降低林中的空气湿度，加速植物体的水分蒸发，同时使空气流畅，具有动力作用。一旦火源出现，往往火借风势，风助火威，使小火发展蔓延成大火，形成特大火灾。

④降水与森林火灾　干旱无雨，水分蒸发量大，地表物干燥时，林火发生的可能性增大。一般情况下，降水量 ≤ 5 mm 时，对林火发生有利；降水量 ≥ 5 mm 时，对林火发生发展有抑制作用。

⑤季节与森林火灾　季节不同，气象条件变化，火险情况亦异。我国南方林区火灾危险季节为春、冬两季，东北主要以春、秋两季为防火季节，春季火灾可占全年80%以上。

7.1.4　林火的预防

森林防火工作具有长期性、艰巨性、重要性的特点。林火管理中的一个重要原则就是坚持预防为主，积极消灭。因此，在实践中要根据林火发生、发展的规律，积极采取综合措施，杜绝火源，防止火灾的发生。具体林火预防措施如下：

(1) 积极开展宣传教育，增强群众自觉防范意识

积极宣传《森林法》《森林防火条例》及其他法规，广泛发动和依靠群众，严格控制火源，杜绝火源，减少火灾发生。

（2）进行森林火险区划，划分森林火灾危险等级区

森林火险区划就是在一定区域内，根据森林火灾发生的危险性大小，用等级表示各地段发生林火的难易程度，以便分别采取相应的预防措施。

1991年12月，我国制定了《全国森林火险区划等级》标准。规定将全国的县及县级林业局，国有林场，自然保护区，森林公园，按森林火险危险性大小，划分三类防火区(三个等级)。

火险区划划分等级的参考因子有6个：①树种(组)燃烧类型(可燃、不可燃)；②人口密度(人/hm²)，人口密度大，人为火源多，重点地区重点设防；③防火期平均降水量；④防火期平均温度；⑤防火期平均风速；⑥路网密度(m/hm²)；⑦其他。

根据以上各因素，林区中所有林区地段，分为三类火灾危险等级。每一等级区再根据火灾损失大小和灭火条件分两个亚级，重点地区重点设防。

火险区划还要适当考虑林火发生的历史，林火火源，发生的频率，发生的规律，扑救的方法及扑救的成效，民族分布和民族习惯，降水量及分布特点等。

在大的林火区划的基础上，对一局部地区(局、场、乡)，还应进一步划分森林火灾危险性等级，相同等级林分归并，制定相同的防火、灭火措施。同时绘制出一个单位的森林火险图。

黑龙江省根据多年经验，提出防火区为护林防火的管理基本单位。每个防火区设2~3名营林员。根据火源频度、火险地段的分布、经营强度和自然条件，划分三类防火区，其面积分别为：一类防火区面积为400~6 000 hm²；二类防火区面积为6 000~12 000 hm²；三类防火区面积为12 000 hm²以上。

（3）开设防火线

防火线是阻止火灾蔓延的防火措施，防火线的种类，按其目的不同可分为：国境防火线，宽50~100 m，要求全部生土化。铁路两侧防火线，宽30~50 m。林缘防火线，宽30~50 m。林内防火线宽30~50 m。幼林防火线4~6 m，并将幼林区划为12.5~25 hm²的地块。其他村屯、工矿、贮木场等周围防火线宽50~100 m。

防火线的开设可采用割草、翻耕、火烧、化学灭草、灭灌等方法保持生土带。

（4）营造防火林带

主要是防止树冠火。在大面积人工针叶林内，营造阔叶树防火林带非常有必要。带宽30~50 m，有时可达100 m，带内应有4~5 m宽的生土带以防地表火蔓延。

树种应选速生、耐火、枝叶稠密、含水量较多的树种，东北地区有水曲柳、黄波罗、杨、柳、椴、槭、赤杨、榆、稠李、花楸等，组成混交林或复层林。

（5）规定防火期和戒严期，进行火险预报

《中华人民共和国森林法》中规定，县级以上人民政府应根据当地自然条件和火灾发生规律，规定森林防火期。将极易发生火灾的天气规定为戒严期，禁止一切野外用火。同时应及时发布火险天气预报。

在火险的季节，可用多种形式发出长、中、短期火险预报。

根据林火与气象因子的密切关系，我们可以预见不同气象因子状况下林火发生的可能性。

我国森林火险程度等级划分主要依据(预报的依据)：温度、湿度、风力、地被物干燥程度等划分的。

温度与湿度两气象因子,是用每天 1 点测得的数值计算。

森林火险天气等级一般分五等,不同火险等级天气,采取不同的林火预防措施。

①没危险 一般采取地表一般巡逻,瞭望台不需值班,消防队、化学灭火站准备防火器材,检查防火设施;

②很少危险 一般瞭望台只在中午值班 3~6h,地面重点巡逻;

③中度危险 一般广播站(台)发布一般火灾警报,防火指挥部揭示防火信号,消防队作好出动的准备;

④高度危险 动员一切宣传工具及火灾危险信号,在要道、路口放哨检查火源,消防队作好出动准备,瞭望台 8 h 值班,飞机巡 1~2 次;

⑤极度危险 防火指挥部发布紧急警报,瞭望台日夜值班,消防队夜间也要准备出动,飞机随时起飞侦察,风大时适当限制危险性生产用火和生活用火(限明火)。

(6)修建林道

修建林道主要为保证迅速及时地运送救火的人员、工具和物资,还可兼作防火隔离带。在重点火险区,应全面安排林内道路网。

(7)设立防火瞭望台

这是目前我国主要观察火情,确定火灾发生地点的主要设施。应设在视线良好的制高点,其看管面积一般为 $1 \times 10^4 \sim 5 \times 10^4 \ hm^2$,间隔距离 5~10 hm^2。

(8)地、空巡逻

地面巡逻由营林员、护林员、森林警察担任,其任务是巡逻检查,检查监督用火管理制度的执行及乱砍滥伐的行为,及时发现林火和扑救林火。

空中巡逻主要用在人烟稀少、交通不便的偏远林区,其任务是发现火情,确定起火地点,通知防火指挥部或附近居民点,空投粮食,指挥地面打火等。

(9)计划烧除法

有些林业专家认为,火是森林生态系统中的一个自然组成部分,森林生态系统中所储存的能量的平衡,在很大程度上是由各种类型的火来维持的。通过火烧,可放出过多的能量。所以,通过有计划的用火,使林中的可燃物预先有计划地燃除掉,减少可燃物的积累,可以防止破坏性很大的火灾发生。这种方法在许多国家得到使用,例如,美国、加拿大、瑞典、澳大利亚等。使用这个方法应注意安全,注意在非火险的季节、风小、湿润的天气,在措施完备,准备充分,有灭火能力的情况下进行。

(10)雷击火的防治

自然因素引起的火灾有80%是雷击火。雷击火的预防是用一种探测系统仪器,能在一定距离,一般为 100 km 为半径的范围内,探测到云层对地面的放电情况(包括放电次数即闪电次数,放电强度,放电方向)。采取一些措施控制放电。有些国家用飞机或地对空火箭向雷雨云撒播化学催化剂,改变云中各种成分的比例、结构,打破原来的平衡,起到消雷的作用。美国和加拿大都在使用,我国由于受技术和资金的限制,近期内还不会大量使用。

(11)用综合措施提高森林耐火性

用造林、营林和防火等综合措施建立耐火林，提高森林整体的耐火性。内容包括：伐区清理，造林和抚育时，调节针阔叶树比例和林分组成，调节幼树，下木和地被物组成和密度，采用计划烧除法，定期控制树冠下的可燃物，结合一般的防火设施，具体可以在林内或林缘地区有计划地开设生土带，修建林道网，营造防火带，修防火水池，建瞭望塔，建植物防火带，加强巡逻等，把这些措施综合起来使用可以按地区进行布置，有计划建设，及时连续地完成可以提高森林耐火性。这是今后人工林解决防火的方式之一。

(12)建立健全各种防火灭火组织和制度，配齐设备

制定严密的防火制度和措施，如森林防火责任制、火险预报制度、灭火扑救制度、奖惩制度、用火制度等。健全各种防火组织，配齐各种防火设施及设备，并保证各种防火设施和设备保持完好状态。

林火预防强调上述各项措施的综合运用。

7.1.5 林火的扑救

防止林火最根本的办法是预防为主，一旦发生，要迅速组织扑救以减少损失，力争"打早、打小、打了"。

灭火须从以下三方面着手，即隔离空气或降低空气中氧的含量(低于14% ~ 18%)；隔离可燃物；使可燃物燃烧的温度降低到燃点以下。即窒息、隔离、冷却三个基本点。

扑火方法有很多种，各种方法有其各自特点和适应条件。一般可概括为以下三类。

(1)直接灭火法

①扑打法　这是较为普遍的一种直接灭火方法。主要使用的工具有扫把、枝条或用木柄捆上湿麻袋片等。该法主要适于扑打小火和地表火，经济、技术简单。

②覆土法　通过覆盖土壤，达到灭火目的。一般覆土法为手工操作，在有条件的地方可用喷土枪。覆土法适于地表火、且林地土壤疏松或有较多死地被物时使用，效果较好。

③水灭火法　当林火区附近有可利用水源时，采用这种方法。这种方法一般需抽水设备，比化学灭火更经济。适用于各种林火，但必须有水源。

(2)间接灭火法

①隔离带法　这是以隔离分散、牺牲局部而保护全局的灭火方法。开设隔离带要除去带内的林木和杂草，同时带内要喷洒化学灭火剂，或造生土带；也可用开沟方法阻止地下火蔓延。

防火隔离带的宽度取决于林火种类和火头蔓延速度。一般而言，防止树冠火时，隔离带宽度要比防地表火时宽，且技术更复杂些。关键是视具体情况具体处理。

②以火攻火法　当发生强烈地表火或树冠火时，已有的防火线、隔离带已不能阻止火势扩大情况下，多用此方法。或来不及设隔离带时，也可用此方法。

以火灭火法又分为火烧法和迎面火法。火烧法就是利用道路、防火线、生土隔离带等作控制线，沿控制线逆火头方向点火，使火逆风烧向火场，遇到火头时自行熄灭。迎面火法和上面方法相似，不同之处在于，要选择适宜地形和时机，当产生逆风后点火，利用逆风形成新火头，二火头相碰自行熄灭。

③爆炸灭火法　是利用爆炸造成隔离带或防火沟，实现隔离灭火，也可利用爆炸的土花和风力的逆击达到灭火目的。这种方法更适用于开辟防火沟防止、隔离和熄灭地下火，但成本较高，在土层薄、冻层深的林区不宜采用。

(3)新技术灭火法

随着科学技术不断转化为林业现实生产力，森林火灾扑救中技术含量也普遍提高。目前普遍采用的一些新技术、设备来灭火的方法，统称新技术灭火法。主要包括用风力灭火机灭火、化学灭火、人工降雨灭火和空降灭火等。

①用风力灭火机灭火　风力灭火机是在东北林区扑火实践中研制出的一种灭火器械，灭火效果良好。适用于扑地表火和草原火(余火)，灭火中讲求技巧，可以与灭火弹配套使用。机组人员要戴防护服和头盔。

②化学灭火　此法技术先进，应用越来越广。化学灭火剂可直接扑救火灾，也可阻滞火灾蔓延，预防火灾发生，也可在偏远林区利用飞机喷洒药液。地面使用，空中喷洒均可。药品种类很多。

化学灭火原理：a. 有些药品融化后产生泡沫将燃烧物与空气隔绝，以达到灭火目的；b. 有些灭火剂遇热可放出不燃气体，降低空中氧气量(低于 14% ~18%)，以达到灭火目的；c. 有些药品在药品融化和蒸发过程中，消耗大量的热，降低温度(降至燃点以下)，以达到灭火目的；d. 有些药品有强烈吸水性，高温下还可以保持可燃物湿润状态，以达到灭火目的。

化学灭火成本高，浪费大。药品成分复杂，有主剂、增强剂、湿润剂、黏稠剂、防腐剂、色剂等，应用起来也较复杂。化学灭火法对环境有一定的污染，应酌情使用。

③人工降雨灭火　要求有一定的条件：要有积雨云，达到一定云量，施入催化剂，促使凝结降雨，以达到灭火目的。我国大兴安岭林区发生特大森林火灾时，就成功地使用了局部人工降雨。此法现已很成熟，近几年应用较广。

④空降灭火　利用飞机投送跳伞灭火队员和灭火物资。一般用直升机，运送灭火人员、工具、药品、物资，扑打或施药，效果良好。能快速到达火场，有利于打早、打小。

7.2　森林病虫害防治

森林在生长发育过程中，均有遭到病虫害的危险，从而影响林木生长的数量和质量。因此，森林保护的重要任务之一就是防治森林病虫害。

7.2.1　森林病害及其发生的条件

7.2.1.1　森林病害的概念

林木由于所处的环境不适，或受到其他生物的侵袭，使得正常的生理程序遭到干扰，细胞、组织、器官受到破坏，甚至引起植株死亡，造成经济上的损失，人们将这种现象称为森林病害。森林病害是一种生物现象。引起病害的原因称为病原。由于病原不同，森林病害症状会有不同表现，在森林病害防治中，应根据不同病原，施以不同的防治措施。

7.2.1.2 森林病害发生的条件

（1）病原方面

病原种类很多，可分为生物性和非生物性病原两大类，其中生物性病害具有传染性，而非生物性病害不具传染性。生物病原主要包括真菌、细菌、类菌质体、病毒、类病毒等。非生物病原主要指温度、湿度、光照等异常引起的环境灾害。病害的发生必须要有大量的侵袭力强的病原物存在并能很快传播到林木个体上。病原适合于被风、雨、昆虫等传播的特性也是造成流行病的重要条件。这样可使病原迅速地扩大传播范围和接触到寄生体。

（2）植物方面

易于感病的植物大量而集中存在，也是发生病害的必要条件。林木的不同种类、不同年龄以及不同个体，对病害的抵抗力是不同的。营造大片同龄纯林，是造成病害个体大量集中的主要原因，易于引起病害流行。

（3）环境方面

环境条件影响病害流行，不仅由于它所涉及范围广，变动性大，而且还由于病原物和寄主植物的各种活动都是在周围环境的直接影响下进行的。即使有病原和感病植物同时存在，如环境条件不适，仍不会使病害流行。通常情况下，高温、高湿、霜冻、干旱、土壤瘠薄、板结、积水、盐碱等都有易于传染性病害流行。同时，经营管理不当也会促使病害发生。

可见，病害发生、流行需要三个基本因素的配合，这也体现出植物发病的基本规律。

7.2.1.3 森林病害的症状

森林植物生病后，在生理上、解剖上、形态上会发生病理变化，这种病态表现称为病状。病原物在病植物体上生出来的各种构造如黄粉、白粉、霉层、老牛肝等特征，称为病症。二者合称为症状。

症状的类型可分为变色、畸形（如瘿瘤、丛枝）、坏死（如腐烂、溃疡、斑点）、萎蔫、流脂或流胶、粉霉（如白粉病）、蕈（如树干上长老牛肝）。

在一个地区的一定季节中，每种树木的病害症状有一定的稳定性，这就有可能根据病状与病症的表现，准确地诊断病害，有效防治。

7.2.2 森林病害的防治措施

森林病害的防治方针是预防为主，积极消灭。防治的基本原则是消灭侵染源。要明确不同地区森林病害的主害，有针对性的防治。防治措施应采用以营林综合措施为基础，以生物防治为方向，以化学防治为救急手段的综合防治体系。具体的内容有以下6个方面。

（1）植物检疫

其目的是防止危险性病虫害的蔓延传播。植检的主要任务是：一是禁止危险性病虫害随着植物及其产品由国外输入或由国内输出；二是将国内局部地区的危险性病虫害，封锁在一定范围内积极消灭，使其不外传，严重时可划分病虫害疫区和保护区；三是当危险性病虫害传入新地区时，积极予以消灭。

（2）选育抗病品种

通过选种和育种培育出抗病力较强的种群。一个重要环节是进行抗病力的鉴定，即人工接种或置于所抗病害正在流行的环境中，进行对照测定。

（3）林业措施

从育苗、造林到抚育管理，采取一系列措施，创造不易使植物生病的良好环境，增加植物抗病能力，使林木速生优质丰产。具体可以包括立地树种选择抗病能力强的树种，营造混交林，采取恰当的造林方法及排水、灌溉、疏伐、修枝、火烧和施肥等措施。因此，合理的林业技术措施也是良好的防病技术。

（4）物理防治法

利用高温、超声波、各种射线等防治，一定条件下可取得良好效果。例如，在有条件的温室，高温蒸汽消毒比化学消毒好。

（5）化学防治法

化学药剂有预防病菌侵染的保护剂和用于病株上的治疗剂。使用方法有浸种、拌种、熏蒸、喷粉、喷雾、涂抹、发烟、注射等，以喷粉、喷雾及发烟法较为普遍。目前在使用上以保护剂为主，使用时应不错过预防的适合时期。使用化学药剂时，应注意品名、剂型、有效成分含量、使用对象、浓度、调制方法、单位面积用量、次数、间隔期、能否混用等，还要注意减少环境污染。

（6）生物防治

利用生物之间的颉颃作用来防治病害。颉颃作用表现为寄生、毒素和溶解等作用。

7.2.3　森林害虫与环境的关系

7.2.3.1　森林害虫的概念

在森林生态系统中，昆虫是数量众多、作用很大的常驻组成部分，各种昆虫由于食性不同，和人类构成了不同的益害关系。通常，我们把森林中对人们经营森林目的产生消极作用的昆虫，通称为森林害虫；产生积极作用的昆虫，称为益虫。

但应注意的是益虫、害虫不能仅从定性上判断，很多时候它更取决于昆虫数量的多少。任何害虫每年都会存在，但并非年年形成严重的虫害。只有当害虫的个体数量特别多，才会猖獗危害森林。

7.2.3.2　害虫与环境的关系

害虫的大量猖獗，与周围环境有密切关系，适宜的条件，使害虫发育良好，存活率高，繁殖力强，数量显著上升；反之，种群数量消退，危害减轻。所以害虫的大发生是由外界条件的各因子有效的配合，通过害虫本身的生物学特性所产生的结果。

影响害虫数量变化的因子主要有气候（温度、湿度、风等）、食料、天敌三个方面。例如，干旱年份蚜虫易发生。纯林中食料丰富、天敌少，容易扩散蔓延。因此，创造不利于害虫繁殖的环境条件，是消灭害虫的重要一环。

7.2.4 森林害虫防治措施

(1)植物检疫

植物检疫又称法规防治，类似于病害防治中的植物检疫，目的在于限制危险害虫的传播。

(2)林业防治法

采取一系列栽培管理措施，达到加强树势以增强林木抗御虫害的能力。具体包括：选育良种，田间卫生管理，提倡营造混交林，科学轮作，加强施肥管理，耕地，栽植引诱作物等。林业栽培技术与树种栽植区的地理条件紧密相关，一些措施具有明显的地方性，要因地制宜地实施。

(3)物理机械防治法

应用人力和简单工具以及近代的光、电、辐射等物理学成果来防治害虫，统称为物理机械防治法。这类方法包括人工捕捉、诱杀、阻隔及采用放射线等处理，使其不能繁殖而灭绝。

(4)生物防治法

传统生物防治是指利用昆虫的天敌防治虫害，例如，以虫治虫，以鸟治虫等。近来，有人将利用生物有机体的各种活性物质以及通过物理的、化学的或通过遗传操纵使昆虫不育的方法来治虫，这些被列入生物防治的范畴。生物防治主要是通过保护利用天敌、人工繁殖并释放天敌昆虫和保护食虫鸟类等途径，实施生物防治。

(5)化学防治法

化学防治是最经济、最便利的防治害虫方法。但必须注意尽量避免对周围居民以及牲畜的危害，选择副作用小的杀虫制剂。杀虫药种类很多，可分为：胃毒剂、触杀剂、内吸剂、熏蒸剂、土农药。施药方法有：喷粉、喷雾、熏蒸、毒饵等。应根据虫种、虫龄、气温等配制一定浓度，注意安全保护，同时考虑不影响附近的放牧、养蚕、养蜂等，防止造成超标准的环境污染。

7.3 自然保护区

自然保护区是保护自然资源最有效的途径和措施。它的产生和发展标明着人类对其他物种，尤其是濒危物种和周围环境的积极关注。目前，自然保护区占国土总面积的比重已成为衡量一个国家自然保护事业发展水平、科学文化水平以及精神文明的重要标志。世界各国都很重视自然保护区的建设。

7.3.1 自然保护区的概念与作用

7.3.1.1 自然保护区的概念

自然保护区是国家为了保护自然环境、自然生态系统和自然资源，进行科学研究而划定的、采取特殊措施加以保护和管理的特殊区域。

自然保护区是具有保护自然环境和自然资源功能的空间范围总称。具体地说，自然保护区是用来保护一种或几种重要的自然生态系统和某些珍贵、稀有和濒危的物种、遗传资源及其环境，使它们不受人为干扰和破坏，而得到永续的生存和繁衍，按照国家法律规定，采取特殊措施进行保护和管理的特殊区域。

这些区域内的植物、动物、地质、地貌和山水等自然景观及自然历史文化遗产等，有着特殊的科研、教学和观赏价值，受到国家法律保护。

7.3.1.2　自然保护区的作用

自然保护区在生态、社会、经济和文化等方面，具有多种效益，发挥着巨大作用。

(1) 保护和维持典型自然生态系统

设立的自然保护区一般都未经过人类的大规模开发活动的干扰，区内的物种、生态系统、自然景观等都保持原始状态，能显示和反映自然界的原始面貌。

(2) 保存生物多样性

自然保护区可保护有代表性或有独特性的自然生态系统，使其中动植物生物群落的多样性和整体性受到保护，生物资源得到保存和发展。

目前世界上建立了大量的热带林国家公园和自然保护区，保护着热带林及其生物物种免遭毁灭。还有诸如湿地生态系统、海洋生态系统、森林生态系统等的自然保护区都在维护各系统物种生存和发展方面起着重要作用，从而为社会提供了巨大的生态和社会效益。

(3) 保护遗传基因

自然保护区作为遗传物质的基因库，保护着大量珍贵、稀有和濒危的遗传物质，对人类的发展做出贡献。

(4) 自然保护区有助于维持其所在地区的生态平衡

由于自然保护区保护了天然植被及其组成的生态系统，在改善气候、保护水土、涵养水源，维持生态平衡方面发挥重要作用。

(5) 自然保护区是科研和教学的良好基地

由于自然保护区里有着完整的生态系统、丰富的物种、生物群落及其赖以生存的环境，这些为进行各种有关生物学、生态学的研究，提供了良好的基地，成为设立在大自然中的实验室。利用自然保护区，科研人员可以通过连续观察，研究各种野生动植物的习性、特性、演替规律、进化过程等，从而实现繁殖和驯化的研究。此外，自然保护区对考古学、地质学也是一个重要的基地。

(6) 自然保护区保护文化遗产、自然历史遗迹和风景名胜

文化遗产、自然历史遗迹和风景名胜，不仅具有重要的观赏价值，而且具有重要的科学研究价值。自然保护区对这部分财产的保护，不仅可以收到美学和游憩的效益，而且还能收到社会效益和经济效益。

(7) 提供游憩场所

由于自然保护区保存了完整的生态系统、珍贵而稀有的动植物、特殊的地貌，对旅游者有很大吸引力。为此，自然保护区可以在不影响设立保护区目的的前提下，开辟出一定的旅游、观光区，提供旅游服务。

7.3.2　自然保护区的类型和选设

7.3.2.1　自然保护区的类型

目前，世界各国自然保护区种类很多，名称不一，但基本上可分为两类，一类为国家公园；另一类为自然保护区。前者管理较松，后者管理较严。

根据保护的对象及主要用途，可大致将我国的保护区分为五类。

(1) 自然生态系统保护区

根据自然地理带，在具有典型生态系统的地方建立的自然保护区，目的是保护完整的各类自然生态系统，包括保护草原、森林、荒漠、水域、湿地、海洋、荒漠等生态系统。有些保护区已列入联合国教科文组织开展"人与生物圈计划"的生物圈保护区。在各类生态系统保护区中，由于与人类关系最密切，受威胁最大的是森林生态系统，因而我国现有自然保护区中90%以上是森林生态系统的保护区。例如，吉林省长白山自然保护区，以保护温带山地森林生态系统及自然景观为主；陕西省太白山自然保护区，保护我国的暖温带森林生态系统；福建省武夷山自然保护区及广东的鼎湖山自然保护区，以保护亚热带森林生态系统为主。这类保护区强调保护目标，即自然生态系统及其生物、非生物资源的完整性。

(2) 野生动物自然保护区

这类保护区是指为保护某一（或几种）特定的野生动物物种而建立的自然保护区。其主要目标是保护和恢复野生动物种群，并为其提供最佳的栖息地等生存条件。这类保护区内可开展一些科学性栖息地改造活动。如为保护一些珍贵水鸟，给水鸟越冬创造条件，在水鸟冬季栖息地温暖的沼泽上割去过多的芦苇，并给水鸟提供植物性食料，对某些对水鸟有威胁的动物，需抑制捕食水鸟等。这些特定的野生动物是指国家重点保护的、珍贵的或具有重大科研、经济、医学等特殊价值的野生动物种类。例如，黑龙江省扎龙自然保护区是为保护丹顶鹤而设立的，四川卧龙自然保护区是为保护大熊猫设立的。

(3) 珍贵植物自然保护区

这类保护区是为保护国家珍贵稀有的植物物种和典型、独有及特殊的植被类型而建立的自然保护区。其主要目的是保护国家重点保护植物物种和全国典型的植被赖以生存的自然环境。同野生动物自然保护区一样，这类自然保护区也可以开展一些科学性栖息地的改造活动。这类自然保护区如黑龙江省的凉水自然保护区，以保护珍贵阔叶红松林为主；甘肃省东大山、寿鹿山自然保护区主要是保护青海云杉；贵州赤水的桫椤自然保护区主要保护木沙椤等。

(4) 自然历史遗迹保护区

这类自然保护区是指为保护某一特定的自然历史遗迹而建立的自然保护区，一般在风景观赏、科研、教育等方面有一定价值，主要保护非生物资源，强调保护对象的完整性和免受干扰。这类保护区包括天然风景区或博物馆，如保护天然形成的重要地质剖面、化石产地、火山温泉、岩溶、特殊瀑布、岩洞、沙丘、冰川等；也包括土地利用景观自然保护区，如保护人工形成的人为与自然相结合的风景区，保护这种土地利用方式永续保持下去，保护传统建筑、古建筑群、雕塑、壁画等。例如，伊通国家级火山群自然保护区，黑龙江的五大连池自然保护区，九寨沟自然保护区等。这类保护区很多已列入"世界遗产地名录"。

(5)森林公园

在自然景观优雅，有观赏价值的森林地带建的保护区。一般森林公园是在地貌特征、立地条件、动植物品种和生态系统等方面具有特殊的科研、教育和户外娱乐的作用。森林公园一般面积较大，有一定的地域和水域。

在实践中，很多自然保护区具有多重保护目标，但各类自然保护区的用途都是以一项为主，多项兼备。每类保护区经营管理方式不尽相同，但所有保护区都以保护自然整体性为基本前提，在这一点上是一致的。

根据国家规定，在自然保护区中，森林与野生动物类型自然保护区归林业部门划定与管理。

7.3.2.2　自然保护区选设原则

(1)全面规划、合理布局，种类齐全

要充分考虑不同自然地带、不同生态系统，建立各类型的自然保护区。为此应在全国有一个统一规划，针对各不同自然地理区域如湿地、干旱、半干旱地区及高山、草原、水域、森林等设立相应的保护区，从而形成依自然地带不同而齐全的自然保护区种类；同时，还要选择具有代表性的原始生态系统和次生生态系统作为自然保护区的规划范围。

(2)要使保护对象具有完整性

自然保护区应选设在所保护的生态系统与自然环境比较完整，生物种源相对丰富的典型区域。

(3)自然保护区要有适宜的范围

保护区面积应与保护对象的群体生存、繁衍和发展要求相适应。对于综合性、生态性自然保护区的设置，应尽可能把濒临灭绝种的种源分布地域包括进去。

(4)设在典型地区

对特定的植物资源保护区，应选设在分布区内具有典型性的生境，并可望在将来能有较多数量分布的地区。对有游迁特性的物种要给其准备冬夏两季栖息地或不同类型的生境。

(5)要符合当地经济建设的总要求

自然保护区设立时应充分考虑当地经济条件，尤其是交通状况，使其规模和发展水平的确立适应当地经济发展的总体水平和总规划。

(6)要充分考虑当地群众生产生活之需

要尽可能避开群众生产生活所用土地山林，注意尽量避免保护区建立与发展同当地人民群众生活、生产间的矛盾。若实在避免不了的，应尽量控制保护区范围。

总之，自然保护区选设在宏观上应体现对不同生态系统、不同自然地带，特别是特殊的原始及次生生态系统的保护，并形成合理布局，在微观上要依所保护具体对象和当地经济发展状况，因地制宜确认保护区范围和规模。

7.3.2.3 自然保护区的选设条件

根据国家规定，凡具备以下条件之一的都应建立自然保护区。

①代表各种不同自然地带的典型自然生态系统，如森林、草地、水域、湿地、滩涂、荒漠、岛屿等地域。

②自然生态系统或物种已遭到破坏而又有重要价值，亟待恢复的地区。

③自然生态系统比较完整，自然演替明显，野生生物种源丰富的地区。

④国家规定保护的珍稀动物或具有重要科研、经济价值的野生动物主要的栖息地区。

⑤典型而有特殊保护意义的植被、珍贵林木及有特殊价值的植物原生地或集中成片的地区。

⑥有特殊保护意义的地质剖面、冰川遗迹、岩溶、温泉、瀑布、化石产地等自然历史遗迹地。

7.3.3 自然保护区的规划设计

已经确定要建立自然保护区后，就应组织技术力量和专业调查队伍进行调查，在调查基础上，做好规划设计。

自然保护区调查是综合性的。第一，要调查被保护对象的种类、数量、分布特点；第二，要调查与被保护主体相依存的环境状况及特征；第三，还要调查与保护对象并存的其他动、植物资源的种类、数量及分布状况。

自然保护区调查要遵循这样的基本步骤：首先，要查清地界范围、地形特点、各种资源分布情况，从而确定适用的调查方法；其次，边界与面积确定后，要在边界上设立标桩，边界通常利用河、沟、山脊等明显分界线；同时，还要考虑是否在保护区外围设置防护带；更重要的是还应调查自然保护区周边社会经济发展水平以及周边群众生产、生活与自然保护区的关系，以便在日后能合理协调发展与保护的关系。

7.3.3.1 自然保护区规划设计的内容

自然保护区规划设计的内容包括：

①绘制保护区平面图，标明保护区面积和位置。

②进行保护区区划。我国的《森林和野生动物类型自然保护区管理办法》规定：可以根据自然资源情况，将自然保护区分为核心区、实验区和缓冲区。不同的区域肩负不同的使命和任务。核心区是自然保护区的精华所在，核心区应是周围生态系统的代表，是被保护对象的核心，以它作为本底来测定生态系统各种长期的变化，只供进行观测研究，需加以绝对保护，为此，区内不应有村落及居民活动，应禁止参观和游览的人员进入。一个自然保护区核心区可能有一个或几个。核心区的面积一般不得小于自然保护区的1/3。缓冲区是在核心区外围为保护、防止和减缓外界对核心区造成影响和干扰的区域，可以允许进行经过管理机构批准的非破坏性科学研究活动。实验区是自然保护区进行科学实验和资源合理开发利用的地区。实验区可以进行科学实验、教学实习、参观考察和驯化培育珍稀动植物等活动，也可以开展生态旅游。

③管理机构与研究机构的位置及基本设施。

④观察点、亭、台的布局。

⑤道路布设。道路干线、支线的铺设应与区划相结合。

⑥通讯线路的布设。

⑦检查站与防火设施的安排。

⑧所需建设经费与其他的有关设计项目。

7.3.3.2 规划设计时要协调处理的关系

(1)处理好道路设置与保护之间的关系

修建道路是为了更好地促进保护区发展，但应注意其位置设计要适当，不能破坏自然综合体的整体性、完整性，同时又要满足保护区所需。

(2)处理好保护与干预的关系

要根据保护区类型、保护对象及目标的特征，确定人为干预的程度和水平，对于需封禁式保护的，应避免人工干预，对于需人工干预而实现合理保护的，应提倡并实施有效、适度的人工干预，以确保保护区的发展。

(3)处理好保护与旅游的关系

在有条件的地方，保护区可以在指定范围内开展一些适当的旅游活动，一方面，可以促进保护区自身经济发展，为保护区周围居民的生活水平提高带来好处；另一方面，又可以满足人们到自然保护区旅游、观光的需要。只要处理得当，保护区旅游业就会发挥其生态、社会和经济多种效益。为此要求在规划设计时确定合适的旅游路线和旅游景点。要加强对旅游活动的监督及宣传，尤其要结合保护区的资源特点，宣传有关的科学知识。

(4)要处理好保护与居民活动的矛盾

自然保护区内最好没有当地居民的人为活动，但有些保护区内的村落难以迁出，只能采取有效措施解决好群众生产与生活的实际问题，可以划出一定面积区域作为缓冲区，供群众搞副业。同时要走社区保护道路，其基本思路类似于社会林业模式，其出发点在于群众自觉参与保护事业，使得群众自身利益与保护区发展利益结合在一起，促进保护区管理和保护工作。

(5)要考虑科研的需要

任何一个自然保护区都是一个良好科研基地。由于自然保护区的长期性、自然性和典型性等特点，使得自然保护区不仅能提供环境与生物及其组成各种系统珍贵的本底资料，同时特别有利于开展长期的定位研究，尽可能地利用这一良好条件开展生物、环境及其他特有保护对象的深入研究。研究点应合理布局。

7.3.4 自然保护区的经营管理

自然保护区类型很多，但基本上可分两类：一类为国家公园；另一类为自然保护区。从所属关系看，一般分为国家级自然保护区和地方性自然保护区。地方性自然保护区又分为省级、市级和县级自然保护。在我国大部分国家级自然保护区由国家林业局或所在省、自治区林区主管部门管理。自然保护区需设立专门的管理机构，从事自然保护区的具体管理工作。

自然保护区经营管理主要是指微观层次上的保护区管理，其主要任务如下：

①积极向保护区内当地的群众进行宣传教育。应与保护区内、外的乡、村行政部门建立联系，订立保护与利用公约，使各级领导与群众深入了解认识自然保护区设立的目的以及各自在自然保护区发展中的作用。

②进入保护区的各个"门户"要设立检查站，严格检查出入保护区的人员，严格禁伐、禁猎。

③安排专门业务人员，接待实习、旅游团体，使保护区有序、有效发挥其野外课堂和旅游观光作用。

④做好防火和其他防护工作，消除火源及其他危害源。

⑤开展常规性与专题性科学研究。保护区应设专门研究机构，从事与保护对象相关的研究工作，鼓励其他与相关的科研机构、高校的联合研究。还可与国外有关单位开展合作研究。

7.3.5 自然保护区以外的国家珍贵动植物资源的保护

在自然保护区之外，还有许多珍贵的野生动植物资源需要保护。保护好我国的珍贵动植物资源，是每一个中华人民共和国公民的义务。

我国颁布的《中华人民共和国野生动物保护法》规定：在我国珍贵、稀有、濒临灭绝的动物应给予保护，并规定了一类、二类保护动物名录及保持措施。根据有关政策法规规定，我国一、二类珍贵动物不许捕杀，并且与这些保护的野生动物有关的产品不许生产和消费。我国珍贵植物资源保护也有类似的规定。

总之，自然保护区以外的珍贵动植物的保护应注意：一是在有条件的情况下，尽可能建立自然保护区保护；二是积极宣传野生动植物保护的政策法规和保护知识；三是国家有关部门需要严格执法。只有如此，才能在全社会形成保护的氛围，才能使自然保护事业得到很好的发展。

思考题

1. 简述林火的危害有哪些。
2. 简述林火发生的原因及种类。
3. 简述林火预防的措施。
4. 简述林火扑救的原理及方法以及各种方法适合哪种类型的林火。
5. 简述森林病害发生的条件？森林病害有哪些防治措施？
6. 森林虫害防治有哪些措施？
7. 简述自然保护区的概念与作用。
8. 自然保护区的类型有哪些？
9. 简述自然保护区选设的原则和条件。
10. 如何经营管理自然保护区？

第 **8** 章

木材生产

森林的功能是多方面的，一是人类生存的环境保障功能，二是人类生活的物质利用功能。因此，森林的经营建设必须考虑它的利用。森林的物质利用包括木材利用和林副产品利用，而木材是森林生产的主要物质产品。木材生产是指从森林采伐到把木材搬运集中和运输到贮木场，或一直运送到销售地点为止的全过程。也称木材采运生产。木材采运生产一般又可分为森林采伐、木材运输和贮木场作业三个生产阶段。

8.1 木材采运生产概述

8.1.1 木材生产的地位与作用

一个完整的林业，应该包括森林培育、木材生产和木材加工利用这三大阶段。森林培育是林业一切活动的基础。没有森林，就谈不上木材生产和木材利用；如果没有木材生产，则木材利用就成为无米之炊。当然，没有木材利用，则森林培育和木材生产也将无的放矢。因此，林业这三大阶段是上下密切联系和衔接的，而处于中间环节的木材生产是联结森林培育与木材加工的中间环节，具有承上启下的功能，其生产规模和水平直接影响森林培育和木材加工的规模、水平乃至质量。所以，木材生产有着重要的地位，发挥着重要的作用。

木材生产是开发性生产，要讲求计划性和科学性，不但技术性高，而且政策性也很强。

8.1.2 木材生产的特点

木材采运生产过程是兼有资源开发、加工和运输企业性质的产业。但是这种采运产业与石油、煤炭等采掘型工业生产方式又有很大不同。归纳起来有如下特点：

（1）采伐的双重性

森林是一片生物群落，是可再生资源。森林采运生产作为取得木材的手段，要尽量少破坏森林环境，尽可能地结合森林生长的特点，起到促进森林更新的作用，为森林资源更新、扩大创造条件。因此，在实践中不能采用工业式的采伐，而应当采取生态性的采伐；另一方面，在尽可能保护森林生态环境的基础上，以最少的投入获取更多的、能利用的木材和更高质量的木材产品，以满足国民经济建设对木材的需求。为此，木材生产者必须自觉遵守森林法及森林采伐规程，研究其自身的特点，因地制宜地采取合理的作业方式、采伐技术和管理方法。

（2）生产的分散性和流动性

树木都是单株生长，彼此相隔一定距离。因此，单位面积上的立木蓄积非常少，造成采伐作业的极度分散及采伐作业点的经常流动和迁移。作业点的流动迁移，又造成作业道路的逐年延伸和变迁，结果是劳动生产率的降低和生产成本的提高。

（3）露天作业受自然条件影响大

树木生长在自然界中，决定了木材生产不得不采取露天作业。采伐作业不但作业条件恶劣，而且受自然因素的影响很大。例如，刮风天不能伐木；雨天道路泥泞，影响机械行驶；夏天蚊虫叮咬，影响工人作业情绪；冬季积雪过厚，影响工人行走等。自然条件的影响增加了木材采运生产的艰巨性和难度。同时，局部复杂和险要的地形，也会增加森林采伐作业技术上的难度。这就要求根据不同坡向，在遵循自然规律前提下，因地制宜地选择适宜的采伐作业方式和技术措施。

（4）木材产品的不规则性和搬运困难性

林木粗细不一，长短迥异，表面凹凸不平，这些情况都给木材堆垛、装卸、搬运和保管，以及产品质量等带来很大影响。

木材体积大、笨重、搬运费力，因此森林采运作业是一项费力的重体力劳动。一般而言，成熟林分中的单株材积多在 $0.5 \ m^3$ 以上，大的可达 $5 \sim 6 \ m^3$，这给搬、装、集、运带来了很大困难。木材搬运困难，特别需要在采运生产中提高机械设备作业率，从而提高作业效率，减轻手工劳动。

（5）物流的单向性、下行性和汇集性

由于森林生长在偏远的、广阔的山区，造成了木材流动的一些特殊性。木材从产区到用材地本身就决定了木材流动的单向性；产区是山地，用材地是平原，这就决定了木材从高处向低处的自然流向或下行性；从木材生产的内部看，木材从广大的伐区通过运输到销售点的流动反映了木材的汇聚性。这些特性将影响企业设计、组织管理、道路修建和机械选型等。

（6）运材岔线的临时性和道路的递增性

林区采伐到哪个伐区，运材岔线临时修建到哪里，采伐完以后，如是森铁运输就要把铁轨拆了，铺设到新的伐区，而汽运公路，在造完林后岔线便要报废，不再保护维修。随着林区的全面开发和森林多年的采伐，林业局址附近的成熟林越采越少，不得不向远处的伐区转移采伐，采伐道路不断延长递增，致使采伐运输成本不断上升。

8.1.3　木材生产过程

我们常常把木材生产形容成面、线和点的系统组合。"面"指采伐作业的面，也称经营区或伐区，比较大，常常达到几百、上万公顷，在这个面内再区分成许多个作业区。"线"指木材运输线路，通过它把林中采伐的木材集中地运出来。线路比较长，短的几十千米，长的几百千米。线路可分成干线、支线和岔线，它们在伐区内形成了路网。"点"是木材的集散地，常称贮木场。在这里，把采伐生产出的木材集中起来，进行贮存、归楞保管，然后销售。

木材生产过程从"面—线—点"的系统看，这个生产过程包括了伐区生产（面）、木材运输（线）和贮木场作业三个阶段。

生长在林地上的树称为立木。把立木伐倒后，带树冠的树干整体称伐倒木。如把伐倒木上的树冠（由枝丫和树叶组成）去掉，剩下的树干称为原条，长度一般 15 ~ 25 m。再把原条按使用需要和原条本身的材质情况锯截成 2 ~ 8 m 的木段，则这些木段称为原木。因此，根据这三种产品形态，木材生产中将形成伐倒木生产过程、原条生产过程和原木生产过程三种。

从这三种木材生产过程看，整个木材生产过程基本上可分成木材加工过程和木材搬运过程。立木的伐倒、枝丫的打掉以及原条的截短等都是木材的加工过程，显示了木材产品在形状方面的改变；而木材的集中、运输、转运以及在转运中的装卸都属于木材搬运过程（或物流过程），只表明木材的位移或停留点的改变。

值得注意的是，在木材加工过程中会出现一些加工剩余物，如伐木中的树根（采伐后称为伐根）、打枝中的枝丫、造材中的截头和梢头等，常称之为采伐剩余物。我国是少林的国家，木材比较紧缺，因此采伐剩余物的生产（主要是收集、削片和搬运）就成为木材生产中的另一个分支的一项生产内容。

8.1.4　木材生产工艺

木材生产过程是由若干个作业工序组成的，这些作业工序能够连接成不同类型的流水作业线，分别适用不同条件的各种形式的森林资源基地。

工艺是指将原材料或半成品加工成产品的工作过程（工序）、机械设备、方法技术等的综合。

木材生产工艺就是选择木材生产的各环节（某一类型流水作业线的各工序），同时选用适宜的机械设备和技术，生产出木材（原木）产品的过程的综合。

木材生产工艺类型的选择，力求合理衔接各工序，协调各工序间配合，在投资少、效率高、周期短和成本低的条件下选用合适的机械设备，采用适合的技术，完成原木产品的生产活动。这里主要介绍木材生产过程（工序）。

8.1.4.1　木材生产的产品形态

如前所属述，木材采运生产的产品具有三种形态，即伐倒木、原条和原木三种。立木伐倒后即为伐倒木形态。伐倒木经打枝便成为原条形态。由原条再经过造材加工便得到原木形态。伐倒木、原条是中间产品，原木是木材采运生产的产品。

8.1.4.2 木材生产基本工序

木材采运生产过程中有许多道工序，但其中有三个必需的基本工序，他们依次是采伐、打枝和造材，这三个工序可使产品改变形态，而其他工序不能使产品改变形态。

采伐只在伐区内进行。打枝工序的地点有两个：一是在伐区内树倒地处进行；二是在伐区装车场地进行，但我国打枝一般都是在树倒处进行。造材工序的地点有三个：一是在伐区内树倒地处进行；二是在伐区装车场地进行；三是在贮木场造材台进行。打枝与造材可在一起进行，也可分别于两处进行，但必须打枝在先，造材在后。

集材是指由伐区树倒处把木材搬运到伐区装车场或伐区推河场的作业过程。

运材是指由伐区装车场搬运木材到贮木场造材台卸车处或由推河场到出河场的作业。

8.1.4.3 木材生产工艺类型

目前，划分木材生产工艺类型是以集运材的产品形态为因子划分的。从集、运材的产品形态来看，主要工艺类型有3种：

(1)原木集材、原木运材生产工艺类型

这种类型须在立木伐倒后，就地进行打枝和造材，从而得到原木产品，然后在伐区内进行原木集材、原木装车和原木运材。

该类型的生产过程主要包括以下工序：伐木—打枝—造材—原木集材—清林—(归楞)—装车—原木运输—贮木场卸车—选材(分类)—归楞(入库)—装车(运往消费地)。

该类型特点：伐区内作业量大，采伐剩余物多，但原木体积小，易于搬、集、装和运输。

(2)原条集材、原木运材生产工艺类型

立木伐倒后，就地打枝，得到原条形态产品，伐区内原条集材，接着在伐区装车场进行造材，得到原木产品后进行装车或暂时归楞贮存。

该类型的生产过程主要包括以下工序：伐木—打枝—原条集材—清林—造材—(归楞)—装车—原木运输—贮木场卸车—选材(分类)—归楞—装车(运往消费地)。

该类型特点：能一定程度提高造材质量，提高木材利用率，同时要求装车场面积适当大些，除满足造材需要外，还需考虑到归楞的需要。

(3)原条集材、原条运材生产工艺类型

立木伐倒后，就地打枝得到原条形态产品，接着原条集材；进行原条运材至贮木场，在贮木场造材台上实施造材，从而得到原木产品。

该类型的生产过程主要包括以下工序：伐木—打枝—原条集材—清林—(归楞)—装车—原条运输—贮木场卸车—造材—选材(分类)—归楞—装车(运往消费地)。

该类型特点：生产周期快，伐区装车场面积较小，易实现机械化，有专职画线员工种，造材质量较高(细算)，出材率高，造材质量好，木材生产企业经济效益相对较好。

8.1.5　木材生产前的准备

从事木材生产的林业企业(林业局或林场)，在木材采伐前要进行伐前准备工作。伐前的准备是每年都要进行的，包括年伐区的划定、伐区生产工艺设计、申请办理采伐许可证、伐区拨交，然后进行伐区的工程设计和施工。

首先，木材生产企业要进行伐区生产工艺设计，其中包括采伐地点、采伐时间、采伐量、采伐方式、采伐强度、森林更新方式等内容。然后以此为依据，向政府资源管理部门申请办理采伐许可证，符合国家采伐规定的伐区生产工艺设计被批准后，由政府主管部门下发采伐许可证，林业企业依据采伐许可证连同批准的伐区生产工艺设计内容进行伐区工程方面的设计准备工作，按工程设计施工，这些工作准备就绪后，才能进行木材采伐活动。伐区工程方面的准备包括修道、建伐区装车场等。生产前具体的采伐设计包括作业天数、作业方式、机械配备、劳动组织等。

8.2 木材采伐

木材采伐是木材采伐运输生产的第一阶段，占据重要地位。木材采伐生产是在伐区进行，也称伐区生产。主要包括伐木、打枝、集材、清林、装车等基本作业工序。伐区是已确定要主伐的林分或正在采伐的林分。主伐过的林地称为采伐迹地。在实施采伐作业之前，木材采伐生产工艺设计中应首先确定采伐方式、采伐年龄、采伐对象和采伐量。同时，必须认识到木材采伐不仅是获取木材的手段，也事关森林生态环境状况、森林更新和森林的林木组成及质量状况，因此，它也是森林经营的重要手段。合理采伐主要体现在合理确定采伐方式、采伐时间、采伐量和采伐对象上，而且这些要素的合理确定又离不开森林经营单位的具体状况，因此特别强调因地制宜进行采伐。

8.2.1 采伐方式

采伐方式的确定必须考虑森林更新的要求，要充分利用森林资源，有利于水土保持，有利于木材生产。

森林采伐方式可分为两类：一类是经营性质的采伐，包括抚育采伐、卫生伐、林分改造伐和更新伐等；另一类是利用性的采伐（用材林），有皆伐、择伐和渐伐 3 种方式。用材林利用性的采伐也称作主伐。

(1) 皆伐

皆伐是指在一定的条件下，在极短的时间内（一般不超过 1 年），将伐区上的林分全部或几乎全部伐光的采伐方式。

按照伐区面积的大小，皆伐分为小面积皆伐和大面积皆伐两类。小面积皆伐又分为带状皆伐和块状皆伐。带状皆伐宽度一般不超过 50 ~ 150 m。块状皆伐面积一般不超过 5 hm^2。大面积皆伐伐区宽度在 250 m 以上。

实施皆伐的目的是要充分利用所有成熟的林木，更新和培育优良树种。由于皆伐后森林局部环境将趋于恶化，因此采取皆伐方式要特别慎重。

皆伐一般适合于成、过熟单层林，中、小径木又少的异龄林，或者是需要更新树种的林分，林地比较平缓，更新能跟得上采伐的林分。一般应实施小面积皆伐方式。

考虑环境因素，目前我国已很少采用皆伐方式采伐。

采用皆伐方式作业的采伐迹地主要采用人工更新办法恢复森林。

(2)择伐

择伐是指在林内每隔若干年采伐一次成熟林木或部分未成熟但应该采伐的立木,保留中幼龄林,使林分构成维持异龄状态的一种主伐方式。择伐又分为采育择伐(强度大一些)和经营择伐(强度小一些)两种。

择伐方式的主要优点在于有利于促进森林更新和森林永续利用。择伐方式适用于复层异龄林林分。

采育择伐与经营择伐这两种择伐方式的主要不同在于:经营择伐以提高森林生产力,维持森林环境和保持森林良好生长为目的,严格按"去大留小、去劣留优"的原则确定采伐木,努力使林分的林木年龄分配成平衡状态。而采育择伐是把获取木材和林木经营培育结合起来的一种采伐方式,不仅考虑木材生产需要,而且也考虑森林经营的需要。一般采伐量占林木总数的30%~40%。

择伐后的森林主要采取天然更新和人工促进天然更新的方法更新森林。

上面提到的"每隔若干年",就是指采伐周期,它与林型(树种组成的形式)和采伐强度有关,一般采取10年的较多。

(3)渐伐

渐伐是指将指定采伐区的成熟林木在1~2个龄级期内分2~4次伐完的主伐方式。

实施渐伐的主要优点在于能在数次采伐过程中,为林下更新创造条件,待成、过熟林全部采完后,林地上更新也全部完成了,并达到郁闭的状态。也就是在采伐大量成熟林木的同时,能发挥森林天然更新潜力,使更新紧跟采伐而完成,防止林地裸露。

渐伐适用于中小径木多的复层异龄林,或成、过熟单层林,天然更新容易,土层浅薄的林分。

渐伐的基本原则是首先每次采伐必须为更新创造条件。伐去非目的树种和病腐木、虫害木或其他品质不良的林木,保留有旺盛结实能力的林木,提供天然更新必需的种源。其次,要考虑到木材生产的需要,尽可能为社会提供必需的木材产品。

渐伐根据采伐具体次数不同,又分为四次渐伐和二次渐伐两种。

8.2.2 采伐年龄与采伐周期

森林采伐年龄是指作业级内的林分可以进行作业的最低年龄。

确定森林采伐年龄的基本依据是森林成熟的概念。有明确培育材种目标的用材林采伐年龄应以工艺成熟作为依据,一般用材林应以数量成熟作为确定森林采伐年龄的最低限度,自然成熟是确定采伐年龄的最高限度。采伐年龄一般按林分中主要(或优势)树种的数量成熟龄或工艺成熟龄确定。

具体而言在木材采伐实践中,针对某一林分采伐年龄,要考虑确定轮伐期。

轮伐期是一种生产经营周期,表示林木经过正常的生长发育到达可以采伐利用为止所需要的时间,即为实现永续利用,伐尽整个用材林经营单位内全部成熟用材林分之后,可以再次采伐成熟林分所需的时间。轮伐期包括培育、采伐和更新的全过程。

轮伐期的确定因采伐方式、经营单位生产力和龄级状况不同而不同。一般情况下,特别是纯林，轮伐期的计算公式如下：

$$u = a \pm v$$

式中　u——轮伐期；

　　　a——采伐年龄或成熟龄；

　　　v——更新期。

而对于异龄林，轮伐期称为择伐周期，也叫回归年。在择伐作业中如果只采伐某个径级以上的所有林木的作业方式称为径级择伐。径级择伐回归年计算公式为：

$$A = a \cdot n$$

式中　A——回归年；

　　　a——采伐林木的径级平均生长一个径级所需年数；

　　　n——采伐包括的径级数。

影响择伐周期的因素除了择伐强度、生长率外，树种特性、经营水平、立地条件也影响择伐周期的长短。

8.2.3　采伐量与限额采伐

合理确定采伐量，是实现森林资源长期经营、永续利用的关键问题。采伐量是指一个森林经营单位一年内所允许的理论主伐总量，单位是立方米（m^3）。年采伐量应与经营周期相适应。在一个经营周期内总采伐量不要大于总生长量。

目前我国林业部门为了严格控制森林采伐消耗量，采用限额采伐制度。确定采伐限额的依据是在较大的区域内生长量大于采伐量。采伐限额是国家为了严格控制森林资源消耗，对森林经营单位下达的年度采伐最高限量指标。采伐限额指标由各级政府主管部门的森林资源管理部门下达。

在我国森林采伐生产实践中，由于长时期的过量消耗，致使森林资源破坏严重，因此，实行限额采伐制度，从而采伐限额成为各森林经营单位年采伐量的最高限额，不得突破，这是确保森林得以休养生息、进而逐步恢复的关键。

8.2.4　伐区作业生产

木材采伐在明确了采伐方式、采伐年龄、采伐量等基本问题之后，便进入具体的采伐生产阶段，其主要工序有伐木、打枝、集材、伐区清理等。

8.2.4.1　伐木

伐木作业是木材采伐生产的第一步，其作业质量如何影响打枝、造材和集材等工序的生产效率，对保存伐区母树、幼树和幼苗以及提高森林资源利用率，都具重要影响作用。

对伐木作业的要求是要控制树木倒向；降低伐根；减少木材损伤；伐除劣质树；确保安全生产；保护幼树；有利于森林更新。

伐木工序的基本操作步骤是：

（1）判断树倒方向

树倒方向分为自然倒向和控制倒向。自然倒向是树木在自然条件下树木重心偏向一方形成的倒向。控制倒向是人为的令被伐树木倒向预定的方向。在多数情况下，两者是一致的，个别情况下，两者相反或相差一定距离。

选择控制倒向的基本原则是使伐倒木有利于集材和运材。因此，总的方向应与集材道成一定角度，一般是成 30°~45°角，梢头倒向集材道。

(2)清理场地、打通安全道

在伐木之前，要将伐区的挂枝、枯立木以及被伐木周围的藤条、灌木等进行清理，以确保树倒下时不会挂住。同时要打好安全道，以保证伐木工人在树倒下时及时并易于躲避。

(3)确定伐木顺序

应先伐集材道上的树木，从而给以后的伐木指出了树倒方位；其次伐集材道两侧的树木，应一侧一侧由装车场开始，由近及远采伐。

(4)锯下口

锯下口是为了有效地控制树倒方向，并能防止木材发生劈裂等安全伐木最基本措施之一。在树倒方向的那一侧锯下口，绝对禁止无下口伐木。下口的上限距地面的高度作为伐根高度，伐根愈低，伐木安全性越高，同时也节约木材。伐直立树时，下口深度应等于伐根直径的 1/4。伐倾斜树时，一般下口深度等于伐根直径的 1/3 或 1/4。

(5)锯上口

锯上口的位置要与下口上限相平，锯时一定留弦。上口位置一定要确定好，否则会发生危险，不好控制树倒方向或浪费木材。

(6)留弦和借向

伐木时，在树根处上口和锯下口之间留下一条不锯透的木材带，这条带叫做弦。留弦的目的是为安全生产、防止夹锯、延缓树倒时间。有了留弦，树倒时可延缓树倒时间，因为当留弦处的木材带断裂后，树木才会倒下。当木材带纤维发生断裂时，油锯手可以及时抽出油锯，迅速转入安全道。因此必须留弦伐木。

借向是借助于树木留弦上的木材纤维力和加楔支杆等外力，达到人为控制树倒方向的方法。借向是否成功，取决于借向角的大小，借向角就是树木自然倒向与预定倒向的夹角。借向角一般在 90°范围内有可能实现，45°以内比较可靠。借向的基本准则仍是安全生产，否则不采取借向。

伐木时，除了采用留弦借向和锯下口等方法外，还可使用锯楔和支杆等工具，协助伐木油锯手控制树倒方向。

(7)推树

锯完下口时，支杆就放在树木预倒方向对侧，然后锯上口，最后用支杆推树，完成控制树倒方向的任务。

我国伐木的主要机械是油锯。国外除了用油锯外，有采用伐木联合机械进行采伐作业的。

8.2.4.2 打枝

打枝是一项比较繁重的工作。打枝作业地点与所采用的生产工艺类型有关。当采用原条和原木集材工艺时，打枝作业在伐区采伐地点分散进行。

对于打枝作业的基本要求是：①树干上的全部枝丫要紧贴树干表面打平，不得深陷下去造成木材损伤，也不许留茬突起；②在梢头直径 6 cm 处截断。

打枝基本分两种：一种是人力打枝；另一种是油锯打枝。人力打枝所使用的主要工具是打枝斧，打枝方向应从根部向梢部进行，为避免树干受损伤，斧头砍出的方向应该与枝丫伸出的方向一致。特别粗大的枝丫，应使用油锯或手工锯锯断。油锯打枝其基本要求同于手工打枝。

8.2.4.3　集材

(1) 集材的概念

从伐木地点将木材汇集到运材道旁的装车场或装车楞场或水运推河场的作业称为集材。集材的作业地点仍在伐区。它是伐区木材生产过程中，任务最繁重，生产作业条件最恶劣，劳动强度最大，消耗最多的一道工序。在个别困难地段需采用几种集材方式，才能将木材由采伐地点集中到装车场地。

(2) 集材种类

按集材时使用的动力不同。可将集材划分为以下几种：

①拖拉机集材　是以各种类型、牌号的拖拉机为动力，行驶在伐区里载运或拖集木材至装车场或楞场或推河场的方式。

拖拉机集材的优点是：机动灵活，特别是在皆伐地区，拖拉机可开至伐倒木附近。不需架设辅助设施，转移方便，能从一地迅速转移到另一地，投入生产。既可以集原条、原木、伐倒木，又可以集伐区剩余物。拖拉机集材的缺点：运行时，易受地形和土壤承载能力的限制，坡度过大时，便不能使用。容易破坏地表和幼树，因此会带来对森林环境的不良影响。

拖拉机集材适应地势平坦丘陵型伐区，集材道最大坡度不能超过 21°。目前已很少使用。

②架空索道集材　是指在伐区里以绞盘机或拖拉机为动力，在钢索上牵引吊运跑车，沿钢索行走并吊运木材的一种集材方式。即是将一条承载索，用首部和尾部两个支架，或在中间增设多个支架架空起来，索上运行吊运车，以绞盘机或拖拉机为动力，吊运车先把承载索两侧一定区域内的木材拖集到索下面，然后使木材全起升或半起升，再沿着架空的承载索将木材运到装车场或装车楞场的一种集材方式。

架空索道集材一般需配有绞盘机、承载索、牵引索、起重索、吊运车、支架和一些辅助设备。

架空索道集材的优点：适用于各种采伐方式，能保护自然环境的良好状态；破坏地表轻，有利于水土保持和恢复森林；适应于高山陡坡、沟谷石塘、沼泽地等地带修建；对气候条件适应性强；能集各形态产品的木材，且能减少木材损失；架空索道集材时，两点间是直线集材，从而节省修建费用和运营费用，有较好的经济性能。架空索道集材的缺点：定向集材，缺少灵活性，索道集材只能在索道线路两侧一定区域内进行生产；索道的架设安装比较复杂，耗用工时较多。

架空索道集材适应的条件：适应坡度大，出材量大的伐区。

③畜力集材 以牛马为动力，牵引简易工具集运木材。常称牛马套子集材。这是一种比较传统的集材方式。

畜力集材的主要优点是：对林地破坏小，有利于对幼树的保护，作业灵活，可随意集材，不用修集材支道，成本较低。

畜力集材适宜于平坦或地形起伏不大的伐区。

随着森林资源的减少、伐区的分散、择伐比重的增加和对森林生态环境保护的重视，畜力集材已成为北方林区的主要集材方式之一。

④滑道集材 通过修筑下坡滑道，把木材置于滑道上，靠木材自身重力沿坡道滑行，将木材由高处滑放到低处，实现集材目的的一种集材方式。

根据修筑滑道所使用的材料，可分为木滑道、竹滑道、雪滑道、冰滑道、钢轨滑道等。这种集材方式，成本较低，但易损坏木材，并要求应有一定的适宜坡度才可使用。

8.2.4.4 伐区清理

伐区清理是指伐区采伐迹地的清理。通过伐区清理，一是可将有用的采伐剩余物运出伐区，提高木材综合利用率；二是即可减少森林火灾和病虫害的发生与蔓延，改善伐区卫生状况；三是提高天然下种成功率。

(1)清理对象

主要有立木(或称站杆)，倒木，伐木、造材中的剩余物，伐区中的灌木、藤条等。

(2)清理基本方法

有价值的要运出伐区利用，充分发挥其使用价值。如小径木、半截头材等。对于没有利用价值的，要就地处理。可以采用火烧法和堆腐法。火烧法只适用于没有幼树的伐区，在非防火季节进行。堆腐法是把无利用价值的枝丫，堆在水湿地，裸露岩地或集材道上，任其自然腐烂。还可以用散铺枝丫的方法，将枝丫比较均匀地散铺在地上，防止土壤干燥流失。

(3)清理时间

可分为集材前清理和集材后清理两种形式。多数采用集材后清理，最大优点是能保证清林质量能达到要求和标准。

8.2.4.5 伐区装车

(1)基本概念

伐区木材生产中最后一道工序为装车或推河。若与陆地运输相接称为装车，若与水上运输相衔接称为推河。无论是装车或推河均设在伐区内，设置的地点称为装车场、山上装车楞场或推河场。

装车场地有装车场和伐区装车楞场之分。装车场是在伐区内实行随集随装随运的衔接集材与运材的地点。伐区装车楞场是汇集从采伐地点集下来的木材，经贮存后转换成另一种搬运方式的场所。其作用在于保证运材能够常年不间断的均衡生产。

伐区装车楞场位置设置要适当，以便充分发挥集运材的机械效率。

（2）装车作业工艺过程

伐区装车有原条装车与原木装车之分，根据运材车辆又有汽车运材车和森铁台车之分。但对装车质量和装车工艺要求基本是一致的，一般需经铺车、捆木、拖载起升、放落摘钩等工艺过程。

（3）对装车作业的基本要求

对装车作业的基本要求是：满载、快装、预装、稳定、平衡、不超载、不超长、不超高、不混装等。预装：是指提前装载运材车的挂车，等牵引车返回后，挂上牵引车直接运往贮木场的装车作业。

（4）装车所需主要设备

伐区装车机械种类基本上分为两类，一类为移动型装车设备，如汽车起重机、木材装载机等，这类设备可配合汽车运材，机动灵活；另一类是固定型装车设备，动力为绞盘机，由木架杆、爬杠、立柱及钢索滑轮系统组成，具有简单、适用、就地取材的特点，在林区应用很广。

8.2.4.6　伐区作业质量管理

伐区作业质量是反映林业企业经营方向、管理水平和生产能力的重要标志。伐区作业质量如何，直接影响森林的更新速度和恢复质量，进而影响到能否实现森林资源可持续经营与发展。

伐区作业质量管理包括伐区调查过程中的质量管理和伐区生产过程的质量管理。

伐区调查过程中的质量管理内容包括：检查是木材生产是否进行每伐调查，是否按调查设计规程进行调查，调查是否准确。力求做到每伐调查，摸清资源底数，提供较准的树种与材种数据，从而编制出既科学又符合实际的伐区生产工艺设计，以确保木材生产计划、集材道、装车场以及所需各种设备计划的科学、有效。

伐区生产过程的质量管理：包括检查采伐方式设计是否合理，作业面积是否合乎规定，采伐强度是否符合要求，保留株数是否达到规定要求，限额采伐是否实现等。力求在采伐作业中，不出现折断、摔伤、劈裂等木材损伤；伐根高度符合要求。打枝时不出现损伤原木而降等，有价值的大枝丫都能运出伐区利用。在集材时，避免碰伤、拉断木材。在伐区清理时及时、干净、彻底。同时，尽量缩短木材在山上楞场存放的时间，防止贮存时间内木材发生变质降等事故。

8.3　木材运输

木材运输是将汇集到装车场或河边楞场的木材通过陆路或水陆联运的形式送到贮木场的作业。木材运输是林业企业木材生产过程中的有机组成部分，是与木材伐区生产相对应的采运生产的第二大阶段。属于企业内部运输。而木材运输还包括企业外部运输，即木材由贮木场运至消费地的作业，在此不研究这部分内容。

木材运输的主要任务是将伐区生产的木材和其他林产品转运到贮木场，同时还要担负起整个林区的营林、木材综合利用、多种经营、基本建设及林区人民的文教卫生、生活等运输任务。

　　木材运输在林业企业总投资和成本中，道路修筑和车辆购置费用约占总投资的30%～50%，而林业企业建成投产后，木材运输成本往往占木材总成本的30%～50%。由此可见，木材运输在木材生产中和整个林区经济活动中的重要地位和影响作用。

　　木材运输是木材生产作业中承上启下的重要中间环节。其主要特点是木材运输规模大、运距远、季节性强；运输对象长大、笨重；木材运输货流具有汇集性、重载下坡性；运材道路递增性、岔线的临时性等。在地形比较复杂的情况下，往往在一条运输线上会出现多种运输衔接方式。当前，我国以陆运为主，在陆运中又以汽运为主。

8.3.1　木材运输的类型及特点

　　就木材运输而言，基本可分为陆运和水运两种形式。一种为木材陆路运输，简称木材陆运；另一种为水路运输，简称木材水运。陆运又分为汽车公路运输和森林铁路运输。

　　(1)汽车公路运输

　　这是目前采用最为广泛的一种木材运输方式，同时它也是今后的发展方向。

　　汽车公路运输的主要优点是：爬坡能力强，适合于山岭、丘陵地区；公路修建速度快于森林铁路，同时，造价又低于森铁；汽车公路可以和地方公路形成统一路网，既方便木材生产，又方便林区人民生活的需要；汽车运材机动灵活，适应性很强。

　　汽车公路运输的缺点是：与森铁运输比，运量相对较小。

　　汽车公路运输适合于较近距离、少运量的运输。

　　(2)森林铁路运输

　　以运输木材为主要目的而建筑的铁路运输线为森林铁路。铁路运输属于陆路运输的一种形式。

　　森铁运输的主要优点是：受自然气候条件影响较小；森铁机车牵引力较大，所以运量较大。

　　森铁运输的缺点是：机动性能相对较差；铁路修建造价高，投资大。

　　森铁运输适合于大规模木材生产及远距离运输。

　　(3)水运

　　利用水路进行木材运输称为木材水运。木材水运在我国已有悠久历史。木材水运也是木材运输方式之一，与其他运输方式相比有以下特点。

　　水运主要优点：可以利用天然河流进行，基本建设投资少；运材成本低，一般仅是汽车运材成本的1/10～1/2；木材水运能力大；能源消耗少。

　　水运不足之处：木材水运运行速度慢，运向固定，无回空机能；作业季节性能强，木材损失大。

　　木材水运适合于水资源丰富的地区。从发展趋势看，由于河流综合利用设施如水坝、电站等的增加，水运在不断减少。

　　综合上述各种形式，在进行运输方式选择时应突出技术上先进、经济上合理、适用的类型。

8.3.2　林区道路网

木材运输尤其是陆路运输作业离不开道路的建设。林区道路网不仅是木材运输中最关键的基础设施，事实上它也是整个林区生产生活的主要基础。

8.3.2.1　林区道路网的基本组成

林区道路网是由林区公路、森林窄轨铁路的干线、支线和岔线所组成的。

林区公路是木材生产、综合利用、多种经营、护林防火以及林区其他运输的综合性运输道路。

林区公路是由路基、路面、排水沟以及桥梁和涵洞等组成。

林区公路等级是按地区和年运量来划分的。根据林区公路性质、年运量、运输类型及地形，林区公路一般分 4 级：一级林道，年运量大于 10×10^4 t；二级林道，年运量 $6 \times 10^4 \sim 10 \times 10^4$ t；三级林道，年运量 $2 \times 10^4 \sim 6 \times 10^4$ t；四级林道，运量 2×10^4 t 以下。$1 m^3$ 木材约 0.8 t 重。

林区道路要求路面有一定强度、防震性好、防水性好、平整度好、有一定粗糙度（重载下坡防滑）。为节省投资，在运输量少的林区可以修建单行道路。

林区窄轨铁路是林业企业木材生产、林业建设的综合性运输工具，是林区现代化交通运输工具之一。主要用于完成从山上装车场到贮木场间的木材运输以及林业企业内部的客货运输任务。但由于森铁运输投资较大，运营成本较高，同时我国大面积林区森林采伐量不断下降，林区窄轨铁路运输也呈下降趋势。

林区运材道路分为干线、支线和岔线。

林区道路干线是连接贮木场和各林场的林道。一般使用年限等于或大于企业全部经营时间的 2/3。干线在林道网中所占比例最小，约占 5% ~ 15%，但年运量最大，即通过的货流量最大，等级标准为一级、二级线路，永久使用，需要经常维护。干线对某个林区和林业局来讲，基本上是个常数。

林区道路支线是指林场到伐区的林道，连接干线与岔线。支线约占路网长度的15% ~ 50%，货流量介于干线、岔线之间。道路等级标准一般为三级线路，使用年限在 2 年以上（视生产任务而定），或小于企业经营年限的 1/3。

林区道路岔线是指伐区内部的林道（不包括集材道），是林道路网最末端的线路。岔线在林道网中占比重最大，约占 55% ~ 80%，货流量最小，一般为三、四级线路。使用年限少于 2 年，伐区采伐更新完转移即作废。

8.3.2.2　林道网密度

林道网密度是衡量林道状况的基本指标。同时由于林区拥有林道状况不仅反映道路的基本情况，而且是经营管理综合水平的体现，在其他条件类似情况下，林道合理密度即表示经营达到合理的水平，因此说，林道网密度是林业发展的经济指标。

林道网密度表示单位林地经营面积上林道的长度，其单位是 m/hm^2。

林道网密度分为两大类，基本林道网密度和伐区林道网密度。基本林道网密度包括国家林道网密度和林区林道网密度。

国家林道网密度是以全国总林业经营面积除在该面积内林道总长度的商，即

$$国家林道网密度 = \frac{林道总长度}{林业经营面积}$$

由这一指标可以看出某一国家的林业经营水平。

与国家林道网密度很类似的指标有林区林道网密度和林业局林道网密度。它们可分别反映出一定区域某林业局的经营水平。

伐区林道网密度是指单位面积伐区内拥有林道长度。即

$$伐区林道网密度 = \frac{伐区内所有林道长总和}{伐区总面积}$$

一般情况下，各国伐区林道网密度在 15 ~ 25 m/hm²。黑龙江省林区伐区林道网密度为 7 ~ 12 m/hm²。

8.3.2.3 高密度林道网在木材采运生产中的作用

①可以缩短集材距离，大幅度降低木材采运成本。

②为森林资源综合利用提供有利的运输条件。

③可以充分利用通用机械或农用机械，从而可以提高劳动生产率。

④为实现高度机械化和全盘机械化提供必不可少的道路基础。

可见高密度林道网对木材采运生产乃至森林经营有十分重要的作用。但是林道网高密度需很高造价，为此，应提倡密度适当。

8.4 贮木场作业生产

贮木场作业是林业局木材生产过程中继采伐运输之后的最后阶段。贮木场是集中接纳由伐区运下来的木材，经加工、贮存、保管，按销售合同拨付给用户，最终完成商品材生产的场所。贮木场一般由场地、木材产品、机械设备和建筑物、线路（木材到材线，装卸设备走行线，选材线，外部运输线，动力照明，防火道等）、劳动组织和组织机构等组成。贮木场位置一般较固定，应设置在交通比较方便的国家运输线路附近，如在国铁附近。

8.4.1 贮木场的任务和分类

8.4.1.1 贮木场任务

（1）完成商品木材的最终生产

木材经采伐、运输到贮木场之前基本上是半产品，到贮木场后还需经再加工，最终成为商品材。在加工中要尽量提高经济材出材率和木材利用率，提高产品的经济价值。

（2）对原木进行贮存、保管

原木一般在销售或加工前，需在贮木场贮存一段时期，这期间要负责保管木材以避免木材变质降等；防止木材丢失；并要按等级、树种、材长等合理堆放，防止混楞。

（3）按市场需要销售木材

在计划经济时期，木材是按国家计划调运。在市场经济条件下，贮木场则是与木材消费者或经销单位直接相接的部门。主要是根据需材单位的需求，供应木材产品。这是必不可少的中间环节。

可见，贮木场的基本作用是联结木材生产与销售环节，是木材销售的集中贮存地。

8.4.1.2　贮木场分类

贮木场按不同标准可以有不同分类。

（1）按年运量大小划分

①大型贮木场　年产量 30×10^4 m³ 以上；

②中型贮木场　年产量 $10 \times 10^4 \sim 30 \times 10^4$ m³；

③小型贮木场　年产量 10×10^4 m³ 以下。

（2）按内外运输方式分

①陆运贮木场　内外部运输均为陆运；

②水运贮木场　内外部运输有一种为水运。

（3）按专业化比重分

贮木场专业化比重就是贮木场的木材原料向就地加工企业供应量占贮木场木材总产量的百分比。

①专业化贮木场　专业化比重达 80% 以上。其特点是生产单纯，产品品种规格少，原木库存少，场地集中，便于实现贮木场全盘机械化和自动化。

②非专业化贮木场　专业化比重小于 30%，此类贮木场主要起木材贮存和转运作用。特点是材种全，品种多，库存和运转量大，较难实现机械化和自动化。

③半专业化贮木场　专业化比重在 30%~80% 之间。其特点是材种不算多，场地不算大，生产比较集中，为实现机械化和自动化提供了较好的基础条件。

在我国贮木场中多数属于非专业化贮木场。

8.4.2　贮木场的生产方式

贮木场的生产方式包括机械化生产方式、全盘机械化生产方式和自动化生产方式 3 种。

（1）机械化生产方式

贮木场机械化生产方式是指贮木场各个主要生产工序基本上都采用机械手段来完成。机械化程度通常用机械化比重来衡量。机械化比重即在木材生产过程中所使用机械完成的产量与总产量之比。

我国林区的贮木场一般都实现了机械化，机械化生产一般在 70%~80% 以上。

（2）全盘机械化生产方式

是指在生产过程中，一切生产性的活动均由机械来完成。一般用全盘机械化比重来衡量全盘机械化的程度。

全盘机械化比重等于生产过程中从事机械操作的工人数与从事此作业的全部生产工人

数的百分比。

在我国木材生产中，全盘机械化水平还很低，尚需进一步提高。

（3）自动化生产方式

是指全部的生产过程由一系列的机械和设备配合运作，并按一定程序进行自动控制与操作。工人只对仪表和生产过程进行监督和调节。在我国还没有发展到自动化的程度。

8.4.3 贮木场生产工艺过程

贮木场生产工艺过程是指到达贮木场的半产品，要经过一系列不同的生产工序或生产工艺过程后，才能完成商品材的最终生产。由于贮木场类型和贮木场生产方式的不同，贮木场产品生产工艺过程也有所差异。

当原木到材时，其生产工艺过程为：卸车→选材→归楞→装车。

当原条到材时，其生产工艺过程为：卸车→造材→选材→归楞→装车。

可见，贮木场生产工艺基本包括了卸车、造材、选材、归楞和装车。

（1）卸车作业

卸车是贮木场生产的首道工序。关键是要求有效的卸车方法和设备，实现运材车辆随到随卸，不发生车辆积压，提高车辆周转率。

较常见的卸车方法有兜卸和提卸两种。兜卸法就是利用绞盘机、兜卸架杆、卸车台和钢索导绕系统，首先将满载木材的车辆驶到一付架杆前，将兜卸索绕过车下木捆底部，并挂在起重吊钩上，然后打开车立柱开动绞盘机，木捆起升至兜出车辆，卸到卸车台（造材台）上。提卸法就是将木捆用捆木索或抓具吊起在空中进行搬运，最后卸到卸车台上的方法。这种方法作业时木捆起落和搬运都较平稳，卸落后的木捆也较规整，便于散捆作业。常用的提卸机械有缆索起重机、龙门起重机、卸车桥等。

（2）造材作业

将原条按国家规定的材质标准和材种规格锯截出不同品种的原木的生产过程称造材作业。

造材用机械一般分为链锯、圆锯和刀锯3种。链锯有移动式和固定式的；圆锯和刀锯基本为固定式。因此，造材方式分为移动式和固定式两种。

造材作业的基本原则是：充分利用资源，做到材尽其用；根据用户要求生产木材品种；努力提高经济材出材率和等级率。

造材作业的具体步骤包括：先由量材员量材，再由造材工实施造材。量材是基础工序，它影响造材质量和出材率高低。量材员要做到5个步骤：看、敲、量、算、划。量材一般从木材根部向梢部丈量，量材设计可采取墩根、剔材、甩弯的方法提高造材质量。

（3）选材作业

木材经造材后，在销售之前，必须进行分类，这种分类过程即为选材。

木材生产部门基本上把原木按材种、树种、材长、径级和等级进行分类选材。选材作业基本分两种方式，一种是动力平车选材；另一种是纵向输送机选材。

（4）归装作业

归装作业是归楞、装车作业的统称。

归楞作业是把分选到楞头的原木，按国家规定的原木分级归楞的办法，利用起重机械设备，将原木从选材线旁搬运到楞堆上。

归楞作业要求：楞头端面一头整齐，楞间距 1.5 ~ 2m；短材楞高不超过 4m，长材楞高不超过 8m。

装车是按销售合同和装车技术要求用起重机从楞堆上将原木装到铁路车辆上（或汽车上）的作业过程。

归楞和装车作业过程相似，可以采用同一种机械来完成归楞和装车两道工序。

用于贮木场归装作业的机械设备类型较多，但从方法上看可分为 3 种形式：拖式、提式和举式。拖式的有架杆绞盘机；提式的有缆索起重机、塔式起重机及装卸桥等。

思考题

1. 简述木材生产的特点。
2. 木材生产工艺类型是如何分类的？简述每种木材生产工艺类型的生产过程。
3. 森林采伐方式有哪些？各种方式适用条件是什么？
4. 采伐作业的步骤是什么？
5. 打枝的要求是什么？
6. 集材的种类有哪些？
7. 木材运输的类型有哪些？
8. 林区道路网的概念是什么？林区运材道路的干线、支线和岔线是如何划分的？
9. 贮木场的主要任务是什么？贮木场是如何分类的？
10. 造材和选材是指什么？选材按分类有哪些？

第 **9** 章

木材基础知识

9.1 木材特性与构造

9.1.1 树木组成

树木由树根、树干和树冠三部分组成。

(1) 树根

树根是树木的地下部分，其功能是从土壤中吸收水分和溶于水分中的矿物质供给树干和树冠，并支持树木于地面上。树根占立木体积的 5%~25%。

(2) 树冠

树冠是树枝和树叶的总称。树叶的功能是把树根吸收的水分和矿物质以及从空气中吸收的二氧化碳，通过光合作用产生出的营养物质供树木生长之用，并进行呼吸和蒸发。树冠占立木体积的 5%~25%。

(3) 树干

树干是树木的主体部分。它的功能是把树根从土壤中吸收的养分由树木边材输送到树冠，把叶子产生的养分通过树木韧皮输送到树木的各个部分。树干除上下输送养分外，还贮藏营养物质和支持树冠。树干占立木体积的 50%~90%。

树冠的部分的木材有活节子；树中间部分的木材有死节子；树下部分是比较好的无节子木材。在木材利用方面应充分利用好材，争取全树利用。

9.1.2 树干的构造

从树干横切面上看，树干可分为树皮、形成层、木质部和髓四个部分。

(1) 树皮

树木形成层的以外部分统称为树皮。树皮分内皮和外皮两部分。内皮位于树皮内层，内皮细胞有生活机能；外皮位于树皮外层，外皮细胞已死亡。观察树皮的横断面，就可看出内外皮的质地和颜色是有区别的。内皮色浅，质地软；外皮色深，质地硬。树皮的功能是输送叶子制造养分的下降通道作用。树皮可以贮藏养分，也是树木的保护层，防止树木的生活组织不受外界环境的影响和损伤。可见在树木生长时期，保护树皮是很重要的。

树皮的结构、开裂情况、剥落类型、颜色随树种不同而有区别。树皮是现场识别树种的重要依据之一。

（2）形成层

形成层是由具有分生机能的原始细胞组成的。它位于树皮与木质部之间，包围着整个树干、树枝和树根的木质部。到了秋冬季节，形成层的原始细胞停止发育，进行休眠。至翌年春季，随着树液的流动，原始细胞得到了水分和营养便开始发育，不断进行分生活动，向内分生木质部，向外分生韧皮部。但在分生过程中木质部永远多于韧皮部。木质部的增加构成了木材本身，韧皮部的增加产生了新的树皮。

（3）木质部

木质部位于形成层和髓之间，为树干的主要部分。木质部可分为初生木质部和次生木质部。初生木质部起源于顶端分生组织，它围绕在髓的周围，它的量极少。次生木质部是由形成层分生的，它构成了木质部的绝大部分。在立木时期，木质部的功用为输导和贮藏养分。木质部就是人们利用树木的主要部分。木材是指树干和较大树枝的木质部分。

（4）髓

髓一般位于树干的中心，髓与第一年生的初生木质部构成髓心。由于树木受外界条件的影响，髓往往是偏心的。髓是一种柔软的薄壁细胞组织，它的强度低，易开裂，在木材利用上价值不大。

髓的大小和形状、颜色因树种而异，有助于木材识别。在树干横切面上，大多数树种的髓呈圆形或椭圆形。

针叶树材的髓心大小相差不多，直径约为 3～5 mm。阔叶树材的髓心差别较大，有的很小，有的很大，如泡桐髓心直径可达 10 mm 以上。

9.1.3　木材的宏观构造特征

木材是一种有机物质，它的构造复杂，但也有一定的特性和规律，不同树种的木材既有共同的属性，又有各自的特征。木材的构造特征，按其观察层次不同，分为宏观特征、微观特征和超微特征。

在肉眼或放大镜（10 倍）下可以观察到的木材构造的特征，称为宏观特征或粗视特征。这里仅重点介绍用肉眼可以看到的木材宏观特征。

能反映木材特征的最有代表性的三个切面是横切面、弦切面和径切面。横切面是与树干纵轴相垂直的切面；径切面是通过髓心沿树干方向的纵向切面；弦切面是顺树干方向与年轮相切的纵向切面。

在不同的切面上，木材细胞组织的形状、大小和排列方式是不同的。木材的物理、力学性能在三个切面上也存在着差异。

在横切面上可看到年轮、木射线、髓心等木材组织；在径切面上可看到年轮、木射线、髓心等木材组织；在弦切面上可看到年轮呈 UV 形峰状，花纹美丽。

（1）生长轮、早材和晚材

在横切面上，可以看到围绕髓心呈同心圆的木质层，它是每个生长周期所形成的木材，称为生长轮。温带和寒带的树木，一年仅有一个生长期，一年仅有一个轮层，故称它为年轮；热带和亚热带的树木，一年之内往往有两个或两个以上的生长期，一年可以形成多个生长轮。

生长轮在横切面上呈同心圆状；在径切面上呈平行条状；在弦切面上呈"U"形或"V"形的花纹。

在每个生长轮内，靠近髓心部分材色浅、材质软、组织松，在生长期早期形成的木材称为早材；靠近树皮部分材色深、材质硬、组织密，在生长期晚期形成的木材，称为晚材。早材至晚材的转变，有缓有急，不同树种差异较大，对识别木材有很大帮助。

不同树种的树木，其年生长量不同，年轮的宽度也不同。根据年轮的宽度、早材至晚材的转变，可以推测树木的生产情况，帮助识别木材。

（2）边材与心材

在树木的横切面上可以看到，树干中心部分材色较深，称为心材，靠近树皮部分材色较浅，称为边材。心材是由原为边材的活细胞组织经过径生长后转变为死细胞形成的，它的颜色变深、密度增大、硬度增加、水分减少、力学强度和耐腐性也提高。因此，心材与边材的物理、力学性能存在着一定的差别。根据木材的心材与边材区别是否明显，木材可分为显心材、隐心材和伪心材。

（3）管孔

在阔叶树材的横切面上，用肉眼或放大镜可以观察到有许多孔穴，它就是管孔的横切面。在纵切面上管孔呈细沟状，称为导管槽。管孔是阔叶树材的输导组织，是区别于针叶树材的重要构造特征，故称阔叶树材为有孔材，针叶树材没有管孔，故称为无孔材。

管孔分子是细胞，它有大有小。大孔肉眼可见，小孔用放大镜可观察到。根据管孔在一个生长轮内的分布情况，阔叶树材可分为环孔材、散孔材和半环孔材。管孔的分布、组合、排列等对阔叶树材的识别很重要。管孔使阔叶树材具有花纹。

（4）木射线

在木材横切面上，可以看到许多颜色较浅的细线条，从髓心向树皮呈辐射状而与生长轮垂直的组织，称为木射线。木射线是树木唯一的横向组织，由薄壁细胞组成，具有径向输送和贮藏养料的作用。

根据木射线的宽度，可将它分成三类：宽木射线、窄木射线和极窄木射线。宽木射线肉眼可见，一般宽度大于 0.1mm；窄木射线肉眼可见，但不明显；极窄木射线肉眼不易看见。

木射线的高度、宽度、疏密度等是识别木材的特征之一。

木射线也是木材构成美丽花纹的原因之一。具有较宽木射线的木材，适用于制造家具和进行木制品表面装饰。木射线由薄壁细胞组成，强度较低，木材干燥时易开裂，会降低木材的使用价值。

（5）胞间道

胞间道是由分泌细胞围绕而成的长形胞间空隙，并非胞腔连接成的管道。针叶树材贮藏树脂的称为树脂道；阔叶树材贮藏树胶的称为树胶道。胞间道有轴向和径向两种，且有时互相连接，构成网系。但也有的树种只有一种胞间道。

（6）结构、纹理和花纹

结构指木材各种细胞的大小和差异的程度。纹理指木材细胞（纤维、导管、管胞等）排列的方向。花纹是木材表面因生长轮、木射线、薄壁组织、材色、节疤、纹理等而形成的花色图案。花纹与木材构造有密切关系，能帮助识别木材。

（7）材色与光泽

材色指木材的颜色。木材的颜色是由于细胞腔内含有各种色素、树脂、树胶、单宁及其他氧化物，或这些物质渗透到细胞壁中而使木材呈各种颜色。树种不同，木材的颜色也有所不同。

光泽是指木材对光线反射与吸收的程度。有的木材光泽很好，如云杉；有的则几乎没有光泽，如冷杉。光泽可以作为识别木材的辅助特征。在木制品的表面处理时，要求具有较好的光泽，以增加其美感。

（8）气味与滋味

木材的气味是细胞腔内含有各种挥发性物质以及单宁、树脂、树胶等物质而散发出来的。生材的气味较浓，随着存放时间的延长而逐渐消退。如松木有松脂气味，香樟有樟脑气味，红椿有清香味等。

木材的滋味是渗入细胞壁或细胞腔内的可溶性沉积物产生的。边材的滋味比心材大。例如，苦木、黄连木、黄波罗带苦味，栗木、栎木带涩味，糖槭带甜味。

木材的气味与滋味不仅在木材识别上有意义，而且在利用上也有意义。例如，香樟可以提取樟脑，樟木板可制作箱子；枫香没有气味，是茶品和食品包装的好材料。

9.1.4　木材的特性

木材是一种植物有机材料，是指树干和较大树枝的木质部分，具有特殊的属性，且不同树种差异悬殊。

（1）木材的优点

作为建筑材料和工业原料，木材的主要优点是：

①材质轻、强度高　材料强度与其密度的比值，木材要高于低碳钢。

②易于加工，容易联接　木材可以用机械或手工工具加工成各种型体，也可以进行弯曲、压缩、旋切等加工；可以以各种形式的榫结合，也可以用钉子、螺钉、各种连接件及胶黏剂与其他构件结合。

③木材有美丽的纹理，色泽鲜艳　木材具有天然的纹理、色泽，可以加工成美丽的花纹图案，是一种较好的装饰材料。

④木材容易解离　采伐剩余物和加工剩余物可以用机械的方法打碎或进一步分离纤维，然后再胶压，生产各种人造板；木纤维还可以制浆，用作造纸或生产人造纤维。木材还可以水解或热解，制成多种化工产品。

⑤木材具有弹性和绝缘性　大多数木材机械压有弹性。干燥的木材的导热性、导电性、传声性都比较小。

（2）木材的缺点

木材的主要缺点是：

①容易发生腐朽和虫蛀　腐朽和虫蛀会影响木材的利用。

②干缩、湿胀、各向异性　当周围环境的温度和湿度变化时，木材会发生干缩湿胀现象，若保管和处理不善，木材就会发生变形、开裂，降低其使用价值。木材在不同方向上的构造、物理和力学性能不同，表现为木材的各向异性，加工木材时必须注意。

③易于燃烧　薄木片或刨花更易点燃，从而易引发火灾。

④具有天然缺陷　木材缺陷种类很多，如节子、弯曲等影响木材利用。

⑤其他　树木生长缓慢，宽度受直径限制。

森林资源是珍贵的自然资源，应注意爱惜、节约木材，充分利用其优点，尽量克服其缺点，做到材尽其用，综合利用，提高木材的利用率。

9.2 木材的基本性质

9.2.1 木材的化学组成

9.2.1.1 组成木材的元素

构成木材细胞的有机成分在细胞壁中主要由高分子化合物的纤维素、半纤维素、木素等构成，它们是木材组成的主要物质。此外，在细胞腔内含有相对分子质量较低的浸提物质，如单宁、树脂、树胶、色素、挥发性油类等。

一般而言，针、阔叶材纤维素含量无明显差别，但针叶材木素含量高于阔叶材，阔叶材半纤维素含量高于针叶材。

9.2.1.2 木材中各有机成分的一般化学性质

（1）纤维素

纤维素是木材细胞的主要物质，其含量占42%以上，是木材的骨架物质。纤维素的结构是由许多葡萄糖单体结合形成的长链状高分子有机化合物。分子式可用$(C_6H_{10}O_5)_n$表示，其中n为聚合度，天然纤维素的n约等于7 000～10 000。纤维素本身为白色，无味，相对体积质量为1.52～1.56，比热容为0.32～0.33。纤维素能吸收空气中的水分，吸湿时，横向发生膨胀；水分蒸发时，横向发生收缩。纤维素的化学性质比较稳定，不溶于水、稀酸、稀碱和一般有机溶剂，但它能溶于强酸、氢氧化铜铵和浓氯化锌溶液。当纤维素溶解于有机溶剂中，可用来制作人造丝、塑料、涂料等。

（2）半纤维素

半纤维素也是木材细胞的主要物质，其含量占绝干材重的20%～35%。半纤维素是由几种不同单糖和糖醛酸聚合形成的复杂多糖的混合物，相对分子质量较低，平均聚合度近200。

半纤维素和纤维素性质相似，也可以在适当的条件下发生水解、热解、吸水膨胀。但半纤维素的化学稳定性较小，在酸的作用下容易水解成多种单糖，如葡萄糖、半乳糖等。这些单糖用途广泛，可以制酒精、糠醛、木糖饲料和饲料酵母。

在造纸工业中，半纤维素可以提高纸的强度和结合力。

(3)木素

木素含量一般为 15%～35%，针叶树材的木素含量略高于阔叶树材。木素不是碳水化合物，而是属于芳香族的天然高分子化合物。

木素的化学稳定性较差，可以被溴化、氯化和氧化；热碱和木素作用可以生成碱木素；强酸作用于木素时，木素可被分离出来。

木素的用途广泛，可以提炼出香草素，可以做填充料、塑料、染料、燃料、绝缘材料、防腐剂、活性炭等。

(4)浸提物质

凡是可以用水、酒精、苯、乙醚等中性溶剂从木材中萃取，或用水蒸气蒸馏出来的物质，称为浸提物质，简称浸提物。浸提物包括单宁、树脂、树胶、色素、香精油和生物碱等。浸提物不但有特殊的经济价值，而且与木材的物理性质、加工工艺及耐久性有着密切的关系。

9.2.2　木材的物理性质

木材的物理性质是指在不破坏木材试样完整性和不改变其化学成分的条件下，测得的木材性质。主要包括木材中的水分、干缩和湿胀、密度、导热性、导电性等。

9.2.2.1　木材中的水分

木材是一种多孔性物质，在孔隙内存在着水分。

(1)木材含水率及其测定

木材含水率是木材中所含水分质量与木材全干质量的百分比。通常以它来说明木材的干湿程度。即

$$W = \frac{G_q - G_h}{G_h} \times 100\%$$

式中　W——木材(试样)含水率，%；

　　　G_q——湿木材(试样)的质量，g；

　　　G_h——全干材(试样)的质量，g。

用烘干法测定木材含水率比较准确。木材含水率还可用电测法估测。

木材的用途不同，对含水率的要求也不同。例如，枕木、建筑用材要求要气干；车辆材含水率要达 12%；家具材 10%～12%；乐器材 3%～6%。

(2)木材中水分存在的状态

水分在木材中存在的主要形式有两种：自由水和结合水。

①自由水　呈自由状态存在于细胞腔和细胞间隙中的水分，也称游离水或毛细管水。自由水吸附力弱，容易除去。它的增减不会引起木材尺寸的改变。

②结合水 呈吸附状态存在于细胞壁内的水分，也称吸附水或胞壁水。结合水吸附力强，不易除去。结合水含量为全干材的 30% 左右。结合水的增减会使木材发生干缩和湿胀。

自由水和结合水并没有成分上的差异，仅是在细胞中的存在地点、存在状态、吸附力强弱、是否容易除去不同而已。

(3) 纤维饱和点

木材干燥时，首先蒸发的是自由水。当自由水蒸发完毕，而结合水呈饱和状态时即将开始蒸发的瞬间木材含水率（或木材干湿程度）称为纤维饱和点。纤维饱和点含水率依气候条件不同而在 23% ~33% 之间变化。通常按 30% 计算。

自由水的存在和数量增减，只对木材的重量、燃烧值、干燥快慢和渗透有影响。结合水数量的增减，将极大地影响到木材的物理性质，所以，纤维饱和点是木材材性变异的转折点。如果木材含水率大于纤维饱和点时，木材的体积不变、木材强度近于常数，导电性不变；反之，如果木材的含水率低于纤维饱和点时，木材体积收缩，强度增强，导电性减弱。因此，纤维饱和点对木材材性影响具有重要意义。

(4) 平衡含水率

木材置于大气中，其水分随大气的相对湿度和温度的变化而变化。干的木材能从空气中吸收水分，这种现象称为吸湿；反之，湿的木材的水分会自动蒸发到大气中去，这种现象称为解吸。

当木材长时间暴露在一定温度和湿度的空气中，最后达到蒸发和吸收水分的速度相等，木材含水处于动态平衡状态，此时木材含水率称为平衡含水率，它与一定的外界温度、湿度相对应。

由于木材的吸湿和解吸的影响会造成木材体积的收缩与膨胀和力学强度的变化，因此，应使加工利用的木材含水率接近于该地区的平衡含水率。用自然干燥方法，使含水率接近于平衡含水率的木材称为气干材。气干材含水率一般在 15% 左右。

9.2.2.2 木材的干缩与湿胀

当木材含水率低于纤维饱和点时，水分的减少会伴随着形体收缩，这种现象称为干缩；反之，水分增加也会伴随形体膨胀，这种现象称为湿胀。同一种木材所产生的干缩和湿胀程度非常接近，但通常是干缩程度比湿胀程度大些。

因木材纹理方向不同，其缩胀程度在各方向上也是不同的。干缩或湿胀的尺寸以弦向最大，平均为 6% ~12%；径向次之，为 3% ~6%；纵向最小，为 0.1% ~0.2%。木材的树种不同，其缩胀程度也不同，一般针叶树材小于阔叶树材；阔叶树材中的软材小于硬材；在含水率相同的条件下，密度大的横向缩胀也大。

木材缩胀在各方向上的差异，使得木制品尺寸不稳定，常常引起变形或开裂，严重地影响了木制品的质量和木材的利用价值，为此，必须降低或消除木材的缩胀。减少木材干缩和湿胀的主要方法有：利用径切板、合木、胶合板，经高温干燥、油漆，用合成树脂、化学药剂等处理木材。

9.2.2.3　木材的密度

木材密度是指单位体积木材的质量。木材密度与其含水率紧密相关，常用的表示方法有气干密度和基本密度。

气干密度 ρ_d 是气干材质量 M_d 与气干材的体积 V_q 之比，即

$$\rho_d = \frac{M_d}{V_q}$$

基本密度 ρ_j 是全干材的质量 M_0 与生材体积 V_m 之比，即

$$\rho_j = \frac{M_0}{V_m}$$

由于基本密度的测定比较准确，因此，在科学试验和木材质量评定中常用它作材性指标；而生产上多采用标准气干密度，我国规定以含水率15%作为气干材的标准含水率。

影响木材密度的主要因素有树种、含水率、年轮宽度与晚材率及树干部位等。

木材密度因树种不同而异，即使同一树种的木材，产地、立地条件、树龄不同，其密度也是有差异的。

同一棵树的不同部位的木材密度也有差异，一般基部大，干部次之，梢端再次之，根部最轻。一般年轮宽的，晚材率小，木材密度小；一般晚材密度是早材的 3 倍。

含水率是影响木材密度的主要因素，一般呈比例增减。

木材密度不仅可帮助识别木材，且与其物理、力学性质关系密切。如一般在含水率相同的情况下，木材密度大，则强度大。木材密度是选择用材的重要依据，如飞机用材要求密度小而强度高且有韧性。木材密度大小还影响着木材生产的组织管理，如集、装、卸设备的选型，运输方式的选择等。

9.2.2.4　木材的导热、导电及传声

全干木材为热、电、声的不良导体，这在木材利用上占有重要地位。

(1) 木材的比热容

单位质量(1 kg)的木材温度升高 1 开尔文时所需的热量，称为该木材的比热容 (J/kg·K)。木材的比热容要比金属大得多。

(2) 木材的导热性

木材内部孔隙多且充满空气，所以木材是热的不良导体，即导热性较小。木材的导热性大小与密度、含水率和纹理方向有关。

(3) 木材的导电性

木材在全干状态或含水率极低时，可看成是电的绝缘体。随着含水率的增大，导电性能随之增强。当木材含水率大于纤维饱和点时，含水率增大，导电性增加却很小。用石蜡、人造树脂、变压器油等浸注木材，可以提高木材的绝缘性能。

(4) 木材的传声性

传声性以传播声音的速度来表示。木材的传声速度比空气快，但比金属小得多。木材是一种良好的隔声材料。在房屋建筑中，常被用来隔绝噪声和振动声。木材的传声性与密度、含水率和纹理等有关，即木材的密度越大，含水率越高，其传声性越小；顺纹传声性

最大，径向次之，弦向最小。

9.2.3 木材的力学性质

木材构件受外力作用，形状和大小发生了改变称为变形。木材的力学性质即指木材抵抗外力作用的性能，包括木材的强度、刚性、硬度及木材的工艺力学性质等。由于各方向上木材结构和组成成分的不同，因而木材是各向异性的材料。

了解和掌握木材的力学性质，有利于木材的合理加工和利用。

(1)木材的强度

木材抵抗外部机械力破坏的能力称为木材的强度。它与基本受力与变形形式相对应，也具有4种基本类型：抗压(拉)强度、抗剪强度、抗弯强度、抗扭强度。

木材抗压(拉)强度是指木材抵抗压缩(拉伸)变形的能力。木材抗剪强度是指木材抵抗剪切变形的能力。木材抗弯强度是指木材抵抗弯曲变形的能力，是重要的木材力学性能之一。木材抗扭强度指木材抵抗扭转变形的能力，木材抗扭强度不大。

(2)木材的韧性和硬度

①木材的冲击韧性　木材抵抗突然载荷或冲击的能力。它是用试件弯曲破坏时所消耗的功(焦耳)来表示的，消耗的功越大表示木材的韧性越大，而脆性越小。

②木材的硬度　木材抵抗其他物体(刚体)压入的能力。常被用来表示木材的抗磨、抗切削的性质。

(3)木材的工艺力学性质

木材的工艺力学性质包括抗劈性、握钉性等，它们在木材加工过程中具有直接的意义。

①抗劈力　木材抵抗沿纹理方向劈开的能力，表现在尖楔作用下顺纹裂开的难易程度。木材的抗劈力因密度和构造不同而异。

②握钉力　木材对钉入的钉或拧入的木螺丝的夹持能力，即木材与钉子之间的摩擦力。木材握钉力的大小与树种、纹理方向、含水率、密度等因素有关。

不同木材产品需要的力学性质不同，了解和掌握木材力学性质，有利于合理加工利用木材，充分发挥木材的优良特性。例如，包装箱要求握钉性强的木材、体育用跳板需冲击韧性高的木材、矿柱材需抗压强度高的木材等。在利用木材时，需要了解木材性质的可以通过查看《木材手册》。

9.3 木材的主要缺陷

9.3.1 木材缺陷及分类

9.3.1.1 木材缺陷的概念

木材在生长、生产、加工及贮存保管过程中，由于受到生理的、病理的或人为的影响，使其造成损伤和毛病的现象称为木材缺陷。木材的缺陷改变了木材的正常性能，降低了木材质量、木材的利用率和使用价值。

木材缺陷有些是天然性的缺陷，有些是后天性的缺陷。天然性的缺陷如纹理倾斜、偏髓心、节子、油眼、尖削度不同、自然弯曲等。后天性缺陷又分为干燥缺陷、加工缺陷和生物危害造成的缺陷。干燥缺陷如开裂、变形等；加工缺陷如起毛、起皱、钝棱、波浪纹等；生物危害造成的缺陷如病虫害引起的缺陷、腐朽、虫眼，变色等。

9.3.1.2 木材缺陷的分类

根据国家木材标准，木材缺陷共分 10 大类，每种缺陷都有各自的表现形式。

(1) 节子

节子是指包入树干或主枝木材中的活枝条或枯死枝条部分。

节子可以分成以下几种类型：

①按节子材质及其与周围木材连生的程度，可分为活节、死节和漏节 3 种。活节由树木的活枝条所形成。死节由树木枯死枝条所形成。死节与周围木材局部或全部脱离。漏节指不但节子本身的本质已经腐朽，而且蔓延到树干内部，引起木材内部腐朽。

②按节子的断面形态，可分为圆形节、条状节、掌状节 3 种。

③按节子在树干上的分布位置，可分为散生节、轮生节 2 种。

此外，按节子在锯材面上的位置，可分为材面节、材边节、材棱节、贯通节 4 种。

(2) 变色

凡是木材正常颜色发生改变的，都叫作变色。变色可以分为化学变色和真菌性变色两种。化学变色：伐倒木由于化学和生物化学的反应过程而引起浅棕红色、褐色或橙黄色等不正常的变色，即为化学变色。其颜色一般都比较均匀，且分布仅限于表层（深达 1 ~ 5 mm），干燥后即褪色变淡。真菌性变色：木材因真菌的侵入而引起的变色，即为真菌性变色。真菌性变色主要可分为霉菌变色、变色菌变色、腐朽菌变色 3 种。

(3) 腐朽

木材由于木腐菌的侵入，逐渐改变其颜色和结构，使细胞壁受到破坏，物理、力学性质随之发生变化，最后变得松软易碎，呈筛孔状、粉末状或海绵状等形态，即称为腐朽。按腐朽的性质可分为白腐和褐腐。白腐主要由白腐菌破坏木素及纤维素所形成。褐腐主要由褐腐菌破坏纤维素所形成。按腐朽在树干的部位，还可分为边材腐朽和心材腐朽。

(4) 虫害

因各种昆虫危害而造成的木材缺陷，称为木材虫害。虫害多数发生在新采伐的木材、枯立木或病腐木，有时还指生长的立木等遭受昆虫（主要是幼虫）的蛀蚀而造成的虫道和虫孔。根据蛀蚀程度的不同，虫眼可分为表面虫眼、虫沟、小虫眼和大虫眼。

(5) 裂纹

树木生长期间或伐倒后，由于受外界温度、湿度变化的影响，木材纤维与纤维之间分离所形成的裂隙，称为裂纹或开裂。裂纹按其在圆材断面上的位置和方向分为 4 类。

①径裂 在心材内部，从髓心沿半径方向开裂的裂纹。常产生在立木中，伐倒后在干燥过程中，会继续扩展。径裂可分单径裂和复径裂。

②轮裂 沿年轮方向开裂的裂纹。轮裂常产生在立木中，伐倒后在干燥过程中会继续扩展。

③冻裂 在严寒低温作用下，立木从边材到心材径向开裂的裂纹。

④干裂　由于木材干燥不均匀而产生的径向裂纹。

(6)树干形状缺陷

树干形状缺陷指树木在生长过程中，受环境条件的影响，使树干形成不正常的形状。这类缺陷主要包括弯曲、尖削、大兜、凹兜和树瘤5种。

(7)木材构造缺陷

树干上由于不正常的木材构造所形成的各种缺陷，都称木材构造缺陷。这类缺陷包括斜纹、乱纹、涡纹、偏宽年轮、髓心、双心、树脂漏和水层等。

(8)伤疤

木材凡受机械损伤、火烧或鸟害、兽害等形成的伤疤，均称为伤疤或损伤。包括外伤、夹皮、偏枯、树包、风折木和树脂漏等。

①外伤　木材受刀、斧、锯等工具或鸟害、兽害以及烧伤或其他损伤(如摔伤、磨伤等)而产生的伤痕，都属于外伤。

②夹皮　树木受伤后，由于树木继续生长，将受伤部分全部或局部包入树干中，即形成夹皮。

③偏枯　树木在生长过程中，树干局部受创伤或烧伤后，表层木质枯死裸露而形成。通常沿树干纵向伸展，并径向凹陷进去。

④树包　树木在生长过程中，由于枝条折断或局部受伤，木材组织不正常增长所形成。

⑤风折木　树木在生长过程中，受强风等气候因素的影响，使某部分纤维折断后，又继续生长而愈合所形成。

⑥树脂漏　某些针叶树在生长过程中，由于局部受伤后，树脂大量聚集并浸透其周围的木质而形成，其颜色较周围的正常材深，其薄片常呈透明状，故又俗称明子。

(9)木材加工缺陷

木材在加工过程中所造成的木材表面损伤，称为木材加工缺陷。主要有缺棱和锯口缺陷2种。缺棱：是指在整边锯材上残留的表面部分，分为钝棱和锐棱2种。锯口缺陷：木材因锯割而造成材面不平整或偏斜现象。

(10)木材变形

木材在干燥、保管过程中所产生的形状改变，称为变形。变形分为翘曲和扭曲2种。

①翘曲　为木材在加工、干燥和贮存过程中所产生。按翘曲方向的不同，可分为顺弯、横弯和翘弯3种。

②扭曲　沿材长方向呈螺旋状弯曲或材面的一角向对角方向翘起，四角不在同一平面上。

木材等级是按木材缺陷多少划分的。各级木材标准中对木材缺陷允许的限度都作了规范。

9.3.2　木材缺陷对木材使用的影响

木材缺陷对木材使用影响很大。总的来说，木材缺陷破坏木材结构，改变了木材的正常性能，降低木材强度和质量，影响木材产品的加工质量，降低木材的利用率和使用价值。

各种木材缺陷对木材使用的影响不尽相同。

节子对材质的影响较大。节子破坏木材构造的均匀性和完整性，不仅影响表面美观和加工性质，更主要的是降低木材某些强度，不利于木材的有效利用。特别是承重结构所用木材的分等与节子尺寸的大小和数量有密切的关系。节子影响木材利用的程度，主要是根据节子的材质、分布位置、尺寸大小、密集程度和木材的用途而定。

化学变色对木材物理、力学性质没有影响，严重时会损害装饰材的外观。

腐朽严重影响木材的物理、力学性质，使木材重量减轻，吸水性增大，强度降低，特别是硬度降低较明显。通常，褐腐对强度的影响最为显著，褐腐后期，强度基本接近零；而白腐有时还能保持木材一定的完整性。一般完全丧失强度的腐朽材，其使用价值也随之消失。

裂纹破坏木材的完整性，影响木材的利用和装饰价值，降低木材的强度，尤其是顺纹抗剪强度。在保管不良的条件下，木腐菌易由裂隙侵入而引起木材的变色和腐朽。

外伤对材质的影响随损伤程度而异。一般情况下，外伤破坏木材的完整性，降低木材质量，使木材难以按要求加工、使用，并增加废材量。有时，外伤还损害木材的外观或增加木腐菌感染的机会。

夹皮破坏木材的完整性，并使其附近的年轮产生弯曲，有时夹皮还伴有腐朽发生。因此，夹皮因种类、尺寸、数量、分布的不同对材质有不同程度的影响。

偏枯破坏原木的形状和完整性，并引起年轮局部弯曲，常伴有变色或腐朽发生，因而影响木材质量。

树包改变圆材的形状和木材结构的均匀性，增加机械加工困难。带有腐朽节或成空洞的树包，常引起木材内部腐朽，降低木材质量，影响木材有效利用。

风折木因纤维局部有断裂，故对木材强度和利用有较大影响。

有树脂漏的木材，其密度增大，冲击韧性降低，透水性减小，并影响木材的干缩、油漆和胶黏等性质。但尺寸不大的树脂漏，通常对材质影响不大。

缺棱减少锯材材面的实际尺寸，木材难以按要求使用，改锯则增加废材量。锯口缺陷使锯材厚、薄或宽、窄不匀，或材面粗糙，以致于影响产品质量，使锯材难以按要求使用。

翘曲和扭曲改变了木材的形状，难以按要求使用或加工。

针对不同缺陷对木材使用的影响，国家标准分别予以不同限制。

9.3.3 木材缺陷的预防与合理使用带缺陷的木材

(1) 木材缺陷的预防

影响木材等级的缺陷，在天然林区主要是腐朽和节子(这两项占 40% ~ 80%)，人工林主要是节子(占 80% 以上)；其次是采伐后发生的虫害、裂纹等缺陷。

①节子的预防　要加强森林经营管理，使森林保持合理的郁闭度，重要的问题是幼壮林的整枝与抚育，促使林木成长为通直无节的优良材。

②腐朽的预防　未经抚育的过熟天然林、未经清理林场的次生林，最容易发生腐朽。

要加强抚育更新，搞好抚育伐和卫生伐，务必清理好林场，以防林木腐朽菌的滋生和蔓延。伐倒木、原条、原木要及时运出，加强原木保管，防止外腐的产生和内腐的蔓延。

③虫害、裂纹的预防　这两种缺陷主要是因保管不良而引起的。为此，可实行水存法、湿存法、干存法和剥皮处理。对于某些阔叶材原木，要做好条状剥皮和环状剥皮，对于珍贵阔叶材原木端头，可涂抹防裂膏剂。

木材进行干燥、防腐处理，可防止原木、锯材保管中的变质、腐蚀、变形、开裂和害虫的发生。

(2)合理使用带缺陷的木材

在木材利用时应避其缺陷利用，使木材缺陷损失降到最低。有缺陷的原条要加强合理造材，对严重缺陷要集中剔材，实行合理下锯，尽量提高木材合格率，减少废材率。有节子和腐朽的，单板要合理剪切或挖补，有缺陷的木材尽量用在木制品不显眼和不吃力的地方，力求做到材尽其用。木材改性及人造板生产，是进一步改变木材性质，彻底克服木材缺陷的主要方法。例如，木材防腐、阻燃处理、压缩木制造、胶合板层积木的制造、细木工板、刨花板、纤维板等。

思考题

1. 什么是木材的宏观构造？木材宏观构造中肉眼可见部分哪些特征能帮助识别木材？
2. 早材与晚材的区别是什么？心材与边材的区别是什么？
3. 木材的特点有哪些？
4. 木材的物理性质指什么？
5. 什么是平衡含水率？什么是纤维饱和点？为什么说纤维饱和点是木材材性的转折点？
6. 自由水与结合水有何不同？
7. 木材的力学性质指什么？包括哪些性质？
8. 木材的主要缺陷有哪些？
9. 木材缺陷对木材使用有何影响？木材缺陷如何预防？

第10章

木制品生产

10.1 制材

制材属于木材的基础加工。制材是指将各树种的原木，按照国家标准和质量要求，锯制成板、方材(锯材)的过程。制材生产的主要任务就是要做到用较少的原木，锯制出数量多、质量好的成材，满足人民生活与经济建设的需要。制材生产在我国已有一百多年的历史。

10.1.1 制材的原料及产品

(1)制材的原料

制材的原料是各种规格的原木。原木按国家标准分为直接使用原木、特级原木、加工用原木、小径原木、造纸用原木和次加工原木。

制材用原木标准中规定有树种、尺寸、公差、分等等项内容。

(2)制材生产的产品

制材生产的产品也称为锯材产品，即把原木锯成一定规格、一定质量的板材和方材。其板材是指横截面上宽度尺寸大于厚度尺寸 2 倍的木材；方材是指横截面上宽度尺寸小于厚度尺寸 2 倍的木材。制材产品也可以按树种、断面形状、断面尺寸、断面位置、板面纹理及用途等进行划分，以满足不同方面对其加工使用的要求。

我国的锯材产品主要供应于建筑结构、室内外装饰、家具及包装等，少量用于车船、乐器、枕木、贯道木、机台木等。此外，有些厂家生产无节材、拼板、集成材，用以外销日本、欧美等国。

10.1.2 制材的生产工艺流程与主要设备

10.1.2.1 制材的生产工艺流程

制材生产过程分为3个阶段。

(1)原木供应阶段

包括原木进厂到原木进锯之前的过程。如果是陆运方式运材的,其过程包括原木卸车、验收、区分、归楞和原木掉头。要根据制材生产需要和工艺要求有计划地"按产供料"。

(2)制材加工阶段

经过挑选的原木,按板方材的标准设计后,进行原木锯割、板皮加工和边条、截头等加工过程,截成各种规格、种类、等级的木材产品。

制材加工和废材加工剩下的不能再加工的碎料,可用粉碎设备处理,作为人造板或化学加工再利用的原料。

(3)成材处理阶段

包括产品的选材区分和堆垛、成材质量检验、成材精加工(干燥、刨光、防火防腐处理等)、成材的保管。

10.1.2.2 制材的主要设备

制材生产的主要设备有带锯机、圆锯机、框锯机、双联及多联锯机等。我国制材生产绝大部分以带锯机作为主锯,圆锯机作为辅锯,框锯机用得较少。

10.1.3 制材产品的经济指标

(1)锯材出材率

锯材出材率是指从加工原木中所获得锯材材积与所耗用原木材积的百分比。它是衡量制材生产的重要经济指标之一。锯材出材率又可分为主产出材率和综合出材率。

(2)主产出材率

主产出材率是指主产品材积占所耗用原木材积的百分比。

在制材生产中,主产品是指大方材和厚板,除主产品外,还有附产品、连产品、小规格材和短材。附产品是指与原木等长的中薄板、中小方材。连产品是指小于原木长,大于1m的中薄板、中小方。小规格材是指材长0.5~0.9m的小板方材。短材是指0.49m以下的小板方材。

(3)综合出材率

综合出材率是指原木锯材中,全部锯材的材积与所耗原木材积的百分比。全部锯材包括主产品、附产品、连产品和小规格材。

(4)锯材合格率

锯材合格率包括规格合格率和等级合格率。规格合格率是指符合国家标准尺寸、公差的锯材产品占全部锯材产品的百分比。等级合格率是指锯材各等级材的材积占锯材产品材积的百分比。板方材根据木材缺陷多少分为:特等、一等、二等、三等。

10.1.4　我国制材工业现状及发展趋势

10.1.4.1　我国制材工业现状

　　近 10 多年来，我国制材工业发生了根本的变化。由于天然林的禁伐和限伐，国有、集体企业的弊端，木材市场的放开和竞争，加之过去的制材企业多数处在大中城市，环境污染，原木作长途运输，成本高，且剩余物不能集中利用，因而大中型制材企业纷纷倒闭，取而代之的是进口材大幅增加。依据有关统计资料显示，近几年我国进口木材占到整个用材量的 40% 以上，因而在一些进口材港口周围地区和地板、家具用材基地分散着大量的小型制材加工厂。

　　我国的原木供应：东北、华北主要由东北、内蒙古林区供应，部分从俄罗斯进口；山东、江苏、上海、浙江和广东等沿海地区，部分由东北、江西和福建林区供应，部分从北美洲、南美洲、东南亚和非洲等地进口；中南、西南及西北地区，部分由东北、内蒙古林区供应，部分自产材，部分进口材。

　　我国制材企业原木出材率相对国外较高，主产出材率在 62% 左右，综合出材率为 70% ~ 75%，世界平均出材率在 55% 左右。但原木综合出材率较低，仅 80% 左右，主要是因为管理分散，平均生产规模过小，产品单一。在国外林业发达国家中由于削片制材，无屑锯割，使原木综合利用率达到 90% 以上。锯材合格率低，主要反映在厚度超差和形位误差过大，部分厂家锯材合格率达不到 50%。劳动生产率较低，按每人每班生产量算不足国外的 50%，按全员平均计算则更低。

　　总体来看，国内制材企业仍处在发展阶段，技术管理水平不高，设备自动化程度低，生产工艺落后，经济效益较差，同国外先进的林业国家相比有较大差距。

10.1.4.2　我国制材工业总的发展趋势

①接近原料基地，实行联合经营。
②扩大企业平均规模，减少小厂数目。
③简化木材规格，发展专业化生产。
④降低原料径级，充分利用小径材。
⑤实行原木剥皮，进行废材利用。
⑥研制新工艺、新设备，应用新技术。
⑦开展锯材深加工，增加产品产值和品种。
⑧提高楞场、板院技术装备水平，推进全面机械化和连续化。
⑨发展自动检测技术，应用计算机优化控制。
⑩加强产品质量控制，进行全面科学化管理。

10.2　木材干燥

　　一般生材中的水分占木材自重的 20% ~ 200%，如果不进行干燥，则所做成的木制品在使用中会产生变形、开裂，甚至报废。木材干燥是为更好发挥木材优良特性，合理有效利用木材的重要措施之一，也是木材加工生产中不可缺少的一道工序。

10.2.1　木材干燥及目的

(1) 概念

木材干燥就是将木材中的水分，在热力的作用下，以蒸发或汽化方式，将水分排除的过程。

(2) 木材干燥的主要目的

①防止木材或木制品的变形、开裂、结合处松动，提高木材制品的使用寿命。

②预防木材变色、腐朽和虫蛀。

③提高木材力学强度、绝热性和绝缘性。

④减轻木材重量，便于运输及节约费用。

10.2.2　木材干燥的方法

10.2.2.1　常规干燥法

①天然干燥(气干)法　天然干燥法也称为大气干燥法，将木材置于室外、或简易木棚舍中，利用大气温度、湿度和风速的变化，蒸发木材中的水分，达到干燥木材的目的。这种方法又可分为普通气干法和强制气干法。

这种干燥木材的方法不需要设备，操作简单，容易实施，节约能源，节约成本；但不易控制，干燥周期长，占地面积大，干燥期易受病虫害及天气变化的影响，含水率最多达平衡含水率。

②室干法　室干法是利用专门的建筑(干燥室、干燥窑)或专门的金属容器(对流干燥器)，人为地控制干燥介质的温度、湿度及气流速度，利用气体介质，对流传热，达到对木材干燥的目的。

室干法又可按干燥介质的温度高低不同，分为高温、常温和低温室干 3 种。

此种方法干燥质量好，干燥周期短于气干法，干燥条件可以灵活调节，含水率可以根据需要灵活控制；但较气干法，其设备工艺复杂，需专门设施，投资高，干燥成本高。

10.2.2.2　特种干燥法

①除湿干燥法　通过除湿器，使水蒸气冷凝成水，再加热干燥。

②真空干燥法　将木材置于密闭容器中，造成一定真空度，利用真空中水的沸点下降，压力小于木材内压力，压力差易于水分流出的原理干燥。

③太阳能干燥法　利用集热器，将太阳辐射的能量集中起来，加热空气进行木材干燥。此法受自然条件限制较大。

④高频或微波干燥　也称电介质干燥法，是将湿木材作为电介质，置于高频或微波电磁场的作用下，频繁交变，水分子不断旋转极化，摩擦产生热量，产生热效应，用热量来干燥木材，是内外同时加热的方法。其优点是加热速度快，加热均匀，干燥质最好；但消耗能源大，投资高，成本高。

10.2.3　干燥缺陷及处理

木材在干燥过程中常见的缺陷主要有两大类 4 种。

(1) 端裂

木材在干燥时，水分从端部蒸发过快，使木材不均匀干缩造成端部开裂。常见的处理措施是将端裂的木材封起来(涂上不透水的高温涂料)减少水分的过快蒸发；或不封，使用时去掉，但是要降低出材率。

(2) 表裂

表裂多发生在木材干燥初期，干燥基准过硬(高温、低温)，使表层水分蒸发过快造成的。常见的处理方法是进行喷蒸，提高室内相对湿度。

(3) 内裂

内裂多发生于木材干燥的后期，是表层与心层干燥不同步而产生的。可用喷蒸对木材进行处理，调整含水率；也可以在干燥初期，对易出现内裂的木材，采用低温或高温条件处理，待内层含水率降低到一定水平后，再逐渐升温。

(4) 变形

变形是木材在干燥、保管过程中所产生的形状改变。常见的处理方式是用重物压来进行预防和减少变形。

10.2.4　木材干燥工艺流程

木材干燥工艺主要包括下述工序：

(1) 设备检查

在干燥过程开始前，应对干燥设备进行检查。如门的严密性，加热器有无漏水和加热不均匀现象，风机叶轮是否振动，轴承有无杂音，湿球温度计的纱布更换等，目的要使设备保持良好状态。

(2) 堆积木材

木材的堆积直接影响木材干燥的时间和质量。必须遵循的原则：同一堆木材的树种，规格相同，含水率应接近；中间用隔条隔开通风；底部坐落在堆底横梁上；木堆顶上压放重物等。

(3) 选定干燥基准

木材干燥基准是指在干燥过程中，调节干燥室内介质的温度、湿度及木材状态(含水率、应力)变化的时间参数表。即按干燥时间分几个阶段，按时间参数表来调节温度和湿度。如有温度渐升式的，也有温度波动式的等。

(4) 准备含水率和应力检验板

在干燥过程中要按时测定木材含水率，以此作为依据来按基准调节介质的温度、湿度和气流。测定木材的应力，确定是否需要喷蒸处理及喷蒸时间，以预防出现干燥缺陷，既要保证干燥时间，又要保证干燥质量。

(5) 干燥过程的进行

由于设备不同、方法不同及干燥对象不同，干燥过程也不完全一致，常见的室干法的干燥过程如下：

  ①干燥室启动预热；

  ②木材预热；

  ③介质温度、湿度调节；

  ④干燥终了处理；

  ⑤冷却。

(6)干燥过程的结束

干燥结束时要检查木材的最终含水率和干燥质量，如符合干燥质量要求，即可关闭加热器、喷蒸管和通风机等，木材随干燥室一起冷却到要求温度，然后卸出木材，干燥过程结束。

另外，干燥过程结束的木材还要进行木材存放，一般存放50天至2个月，因其含水率低，周围环境湿度较高，可能有一定程度的吸湿，应注意保管，以提高木材干燥质量的稳定性。

10.3　木制品种类及原材料

10.3.1　木制品种类

木制品是指以木质材料为主体所制成的产品。由于木材具有强重比高，可再生，纹理和色泽赏心悦目，触感好等特点，同时又是深受人们喜爱的环保材料，所以得到了广泛的应用。木制品在木材加工工业中占有很重要的地位。

木制品所包含的范围比较广泛。

①军工方面　主要有枪托、手榴弹柄、模型机、救生艇等。

②工业方面　主要有渔船(包括船架、船壳、甲板、舵、尾轴筒及轴承等部件)、纺织配件(纺织用的木梭、纱管、走梭板等)、人造板、包装箱(军工用包装箱、茶叶包装箱、食品包装箱、工业用品包装箱等)、车辆的厢板(客车、货车、火车的厢板等)、农机配件、广播器材等。

③民用方面　木制家具(有支撑人体的，有装东西用的)、木质地板、铅笔、制图板、木座、木雕、印章、玩具、木贴画、宫灯、折扇、镜框、屏风、乐器、农具、小用具等。

④体育用品方面　主要有运动器材如赛艇、乒乓球台、球拍、高尔夫球棍、网球拍、箭、平衡木、单杠、双杠等。

⑤建筑方面　主要有门、窗、梁等及目前应用广泛的室内木装修制品、活动房屋等。

木制品种类繁多，本章主要以木制家具为代表介绍。

10.3.2　木制品原材料

木制品生产原料一般包括八大类材料。

(1)锯材

锯材是木制品不可缺少的原料。各种锯材的树种、尺寸、公差、等级等可参阅锯材国家标准。根据板材断面年轮走向与材面所成角度，可分为径切板、弦切板和半径切板等。

有些木制品对年轮在材面上的分布和木材花纹具有一定的要求。总之，木制品要求做到按需供料，适材适用。

木材具有容易加工、质轻、强度大、纹理美观等特性。但木材是各向异性材料，不同方向强度变异较大，受空气湿度影响，易发生变形，且利用实木制作产品，利用率很低。因此，在木制家具生产中，除少数框架类部件必须采用锯材(实木)外，大部分平板部件和嵌板则宜采用各种人造板。

(2) 薄木和单板

厚度为 0.2~3 mm 的薄片木材统称为薄木。厚度在 0.2 mm 以下的称为微薄木。用锯割方法所得到的薄片木材称为锯制薄木；用刨切方法得到的称为刨制薄木；用旋切法得到的薄片木材称为单板。锯制薄木，表面无裂纹，但锯路损失比薄木本身还大，较少采用。刨制薄木纹理美观，表面裂纹小，大都用于人造板和家具的覆面层。旋切的单板纹理都是弦向的，不甚美观，表面裂隙较大，质量好的可作人造板的面板，质量差的可作芯板和背板。为了减少珍贵木材的消耗，应尽量使用微薄木，但它的强度很低，所以微薄木旋切时常与特殊的纸胶合起来，经过干燥得到微薄木，主要用作各种装饰材料。

(3) 人造板

人造板种类很多，其中常用的有胶合板、刨花板、纤维板、细木工板、集成材、单板层积材、空心板等，用得比较多的是中密度纤维板。它们具有幅面大、质地均匀、变型小等特点，可合理配制锯割，少出废料。因此，人造板是木制品生产中重要的原料。

(4) 饰面材料

饰面材料除单板和薄木外，还有塑料薄膜、装饰板(塑料贴面板、防火板)、合成树脂装饰板、印刷装饰纸(合成薄木及木纹印刷纸)等。要根据制品特点合理选择饰面材料。

(5) 封边材料

封边材料与贴面材料要尽量协调一致，常用厚度较薄的柔软材料(单板、塑料薄膜等)，也有用金属或塑料制的封边镶条直接嵌在基材侧边的槽中。

(6) 黏合材料(胶黏剂)

常用的胶种有蛋白质胶和合成树脂胶。合成树脂胶又包括酚醛树脂胶、脲醛树脂胶、聚醋酸乙烯酯胶、乙烯—醋酸乙烯共聚树脂胶。动物胶耐水性差，只适宜于小面积胶合，但价格较低。聚醋酸乙烯酯乳液胶(白胶)常用来代替动物胶使用，但价格稍高于前者。脲醛树脂胶胶层较脆，有时与白胶按一定比例混合使用，可改善其性能。随着生产的发展，适应机械化、自动化生产要求，胶黏剂也不断得到发展和改进。如封边用的胶黏剂大多以热熔胶黏剂为主，如 EVA(乙烯—醋酸乙烯酯共聚物)。通常用的胶黏剂是靠溶剂挥发或化学反应而固化的，而热熔胶是一种无溶剂的热塑性胶黏剂，随着加热熔化，把热融物涂在被胶合面上，胶接后经冷却即可固化，从而获得胶合强度，把物体胶牢。热熔胶黏剂具有能瞬时黏合，不含溶剂，对人体无害，可以重新加热和再使用等优点。但还存在一些缺点，如使用时要加热熔融；产品的耐热性较低，如 EVA 的软化点最高在 120 ℃ 左右，所以封边后的产品不宜长期曝晒或接近高温场所。

(7) 涂料

涂料一般由挥发成分和不挥发成分所组成。当涂料涂到木制品表面上后，其挥发成分逐渐挥发跑掉，留下不挥发成分干结成膜。挥发成分即各种溶剂，不挥发成分包括各种膜物质、颜料和各种辅助材料。

涂料品种很多，它们的组成成分、性能及用途、施工方法各不相同。高级涂料性能好，但价格较贵。一定品种的涂料一定要配合使用相应的溶剂（稀释剂）。常用的溶剂有松节油、松香水、苯、丙酮等。颜料为不溶于油和水的有色粉末，能使漆膜具有一定的颜色和遮盖力，还能增加漆膜的强度，阻止紫外线的穿透，延缓漆膜的老化过程，延长使用期限。辅助材料是涂料中用来改进性能的一种成分，又称助剂。它的种类很多，在涂料中用量很小，但作用显著。助剂根据功用可分为催干剂、增塑剂、固化剂等。

(8) 五金配件及其他

五金配件有铰链（合页）、连接件、钉子、螺钉、拉手、插销、滑道、碰头、锁等。有的是定型产品，可以选用，有的连接件还须自行设计制造。

目前家具的五金件花色品种很多，可以满足各种家具的需要。除五金配件外，还有镜子、玻璃、脚垫等，也是木制品上不可缺少的附件。

10.3.3 木制品生产发展动向

(1) 原材料

传统的木制品生产是以板方材作为主要原料，由原木经过各种锯割、切削加工而制成产品，木材利用率很低，仅有40%~50%。随着原材料和生产技术的发展，木制品生产中使用人造板和各种复合材料的比重越来越大。工业先进的国家利用刨花板、中密度纤维板来制作家具，目前刨花板家具已占家具总产值的89%，木材利用率可达90%以上。在这方面我国还处于初期阶段。

(2) 产品设计、结构和生产工艺

在目前的家具生产中，产品设计有通用部件单件家具、组合式家具和折叠式多用家具等，目前许多生产厂家采用板式结构部件组装，使用圆榫和连接件接合，款式新颖、质地优良，价格比实木家具低，具有竞争力。目前发达国家板式结构家具占主流，板式结构还有利于生产的连续化和自动化。有些家具生产时还采用模压成型生产弯曲部件、V形槽折叠结构等工艺，如生产抽屉、箱体等。产品轻巧美观，工艺简单，生产效率高。我国目前既生产板式结构的家具，也生产框式结构家具。但整体水平与林业发达国家还有一定的差距。

木制品的涂料正向着装饰性能好、施工方便、固体成分高、固化速度快、黏度低的方向发展。国外使用的新型涂料固化速度快，可使产品涂料施工实现连续化、自动化。

(3) 机械设备

国外木制品机械化程度很高，机械化程度可达70%以上，我国木制品生产技术装备水平差，机械化程度和劳动生产率都相对较低。国内一些城市近年不断引进板式家具生产线，正向着机械化、连续化方向发展。机床的发展方向是一般的自动生产线和用电子计算机控制的自动生产线以及组合机床组成的自动生产线。

10.4　木制品设计及工艺过程

10.4.1　木制品设计原则

木制品设计的主要目的是为人类服务，是应用现代科学技术的成果去创造人们在生活、工作和社会活动中所需要的各种器具和用品。木制品种类繁多，用途各异，木制品除了满足各自特定的直接用途外，还有一个共同的要求，就是在使用过程中的审美作用。木制品设计要涉及材料、结构、工艺、设备等技术领域。木制品的销售又与商品、市场密切相关。因此，木制品的设计必须遵循如下原则。

(1) 功能性

木制品的功能既包括物质功能，又包括精神功能。物质功能是指木制品与人的关系的适应性，如木制品的尺度、触感、使用舒适性等方面是否符合人体尺度、人体动作尺度、人的生理特性以及是否与周围环境相适应等。现代家具的功能性就是要符合现代人的生活习惯，满足现代人的使用要求，即实用、高效、舒适、安全等。

(2) 艺术性

木制品的艺术性是指在充分体现功能性和不违反物质技术条件的前提下，运用丰富的构成手段和构图法则，去创造一种具有鲜明的时代特征和独特的风格个性的，并为消费者所喜爱的艺术形式。

(3) 工艺性

木制品的工艺性的主要指标是按规定的质量要求制造时所需要的劳动量和材料含量。因此，在设计木制品时就必须考虑与其制造有关的诸因素，如产品标准化和零部件通用化水平，在现有生产条件下组织加工、运输和包装的合理性等。在现代化工业生产中，木制品的工艺性对于提高生产效益具有重大的实际意义。

(4) 科学性

木制品的设计，特别是现代家具的设计已不是一种无关紧要的简单生活用具的设计，它对提高使用者的工作效率，增加工作或休息的便利性与舒适性有着十分重大的作用，因此，家具等木制品的设计必须围绕上述目标，深入研究和应用生理学、心理学、工效学等相关学科的基本原理，使木制品成为具有高度科学性的工业产品。

(5) 经济性

经济性即经济效益，是所有工业产品所追求的目标之一，木制品设计也不例外。因此，如何减少消耗、提高生产效率、提高木材利用率、降低成本等都是木制品设计时必须考虑的问题。

(6) 流行性

人的追求和爱好是受社会时尚影响而变化的，木制品作为一种商品在市场上流通，特别是民用家具等产品，同样要受到流行性的支配与影响。因此，要不断创新，要多样化、个性化，不要千篇一律。这是指导原则之一。

10.4.2 木制品的结构

所有的木制品都是由各种形状、尺寸的零件和部件组装而成的。零件是木制品的最基本组成部分，是用以组装部件或产品的单件，如立挺、横档。部件是由零件组装成的独立装配件，由能拆开或不能拆开的一些零件组装而成，如柜子的门框(木框)、搁板(拼板)、抽屉(箱框)等都是部件。至于合件则是木制品的一部分，由若干个零件和部件组合而成，但不能单独使用，如写字台的台座、台身等。

10.4.2.1 接合方法

制作各种零件、部件、合件或成品时，须采用各种接合方法，将它们连接起来。设计时选用的接合方式是否正确，对木制品的外观、强度，以及生产和使用效果都有直接影响。目前最常用的有如下5种接合方法。

(1)榫接合

榫接合是榫头嵌入榫眼(榫孔)或榫沟的接合。接合时通常都要施胶，榫头的长度方向应与纤维方向一致，否则不能牢固地胶合。榫头的形状有直角榫、燕尾榫、圆榫。榫头的数目有单榫、双榫、多榫。

(2)胶接合

胶接合指单纯用胶来胶合的零件、部件或整个制品的接合，可达到小材大用，劣材优用，既可节约木材，还可提高木制品的装配质量等。由于新胶种的不断出现，胶接合的应用范围愈来愈广，此外还可应用于其他接合方法不能使用的场合。

(3)钉接合

钉有金属制、竹制、木制的多种。此外，还有很多如波形、门型等形式。钉接合容易损坏木材，强度小，故家具生产上很少单独使用它，仅用在抽屉滑道的固定或者胶合板(包镶)、钉线脚等处的接合。钉接合在一般情况下都需要同时施胶，有时则起到胶接合的辅助作用。也有单独使用的，如包装箱的生产，衣箱盖板、底板的固定等。

(4)螺钉接合

螺钉接合不能多次拆卸，否则会影响木制品的强度。这种接合目前较广泛地用于家具的台面、柜面、背板、椅座板、抽屉撑的固定以及家具五金件的连接等。此外，包装箱生产、客车车辆以及船舶装饰板的固定等也常采用螺钉接合。

(5)连接件接合

连接件接合的种类很多，连接件由金属、塑料等材料制成，除了辅助接合外，大部分用于家具部件的连接。这种接合可以多次拆装而不致影响制品的强度，它是板式拆装家具中应用最广泛的一种接合方法，便于家具部件化生产，为机械化、自动化生产提供有利条件。

10.4.2.2 木制品的基本部件

组成木制品的基本部件有木框、箱框、拼板、覆面板。其本身的接合方法采用前述的接合方法。任何一种木制品总是由基本部件中的一种或几种组成。木框：最简单的木框是由两根纵向方材和两根横向方材连接而成，复杂的木框中间加有中档。箱框：是由四块以上板件构成的。拼板：是由许多窄板在宽度方向拼合而成的。覆面板：它包括细木工板、贴面碎料板以及空心板等。

10. 4. 2. 3　木制品的其他类型部件

（1）曲线型部件

为了造型、功能和经济上的需要，在木制品上常需用曲线形部件，如椅腿、扶手等，这时需将方材、单板等进行特殊的加工。

（2）模压部件

为了减少拼板的翘曲，提高其强度并增加美观。应对拼板作某些处理，有时可将单板模压，使表面呈矩形突起，增加一定的刚度，供做家具的旁板（侧壁）和门扇之用，这样既能节省材料，又可简化工艺。现在较多的是利用刨花、锯末加胶，将原料放在模子中加压后形成的模压部件，如抽屉、箱子、顶板等，这样加工过程简单，可充分利用各种加工剩余物。

（3）折板式部件

"V"形槽折叠成型的结构。这种结构是将贴面的刨花板条（或胶合板等）横向开出 V 形槽，在槽中注入胶黏剂（热熔胶等），将板沿 V 形槽折起，配上门板及后背板即成柜子。也可以用此法做成抽屉的边框，加上底板、面板即成抽屉。还可制成电视机壳、椅座等。这种结构工艺简单，省去开榫、打眼等工序，效率较高。缺点是表面处理有局限性，不能拆装。

10. 4. 2. 4　柜子的结构

木制品种类很多，现以家具中的柜子为例进行分析，柜子结构比较复杂，但也较典型。

家具按结构划分有框式家具和板式家具。框式家具和板式家具有着不同的结构、不同的工艺过程，但同一制品都由相同部分组成。以柜子为例，其组成包括底架、顶板、底板、旁板、中隔板、背板、门、抽屉、搁板等。

家具种类形式很多，有组合式、支架式、折叠式、多用家具等。组合家具是由一系列独立的制品组配而成，它们之中任何一件既可独立使用，又可以在高度上、宽度上组合起来，形成一个新的整体，由于组配的方式很多，所以能形成许多形式，既能单独使用，又能任意配套，便于使用者分批添置和随意挑选配套，但比起普通家具来，接合处会形成两层壁板，材料加工时消耗要多一些；多用家具是在一件家具上具有多种使用功能，具有一物两用或多用的特点，常见的有床、柜结构在一起的带柜床，沙发和床结合的沙发床等，在设计时对两种截然不同的使用功能要进行细致的综合考虑，在构造上要解决得好，同时使用起来又要方便灵活。

10. 4. 3　框式家具及生产工艺过程

一般框式家具以天然木材为主要材料，以木框、箱框、拼板为主要部件，以用榫接合连接，其结构通常不可拆装。

各种木制品的原始部件基本上是相同的，它们的加工工艺过程一般也是类似的，框式家具生产工艺的大致过程如图10-1 所示。

通常板材先经干燥，再锯割成毛料，但某些零件需先把板材锯割成毛料，再经干燥，如枪托，板厚，要求质量高。毛料是指锯截后留有加工余量的工件。净料是指毛料经切削加工后达到规定尺寸的工件。制作可拆装的制品时，应先以零件或部件进行装饰，然后进行总装。

框式结构的木制品，生产工艺复杂，从原木加工到制成成品的生产周期往往需要若干天甚至几个月，生产效率低，耗费材料又多。

图 10-1 框式家具生产过程图

10.4.4 板式家具及生产工艺过程

随着木材综合利用的发展和各种连接件的使用，逐渐出现了板式家具。板式家具是以人造板为基材，以板件为主体结构，以连接件连接，结构可拆装的家具。

由于木材资源紧缺，随着科学技术进步，家具工业发展较快，在材料、结构、造型以及工艺技术、生产设备等各方面都有很大变化。以人造板为基材来制造板式结构家具，与天然木材不同，人造板是一种工业原料，其性能、规格不受自然条件限制，可以按特定要求，制成不同厚度、不同幅面、不同密度的板材。

由于材料的变化，使生产工艺、技术装备和性能等有了一系列新的要求，如要求加工设备精度高、专用性强、自动化程度高等，并需要用优质的刀具进行加工。

板式结构的部件分为实心板部件和空心板式部件。

板式家具的生产工艺过程如图10-2 所示。

备料(或开料)→胶压(贴面或覆面)→加工→封边→(涂饰)→装配→检验→包装→运输

图 10-2 板式家具生产工艺过程图

框式家具与板式家具比较，主要区别在于：基材、构件、连接方式不同，可否拆装不同。板式家具比框式家具工艺简单，不需要锯割毛料，不需开榫头、榫孔；板式家具可以先涂饰、后装配，易于自动化、连续化，运输、搬运方便，可以拆卸。

10.5 木制品装饰

10.5.1 木制品装饰的意义

木制品在装配前或装配后，需进行装饰，其目的是起保护和修饰作用。白楂木制品不宜直接使用，它易受外界环境的影响，随着空气湿度的变化，木材可能发生胀缩，因而引起翘曲和开裂；还会由于阳光的作用而改变颜色；如遇菌类寄生就会腐朽；碰到灰尘、油脂、墨汁等极易玷污。因此，未经装饰的木制品不仅影响卫生和美观，还会缩短使用期限。所以绝大部分木制品都必须进行装饰，以延长其使用期限，保护木制品，美化外形。

10.5.2   木制品装饰的种类

木制品装饰的方法多种多样，基本上可分为涂饰、贴面和特种艺术装饰 3 类。

(1) 涂饰

涂饰是按照一定工艺程序将涂料涂布在木制品表面，并形成一层漆膜。

按漆膜能否显现木材纹理可以分为透明涂饰和不透明涂饰；

按其光泽高低可分为亮光涂饰、半亚光涂饰和亚光涂饰；

按其填孔与否可分为显孔涂饰、半显孔涂饰和填孔涂饰；

按面漆品种可分为硝基漆(NC)、聚氨酯漆(PU)、聚酯漆(PE)和光敏漆(UV)等；

按漆膜厚度可分为厚膜涂饰、中膜涂饰和薄膜涂饰(油饰)等；

按漆膜颜色还可分为本色、栗壳色、柚木色和红木色等。

(2) 贴面

贴面是将片状或膜状的饰面材料如薄木、装饰纸、浸泽纸、装饰板(防火板)和塑料薄膜等粘贴在木制品表面上进行装饰。

(3) 特种艺术装饰

特种艺术装饰包括雕刻、压花、镶嵌、喷砂和贴金等。

实际上，在木制品生产中，往往将几种装饰方法结合使用。如贴装饰纸或贴薄木后，再进行涂饰，镶嵌、雕刻、烙花、贴金与涂饰相结合。

木制品装饰可以在装配成制品后进行，也可以在装配制品前先对零部件装饰，然后再总装配，甚至可以对木制品的原材料如胶合板、刨花板、中密度纤维板等进行饰面，再加工成木制品。

目前国内外使用最多的木制品装饰方法是涂饰。下面着重介绍使用涂料的装饰工艺。

10.5.3   透明装饰及工艺

用涂料装饰木制品的过程是木材表面处理、涂饰涂料、涂层固化与漆膜修整等一系列工序的总和。由于对木材表面上漆膜的使用性能和装饰性能的要求不同，装饰过程的内容和复杂程度有很大差别。而且随着新材料和新技术的不断出现，装饰工艺也在迅速地发展。木制品表面上的漆膜，按其使用性能可分为耐热的、耐水的、耐化学药品的等多种，其差别取决于所用涂料的种类和性质。按其能否显现木材纹理的装饰性能，通常又分为两大类，即透明装饰与不透明装饰。一般室内家具、缝纫机台板、收音机和电视机木壳、乐器以及车船内部壁板等都采用透明装饰的方法。

透明装饰是指用透明涂料(如各种清漆)涂饰在木材或人造板表面上，这样不仅能保留材料的天然纹理和颜色，而且还可通过某些特定的工序使其纹理更加明显，木质感更强，颜色更加鲜明悦目，多用于名贵木材或优质阔叶材制成(或贴面)的木制品上。

透明装饰工艺大体上可分为三个阶段：即表面准备、制作涂层和漆膜修饰。根据装饰质量要求、基材情况和涂料品种的不同，每个阶段可以包括一个或几个工序，有的工序需要重复多次，某些工序的顺序可以调整。现按生产中常见的顺序来讨论这些工序的作用和实行这些工序的方法。

木制品透明装饰工艺过程见表10-1。

（1）表面清净

需要装饰的木材白槎越是光洁清净，就越能保证达到好的装饰质量，材料和工时的消耗也就越省，这是生产中无数经验证明了的。要装饰的产品的白槎表面应达到一定的粗糙度。对于透明装饰来说，表面不平度应在 30 μm 以下。在机械加工的最后阶段，是采用精刨或机械砂光的方法来达到这种粗糙度的。如果机械加工没达到这个程度，那么白槎制品涂饰前一般先要用木砂纸砂光（磨光、去木毛、去污）。

（2）去树脂

针叶材表面有较高的装饰要求时，才有必要进行这一工序。因为在节疤处，往往积累了大量树脂，不易染色，而且也使涂料黏附力不高。

（3）脱色

装饰要求较高的制品，对木材表面上的天然色斑或加工过程中的局部污染必须清除时才进行这一工序。此外，要求颜色浅的装饰，也要使木材表面全部漂白。

（4）填腻子

除了木材本身的缺陷以外，由于种种原因，木材表面在加工过程中还会造成一些局部凹陷，如钉眼、细小的裂缝、缺楞等，这在生产中难以避免。所以在木材装饰过程中，表面填腻子这一工序仍是常见的，并且不止填一次，目的在于填平，如一次尚未填平，那么在涂饰底漆后还要找补腻子，直到填平，最后再涂面漆。

（5）填孔

在制作涂层阶段，填孔常常是先行工序。要做出光亮涂层，这个工序目前还是必不可少的，其目的在于填平木材表面上的孔隙，并适当地染色，使以后涂漆时不致下陷，从而保证形成完整而连续的涂层。为了达到这个目的，填孔料就必须有较好的附着力，加入填充料中的体质颜色的粒度要适当。

（6）染色

染色的目的在于使木材的天然颜色更加鲜明，或使一般木材具有名贵木材的颜色，有时通过染色也可以掩盖木材表面上的某些缺陷，如色斑、青变等。通常在木制品油漆装饰时，总要使制品染成某种流行的或符合人们要求的色调。

一件木制品在油漆装饰全过程完成之后，外观上人们看到的色调，是由底色、染色以及涂料本身的色调组成的综合效果。

（7）涂底漆

为了节省贵重的面漆材料，在油漆过程中总是先涂底漆，目的是用底漆封住准备好的

表 10-1　木制品透明装饰工艺过程表

阶段	工序
表面准备	表面清净
	去树脂
	脱色
	嵌补（填腻子）
制作涂层	填孔
	染色
	涂底漆
	层间处理
	涂面漆
漆膜修饰	磨光
	抛光

木材表面，使面漆涂上以后，不致沉陷。在要求有一定厚度的漆层中，涂封底漆可以减少面漆消耗。

(8) 涂面漆

面漆必须涂在已经充分干燥的、平整的、光洁的底漆层上。普通家具最常应用的面漆是酚醛清漆、醇酸清漆。

(9) 漆膜的修饰

油漆装饰完工后的漆膜应是平整光滑的，这种结果是从白楂开始，每层涂饰(无论是上腻子、填孔、涂底漆或头一道面漆)后都要用砂纸打磨平整，逐步积累起来的。因此，漆膜的修饰是很必要的。高级涂料(硝基漆)最后一道漆膜还要用水砂纸磨光，并用砂蜡抛光。但酚醛清漆等的最后一道漆膜不能修饰，因为漆膜太软。

整个涂料装饰过程中的每道工序(上腻子、填孔、染色、涂底漆以及面漆等)都要彻底进行干燥，方能进行下一道工序。涂膜干燥一般采用自然干燥法，即在施工场所，在常温下干燥。干燥时要注意环境卫生与空气流通，保证温度不能过低。

10.5.4 不透明装饰及工艺

不透明装饰是用含有颜料的不透明涂料，如磁漆、调和漆等涂饰在木材表面。装饰后，涂层完全遮盖了木材的纹理和颜色，因此多用于纹理和颜色较差的散孔材或针叶材制成的木制品，也用于一般纤维板作面料的木制品，这类木制品通常对漆膜的耐磨性、耐气候性和化学稳定性有较高的要求。通常某些家具(如儿童家具、厨房家具、医院家具等)以及体育用品、文教用品、建筑门窗、地板等常采用不透明装饰方法。

不透明装饰工艺过程过程见表10-2所示。

表10-2 木制品不透明装饰工艺过程表

阶段	工序
表面处理	表面清净 去树脂
涂刷涂料	涂底漆 上腻子 砂光 涂色漆
漆膜修饰	抛光或罩光

(1) 表面清净

不需作透明装饰的木材表面也应有较高的粗糙度，需除去油斑、胶痕、玷污。如有节疤要进行挖补，挖补时，要使补丁的纤维方向与整个表面纤维方向一致。

(2) 去树脂

在木材的节疤处，往往积累了大量树脂，不易染色，而且也使涂料黏附力不好。

(3) 涂底漆

不透明底漆可用刷涂、喷涂等各种方法涂饰，涂过底漆的表面要干燥。

(4) 上腻子

就是用较厚的腻子补平表面上的钉眼之类的局部缺陷。为了得到连续的平整表面，在局部嵌补之后还须进行全面补平。即用较厚的填平料将整个表面全面批刮一次。也可用喷枪进行全面补平，填平料需填满且均匀，料层过厚就会发脆而破坏表面。全面补平可以按表面状态和要求的不同进行一至两次，中间需间隔数小时。

(5)砂光

经过补平、涂底漆的表面要全面砂光，可用手工方式或在带式砂光机上进行。

(6)涂色漆

色漆需要涂饰多次，硝基色漆通常用气压喷枪喷涂，喷涂时要注意涂饰均匀，做到不漏、不挂、不露底。

除上述工序之外，还有抛光或罩光等工序。

思考题

1. 制材的概念是什么？制材的产品有哪些？制材的主产品、附产品、连产品、小规格材和短材是如何规定的？

2. 制材生产由哪几部分组成？每一部分的生产工序是什么？

3. 木材干燥及目的是什么？

4. 木材干燥有哪些方法？天然干燥法与室干法有何特点？

5. 木材干燥工艺过程包括哪些工序？

6. 木制品原料有哪些？

7. 木制品设计的原则是什么？

8. 木制品接合的方式有哪些？

9. 框式家具与板式家具的区别是什么？

10. 木制品装饰的种类有哪些？

11. 木制品透明装饰与不透明装饰的含义是什么？请写出两种装饰的生产过程。

第 *11* 章

人造板生产

人造板是人工制造的板材的总称，是指以原木、采伐、造材、加工等剩余物，以及其他植物秸秆、矿物材料为原料，经过一定的加工使之成为单板、纤维和碎料，并与胶合剂混合，经成形，在高温高压下制成的人造板材。

人造板的种类繁多，概括起来主要有下列几种：利用木材作原料生产的人造板为木质人造板；利用非木质材料(如棉秆、蔗渣等)作原料生产的人造板为非木质人造板；利用矿物材料(水泥、石膏)和木材混合物生产的人造板称为水泥刨花板和石膏刨花板等。木制人造板根据原料和加工方法的不同又分为胶合板、纤维板、刨花板、细木工板等。除了胶合板主要利用原木生产，纤维板、刨花板(又称碎料板)主要利用采伐、造材、加工剩余物，以及其他植物秸秆为原料生产。每种人造板对原料都有具体要求。

人造板是木材综合利用的重要产品，发展人造板生产，是节约木材、有效地利用木材，提高木材利用率的重要途径。

11.1 胶合板生产

胶合板是用多层薄板纵横交错排列胶合而成的板状材料。统计资料表明：每生产 $1~m^3$ 胶合板，约需 $2.5~m^3$ 原木，可代替 $4.3~m^3$ 原木制成的板材使用。所以，生产胶合板是合理利用和节约木材的重要途径之一。

世界上胶合板生产已有一百多年的历史，最早始于 1875 年美国开始胶合板的工业化生产，之后，逐渐在世界各国发展起来。

11.1.1 胶合制品的分类

胶合制品种类很多，依结构和品种大致分类如图 11-1 所示。

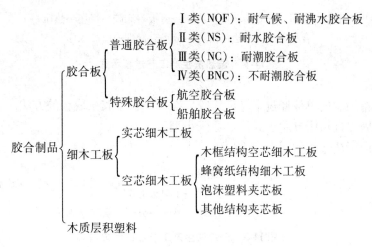

图 11-1 胶合制品分类图

11.1.2 胶合板的结构特点

胶合板有如下结构特点。

(1)对称性

胶合板的对称中心平面向两侧分布的对应层,其单板的树种、厚度、纤维方向、层数、制造方法和含水率等都必须相同,以免产生应力和翘曲变形。

组成胶合板各层的薄板一般是旋制的,称作单板。最外层的叫表板,背面的称背板,正面的称面板,内层的叫芯板(或称作中板)。

(2)奇数层

奇数层的胶合板,其对称中心平面在中心层单板的中心平面上。这样,当胶合板被弯曲时,受剪切应力最大的中心层,恰好落在中心层的木材上,而不是作用在胶层上。这就保证了胶合板的强度。生产上除特殊订货外,一律按奇数层结构制造胶合板。层数越多,单板越薄,性能越好。

(3)纹理交错

组成胶合板的相邻层单板的纤维方向互相垂直或成某一角度。这样,胶合板的横纹抗拉强度较木材大为增强,而顺纹抗拉强度有所减少,从而使胶合板横、顺纹方向抗拉强度趋于一致,木材的各向异性转化为各向同性,使用强度得到提高。

11.1.3 胶合板生产方法与工艺流程

胶合板生产方法分为:湿热法、干冷法和干热法。干和湿是指胶合时单板含水率,即胶合时用的是干单板,还是湿单板;冷和热是指用冷压机胶合,还是热压机胶合。

(1)湿热法

湿热法是指旋制的单板不经干燥,直接涂胶后热压成板的方法。因合板的含水率高,所以需对合板进行干燥。此法出板率高,现在生产中很少应用。过去血胶常用此法。

湿热法的生产工艺过程如图 11-2 所示。

原木→截断→蒸煮→剥皮→旋切→剪板→涂胶→组坯→热压→

合板干燥→裁边→砂光→分等、修理→成品入库

图 11-2　湿热法生产工艺过程示意

(2) 干冷法

干冷法是指旋制的单板经过干燥后涂胶，在冷压机中胶压成板的方法。合板需要进行干燥。豆胶或固冷性树脂胶用于此法。适于小型工厂。

干冷法生产工艺过程如图 11-3 所示。

原木→截断→蒸煮→剥皮→旋切 ⟨湿单板剪切→干燥／ 干燥→干单板剪切⟩→单板选修→涂胶→组坯→

预压→冷压→合板干燥→裁边→砂光→分等、修理→成品入库

图 11-3　干冷法生产工艺过程示意

(3) 干热法

干热法是指旋制单板经干燥后涂胶，在热压机中胶合成板的方法。几乎各种胶合剂都适用于此法。此法特点：胶合时间短（生产周期短），生产效率高，胶合板质量高，强度大，可以进行拼接，提高木材的利用率。所以现在生产中被广泛采用，但成本高。

干热法生产工艺过程如图 11-4 所示。

原木→截断→蒸煮→剥皮→旋切 ⟨湿单板剪切→干燥／ 干燥→干单板剪切⟩→单板选修→涂胶→组坯→

（预压）→热压→裁边→砂光→分等、修理→成品入库

图 11-4　干热法生产工艺过程示意

11.1.4　胶合板生产的主要工序

11.1.4.1　原料准备

(1) 胶合板常用树种

胶合板生产对木材质量的要求比较高，任何材质上的缺陷，都会在不同程度上影响胶合板质量、木材利用率和劳动生产率。

根据国家标准的规定，制造胶合板的树种有以下种类：

东北地区：水曲柳、椴木、色木、蒙古栎、黄波罗、杨木、桤木、桦木。

中南、华东地区：枫杨、马尾松、楠木、枫香。

西部地区：木荷、桦木、马尾松、丝栗、桤木。

西北地区：椴木、桦木、槭木、杨木。

目前，生产中主要使用的树种有水曲柳、椴木、桦木、马尾松和部分进口材。随着我国木材资源的不断减少，扩大胶合板树种是当前发展胶合板生产的重大课题之一。

原木的长度一般为 2~6m 之间。原木径级：26cm 以上（中径木以上）。

(2) 原木贮存和截断

为了保证正常生产，各生产企业都需要贮存一定数量的原木。其方法主要是水贮和陆贮两种。水贮适合于我国南方，陆贮全国各地都可采用。

截断是将原木按产品要求的尺寸截成一定长度的木段。操作中要注意原木的外部特征和缺陷，按既能保证单板质量，又能获得最大木材利用率的原则，先画线，后截断。做到按料取材，缺点集中，好材好用，劣材选用，合理下锯，尽量减少断头，材尽其用。

（3）木段的水热处理

木段在旋切前需要经过水热处理（即蒸煮），目的是软化木段，增加其塑性。

木材软化方法有两个：一个是水的软化作用，即提高木材含水率；另一个则是提高木材的温度。水热处理的方法有汽蒸和水煮两种。常用的是水煮法，即将木段放入钢筋混凝土水池中煮到要求的温度。水煮的标准是：木芯表面温度达到软化温度。不同树种软化温度不同。

木段水煮法的过程分为：介质升温阶段、保温阶段和自然冷却均温阶段。

（4）木段剥皮

由于树皮的结构疏松，所以不能制造单板。树皮中还含有金属物、泥沙等，旋切时易堵塞刀门，刀具磨损严重，所以旋切前必须先剥皮，一般应在热处理之后进行。原则上应把树皮全部剥掉，使木质部不损伤或损伤越小越好。剥皮方法分手工、机械和水力剥皮等。

（5）木段定中心

旋切过程中，木段旋切成圆柱以前，得到的都是碎单板和窄长单板；旋切成圆柱体后，再旋切才能获得连续不断的单板带。产生碎单板和窄长单板的原因是木段形状不规则或定中心偏差所致。前者是不可避免的，而后者应是必须克服的。定中心的偏差越大，碎单板和窄长单板越多，损失的材质较好的边材单板也越多，不利于生产的连续化。

木段定中心的实质，就是准确地确定木段在旋切机上的回转中心位置。定中心的方法有：人工定中心、机械定中心、光环定中心以及光电扫描定中心等。

11.1.4.2 单板制造、干燥及加工

（1）单板制造

单板制造方法有旋切法、刨切法和锯切法，其中旋切法应用最广。

木段在旋切机卡轴带动下做回转运动，同时，刀架载着旋刀向着卡轴中心线做匀速进刀运动，沿着木段旋转圆柱母线切下薄木片（叫作单板），称为旋切，如图11-5所示。旋切法使用的设备是旋切机。在旋刀的上方装有压尺，它对单板产生一个压力。这个适当的压力可避免旋切时产生超前裂隙；避免单板离开木段的瞬间伸直及反向弯曲时产生裂缝。

（2）单板干燥

旋切的单板含有大量水分，除湿热法外，其他胶合方法都要求单板具有较低的含水率。因此，旋切后的单板必须进行干燥处理。排除单板中的水分，使其含水率降低到符合不同胶种要求的含水率。

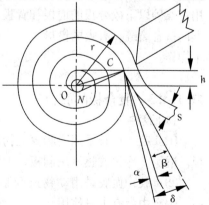

图11-5 木段旋切示意

单板厚度小，木材组织由于旋切而松弛，木段又经过蒸煮处理，附着在细胞壁上的物质溶于水而使被堵塞的纹孔重新打开，水分向外移动的阻力减小，适于高温快速干燥；由于单板幅面大，干燥过程中易产生变形，所以要设压持装置；干燥时要求单板处于平整状态，压持力不能过大，使其自由收缩，尽可能减少单板的开裂和变形；干燥过程中，当单板含水率降到纤维饱和点以下时，便产生收缩，其弦向收缩是径向收缩的两倍，所以，使其有足够的收缩可能。若采取先剪后干工艺，湿单板剪切时，又要充分留有宽度方向的收缩余量。

单板的干燥方法很多，天然干燥和干燥室干燥的方法，只适合于小规模生产；空气循环干燥、红外线和微波干燥，适合于大规模生产，其中以蒸汽加热的湿空气作为干燥介质的横向喷气式干燥机应用最广。

(3) 单板加工

①单板剪裁　根据旋切时产生的单板带或碎单板条的不同，干燥过程中所采用的干燥设备也不同，有的采用先剪后干工艺，有的则采用先干后剪工艺。

先剪后干是先利用剪板机剪裁湿单板带或碎单板条，然后再干燥。先干后剪是利用喷气式干燥机干燥单板带，再干后裁剪。剪裁时，按胶合板规格和质量标准，将单板带裁成整幅单板，并剪去不符合质量标准的材质缺陷；不能剪成整幅板时，则剪成单板条，拼成整幅单板。采用先剪后干工艺，剪裁时考虑留有干缩余量，采用先干后剪工艺剪裁时不需留加工余量。

剪板时要尽量考虑多出面板和背板，提高等级，同时要考虑提高出板率。剪裁时以满足面板数量为前提，尽可能多出整幅中板。

②配板　按照树种、胶合板规格和质量要求，合理搭配单板，面、中、背配套，称作配板(也叫单板分选)。配板时应考虑原棵搭配，使各单板条间纹理相似，木色相近。配成套的单板，最少要有可供两天使用的储备量。各种单板应组织平衡生产。

③单板胶拼　把窄单板条胶拼成整幅单板，称作单板胶拼。单板生产中，一般面、背板的数量少，为了增加这部分单板量，就必须采用胶拼。在中板整张化中，中板也需要胶拼。

④挖补、烫边　挖补是修补单板上的虫眼、节疤和腐朽等超出标准规定的缺陷，主要用在二等以下胶合板的面板和背板。挖补分为手工挖补和机械挖补。单板的边部应顺纤维方向拼合裂缝；有大的楔形裂口不能拼合者，则采用插条拼合，此工序称作烫边，通常手工操作。

11.1.4.3　胶合板的胶合

(1) 胶种

①豆胶　豆胶是用脱脂大豆粉调制的胶。因其无毒无味，可用以制造茶叶箱和食品箱板。适用于冷压或热压法制板，但强度低、不耐潮，所以现在生产中很少使用。

②血胶　血胶是用动物血调制的胶。用于湿热法生产胶合板，其产品强度比豆胶稍高，生产中尚有少量使用。

③脲醛树脂胶　脲醛树脂胶是由尿素、甲醛经缩聚而成的树脂胶。适用于干热法生产

胶合板。优点：产品强度高、耐水性强；原料来源丰富，价格便宜，所以被广泛应用于胶合板生产中。缺点：有刺鼻气味，对人类健康有一定影响，对周围环境有一定污染。

④酚醛树脂胶 酚醛树脂胶是由酚类和醛类缩聚合成的树脂胶。用于干热法制造胶合板生产中。优点：产品强度、耐水性等都高于以上胶种，在各种条件下均可使用。缺点：颜色较深，胶层较脆，成本高，价格稍贵，因而多用于有特殊要求的胶合板生产。

(2)胶的调制

胶的调制是指在胶中加入固化剂和其他助剂，使其达到一定的标准。例如，加固化剂用以缩短化学反应时间；为了减少施胶量，可向胶中施加发泡剂或填料等。

(3)单板施胶

单板施胶是将一定数量的胶黏剂均匀地施加在单板上。要求在单板间形成一个厚度均匀的连续胶层。在达到强度要求的前提下，胶层越薄越好。

目前比较常用的施胶方法是辊涂法。淋胶和挤胶则有明显的优越性。随着胶合板生产连续化、自动化的发展，辊涂法很难适应生产要求，而淋胶、挤胶和喷胶则是发展方向。

施胶量是影响胶合质量的因素之一。在保证产品强度要求的前提下，施胶量越少越好。

(4)组坯和预压

按照生产胶合板的层数和要求，把涂胶后的面、中、背板配组成板坯，这一过程称作组坯。为了合理利用木材，提高胶合板等级，降低成本，最好表层用珍贵树种的薄单板，芯层用次材的厚单板。组坯方法分手工和机械两种。

单板涂胶后要放置一段时间，称作陈化。目的是使胶中水分蒸发或向单板内渗透一部分，使胶液黏度增高，避免胶液在热压时被挤出或产生透胶、缺胶等现象，并防止卸压时鼓泡。

随着压机向多层发展，为减少压机闭合时间，尽量减小压板间距，实行机械化无垫板操作，要求板坯进热压机前，要初步胶合、平整，因而要进行板坯预压。预压是在冷压机上进行。

(5)胶合板的胶合

胶合板胶合应具备的条件是：胶黏剂对被胶合材料应有良好的黏附性能；胶黏剂与单板能充分接触；在充分接触的条件下胶层固化。

胶合方法有：湿热法、干冷法和干热法等。干热法胶合质量最好，在国内外广泛采用。

干热法胶合使用的是含水率在规定范围内的单板，在加压和加热条件下使板坯胶合。根据热压曲线(图11-6)分析，热压分三个阶段。

第一阶段：OA段，为快速闭合和升压阶段。在此段内以最快速度使压板闭合，并快速将压力升到最高值。目的是防止靠近热压板的胶层过早固化，影响胶合质量。

第二阶段：AB段，称保压阶段或固化阶段。

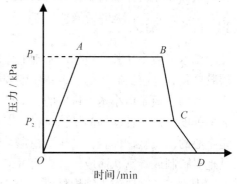

图11-6 热压曲线

此段是胶合的主要过程。此间温度、压力、时间三个因素对板坯内部进行复杂的物理—化学变化的综合作用，使胶层固化达到胶合目的。

第三阶段：BCD 段，为降压阶段。第一步由最高压力 P_1 降到与热压板中板坯内部蒸汽压力相平衡的压力 P_2，主要是为了防止产生鼓泡、分层，降压可快些。第二步由平衡压力 P_2 降到零，这步降压要缓慢，板中蒸汽缓慢排出，避免蒸汽破坏胶层或产生鼓泡。第三步压板快速张开，以减少辅助时间。

在胶合过程中，热压板要给板坯一定的压力，目的是使单板和胶黏剂很好地接触，并使胶黏剂流展成薄薄的一层。压力大小根据制品的树种、胶种、单板厚度、单板施切质量和制品的种类而定。

板坯加热是为了胶层固化。温度主要根据胶种确定。血胶多用 120 ℃，脲醛胶 110 ~ 120 ℃，酚醛胶 130 ~ 160 ℃。

胶合时间是指从压力升到规定高压值时起，到开始卸压时的一段时间，即热压曲线图上的 AB 段。热压时间的长短，是要保证胶层大部分达到固化程度，即离热压板最远胶层的周边部分达到要求的温度，卸压后能保证最大胶合强度。影响热压时间的因素很多，如板坯厚度、热压温度、单板含水率、单位压力、胶层凝固程度等。

压力、温度、时间是热压的三要素，对产品质量影响很大，应试事前验以找出最佳方案。

11.1.4.4　胶合板加工

用各种方法胶合而成的胶合板，都是毛边板，表面粗糙。为了使其幅面尺寸和表面粗糙度等符合胶合板产品国家标准规定的质量要求，必须进行裁边和表面净光，这些均称作胶合板加工。

胶合后的毛边板，比成品规格尺寸略大，留有 25 ~ 30 mm 的裁边余量。裁边是在毛边板的四周进行，即纵向和横向裁边。经裁边后的胶合板边部光滑平直，四周都为直角，二条对角线之差和长、宽尺寸偏差要符合国家标准质量要求。可用圆锯或纵横裁边机裁边。

根据国家标准，胶合板正面必须净光，国内用板背面不净光，出口板的背面则必须净光。表面净光的方法分刮光和砂光两种，分别在刮光机和砂光机上进行。

11.1.5　细木工板

细木工板是在胶合板生产基础上，以木板条拼接或空心板作芯板，两面覆盖两层或多层胶合板，经胶压制成的一种特殊胶合板。细木工板的特点主要由芯板结构决定。实心细木工板的芯板是由小木条拼成的，不易翘曲变形，结构稳定，两面再覆以单板，保证了产品的强度，是一种良好的结构材料。空心细木工板分为夹心板和蜂窝板等。夹心细木工板是空心的，质坚，体轻，结构更稳定。夹心板的芯板为木框结构；蜂窝板的芯板是用纸或其他材料制成蜂窝状而成板，表面再覆以胶合板制成空心细木工板。

细木工板主要作为结构材料，被广泛应用于家具制造、缝纫机台板、车厢、船舶等的生产和建筑业等。其中，实心细木工板多用于车厢、船舶装修的壁板、高级家具、建筑壁板、门板；空心细木工板主要用于门板、壁板、家具、航空工业。

11.2　刨花板生产

11.2.1　刨花板的概念及用途

刨花板是用木材加工剩余物或小径木等做原料，经专门机床加工成刨花，加入一定数量的胶黏剂，再经成型、热压而制成的一种板状材料。

刨花板主要用于家具制造、建筑内部装修、产品包装和其他工业部门。

刨花板生产是利用废材解决用材短缺问题，是进行木材综合利用的重要途径之一。据统计，$1.3\ m^3$的废材可生产$1\ m^3$的刨花板，可代替$3\ m^3$原木制成的板材使用。

与胶合板比较，刨花板的特性：直立性（挺度）较好；没有拼缝；纵向、横向强度基本一致；采用各种结构，能达到不同的目的；轻质刨花板具有隔音、隔热的性能；但吸水膨胀率大，中间需加防水剂。

11.2.2　刨花板分类和结构特点

刨花板分类方法很多，目前尚无统一的分类方法，常用的分类方法如下。

(1)按刨花板密度分类

①低密度刨花板　密度为$250\sim400\ kg/m^3$。

②中密度刨花板　密度为$400\sim800\ kg/m^3$。

③高密度刨花板　密度为$800\sim1\,200\ kg/m^3$。

(2)按制造方法分类

①平压法刨花板　刨花平铺在板面上，垂直于板面加压。这种刨花板纵、横向强度相差很小，吸湿膨胀在长、宽方向上变化小，而在厚度方向上变化则大些。

②辊压法刨花板　刨花平铺在板面上，板坯在钢带上前进，回转压辊加压，压力垂直于板面。这种刨花板性质与平压法刨花板相同。

③挤压法刨花板　制造时碎料平行于板宽方向分布，加压压力方向与刨花板面平行。此种板平面静曲强度低，特别是纵、横向强度差异明显，吸湿膨胀在长度方向上大，在厚度方向上小。

(3)按结构分类

①单层结构刨花板　在板的厚度方向上，刨花形状、尺寸大小没有变化，施胶量也相同。

②三层结构刨花板　上、下表层由专门生产的平刨花或微型刨花、木纤维等组成，中层则用大刨花或废刨花。表层刨花施胶量大，芯层刨花施胶量小。

③渐变结构刨花板　在垂直板面的断面上，从表面到中心，刨花由细逐渐变粗，表层与芯层无明显界限。

④定向结构刨花板　刨花铺装时通过机械或静电定向使刨花按一定方向排列的刨花板。

（4）按原料分类

①木质刨花板　用木材生产加工剩余物或废木材、小径木材等为原料生产的刨花板。

②非木质刨花板　用亚麻、甘蔗渣、棉秆等非木质材料为原料生产的刨花板。

11.2.3　刨花板生产工艺流程

刨花板生产工艺流程因使用原料、产品品种、设备等的不同而不同，但作为工艺流程的主要工序则是相同的，如原料准备、刨花制造、刨花干燥、拌胶、板坯铺装、热压、最后加工等。

上述这些工序在工艺流程中是连续的，只依据具体条件而有所增减。

（1）单层刨花板生产工艺流程

单层刨花板生产工艺流程如图 11-7 所示。

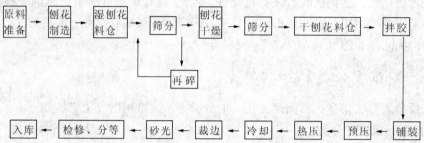

图 11-7　单层结构刨花板工艺流程示意

（2）三层结构刨花板生产工艺流程

三层结构刨花板生产工艺流程如图 11-8 所示。

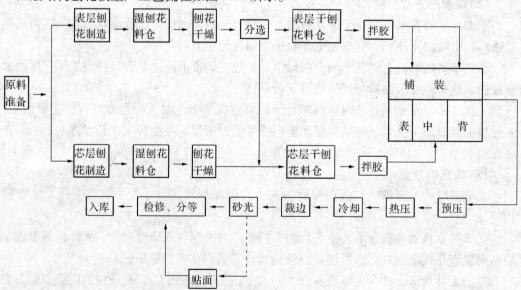

图 11-8　三层结构刨花板工艺流程示意

(3)渐变结构刨花板生产工艺流程

渐变结构刨花板生产工艺流程如图 11-9 所示。

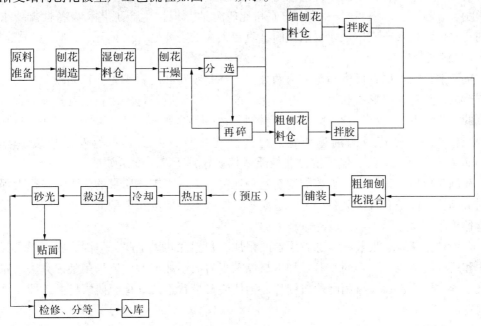

图 11-9 渐变结构刨花板工艺流程示意

11.2.4 刨花板生产的主要工序

11.2.4.1 刨花制造和储存

(1)原料

生产刨花板的原料很多,有木材、竹材和农产品废料等。但从世界各主要刨花板生产国家的情况来看,90% 以上都是以木材为原料的。

①原料来源 由于各国森林资源和木材工业发展的程度不同,刨花板生产所采用的木材原料种类也不相同,但总的趋势是综合利用废材、小径木及各种木材加工剩余物。农作物废料主要有亚麻杆、甘蔗渣、稻草、花生壳等含有纤维的农作物废料,都可作为刨花板的原料。但由于运输、保管、储存等方面有困难,目前还很少采用。其他原材料如竹材、芦苇等也可作刨花板原料,但因原料来源少、成本高,故很少采用。

②原料选择 原料对刨花板性能有影响,因此,对原材料应有选择的、合理的搭配使用。一般原料树种以针叶材优于阔叶材;密度小的木材比密度大的制成刨花板强度高;工厂刨花制成的刨花板强度较低;树皮含量在 10% 以下时对刨花板质量影响不大,但桦树皮不能用。

③原料贮存 为了保证连续生产,刨花板生产企业应储备一定数量的原料。储存量视生产规模大小、原料来源远近和运输条件而定。一般为 14 ~ 30 天生产所需要的贮量。木材和边角料在露天堆放,木片和刨花在棚内贮放。堆放场地要考虑通风、有防火通道和运

输通道等。

④原料准备　各种不同来源的原料，其含水率相差很大，木材含水率对刨花制造有很大影响。一般选含水率 40% ~ 60% 的原料比较合适。根据生产工艺和设备性能要求，制造刨花之前，长木段应按尺寸要求截断，直径太大的需要劈开或锯开。

(2) 刨花制造

按制造方法不同，可将刨花分为两大类：特制刨花和废料刨花。特制刨花是用专门机床制造的，具有一定形状和尺寸，基本保证纤维完整，质量好。废料刨花是以各种木工机床上的加工废料为原料。特制刨花和废料刨花都分很多种类。生产刨花板选用哪种刨花，要看原料来源、刨花板的用途决定。评定刨花好坏，主要是看刨花的厚度，若能在 0.2 mm 左右，无论大小，制成的刨花板质量都较好，所以厚度是关键。

在刨花板生产过程中，刨花的制造是一道关键工序，刨花质量的优劣，在很大程度上与制造刨花的设备有直接关系，为了适应不同原料、不同刨花类型的要求，国内外设计了许多种机床可供选择。

在各种刨花制造工艺中，都有原料的粗加工和刨片两道工序，但因原料不同，其加工方法和所用设备也各不相同。对各种木材加工废料的粗加工，主要采用削片方法，先制成规格基本一致的木片，再用刨片机刨片，刨切成薄带状木片，再经研磨机磨碎即成所要求的刨花。

(3) 刨花储存

在刨花板生产中，为了保证各工序连续不断地生产，在各工序之间必须储备足够的备用材料。所以刨花制造后、干燥前设湿刨花料仓，干燥后设干刨花料仓，板坯铺装前设拌胶刨花料仓，用以储备各种状态的刨花。储存数量视生产规模和生产具体情况而定，一般为 1 ~ 2 h 的生产量。

11. 2. 4. 2　刨花的干燥、分选和拌胶

(1) 刨花干燥

刨花含水率的大小对刨花板的热压过程及产品质量都有较大影响。原料制成刨花时，如果刨花含水较高，经拌胶后，含水率会更高，热压时，将消耗更多的热量，延长热压周期，降低压机生产率，并且容易使刨花板产生鼓泡、分层等缺陷。刨花如不经干燥，还容易产生翘曲、变形，降低产品质量，所以必须进行刨花干燥。

研究表明，干燥后刨花的含水率控制在 3% ~ 6% 时较合适。

刨花体积小，呈疏松状态，在干燥过程中不必考虑变形和开裂等缺陷。因此，可采用较高的温度和较低的相对湿度进行快速干燥，但要注意防火。目前常用的刨花干燥设备主要有接触加热回转圆筒式干燥机和气流干燥机两种。

(2) 刨花分选

用切削和其他方法生产的刨花，即使经过均匀地再碎，规格也往往不一致，总有一部分粉尘、碎屑和超过要求的大刨花。过细的粉尘和碎屑混在刨花中，会消耗过多的胶料；过大的刨花则会降低刨花板的质量。近年来，细表层结构的刨花板不断发展。这些都需要进行刨花分选。

分选方法有机械分选、气流分选、气流—机械分选。

(3) 刨花施胶

施胶，就是向刨花施加胶黏剂、防水剂、防火剂、防腐剂、硬化剂等胶合化学药剂，使刨花板具有一定的强度及防水、防火、防腐等性能。

刨花是散状物体，为使胶均匀分布在刨花表面上，在实际生产中，大都采用雾状喷洒胶液的方法，同时利用机械搅拌，将刨花抛散开来，使刨花每个表面都暴露在胶雾中，以达到均匀着胶的目的，所以刨花的施胶又称刨花拌胶。

刨花板使用的胶黏剂，主要为热固性脲醛树脂胶。生产上都希望施胶量小，而制成的刨花板强度高，质量高。不同结构的刨花板，施胶量不同。

11.2.4.3　板坯铺装和预压

(1) 板坯铺装

将施过胶的刨花铺成一定幅面和厚度的板坯，这一过程称为板坯铺装。铺装质量直接影响刨花板的质量。

铺装工艺要求：首先，要求铺装板坯厚度必须均匀一致，使板面任意处的密度相同，物理力学性能一致；其次，刨花板在厚度上对称层的刨花规格、树种、含水率一致，保证对称层结构不失去平衡和不翘曲变形；第三，三层结构刨花板在铺装时，拌胶量多的细刨花铺在表层，粗刨花铺在中层；第四，铺装过程中必须掌握板坯密度的变化，及时采取相应的控制措施，调整板坯密度，保证定量铺装。

板坯的铺装方法很多，有连续式的和周期式的；有手工铺装、机械铺装、气流铺装和定向铺装等。选择什么方法，应根据产量大小和生产过程机械化、自动化程度来决定。

(2) 板坯预压

预压是指在室温下，将松散的板坯压到一定的密实程度。预压的目的：一是使板坯密实，在输送过程中刨花不会移动，避免边部松塌；二是压机的压板间距可以缩小，以降低压机高度和柱塞长度，可缩短压机压板闭合时间；三是防止热压机压板闭合时，大量空气冲出将板坯边缘吹坏。

11.2.4.4　热压与加工

(1) 热压

热压是指刨花板坯通过热量和压力的作用，制成一定密度和一定厚度的刨花板。热压的基本作用有两个：一是将板坯压实到要求的厚度，使刨花相互之间紧密接触；二是加热使刨花表面的胶层温度升高并固化。

生产中，热压曲线根据具体情况适当变化。一般包括高压保压阶段、降压排气阶段和降压缓冲阶段。温度、压力和时间是热压过程中三个主要因素。

高温加热，热量向芯层传递快能使热固性胶黏剂迅速固化。不同胶种要求不同的固化温度。酚醛胶的固化温度为 $180 \sim 200 \ ℃$，脲醛树脂胶多采用 $140 \ ℃$。

(2) 刨花板加工

经过堆放或冷却的刨花板，根据要求的成品规格进行纵横裁边，然后进行表面砂光。

一般使用三辊式砂光机和宽带式砂光机，最先砂磨是为了校准刨花板的厚度（粗砂纸），其次用细砂纸砂光板面，为表面装饰打好基础。

11.2.5 刨花板发展动向

刨花板在三板发展史上是发展最晚的，但发展速度最快。其高速度发展的原因主要有：木材短缺，急需利用废材来解决木材的不足；建厂投资少，规模不受限制，工艺简单；劳动生产率高，成本低，耗电、耗水少，对环境污染相对小；产品用途广泛，原料来源丰富。

当前世界刨花板工业发展的动向：

①产量继续高速增长，生产规模越来越大。

②工艺设备向高度机械化、自动化发展。压机分多层和单层压机，分连续平压法压机和连续辊压法压机。有的整个生产线只用 2～3 人在中央控制室操纵就可以。

③产品向混合结构发展。如用薄刨花板作胶合板芯板等。

④研制新胶种。

⑤应用新工艺、新技术，增加新品种。

11.3   纤维板生产

纤维板是以植物纤维为原料，经过纤维分离、成型、热压（或干燥）等工序制成的一种人造板材。2 m^3 木材废材可生产 1 m^3 纤维板，而 1 m^3 纤维板可以顶替 3 m^3 原木使用。生产纤维板是节约利用废木材的有效途径之一。

11.3.1 纤维板分类及用途

11.3.1.1 纤维板的分类

纤维板分类方法很多，可按原料、密度、光滑面多少、成型介质、生产方法、结构、用途和外观等进行分类。

（1）按原料分类

木质纤维板：用木材纤维为原料生产的纤维板。

非木质纤维板：以非木材类纤维为原料生产的纤维板。

（2）按密度分类

硬质纤维板的密度在 0.8 g/cm^3 以上。

半硬质纤维板的密度在 0.4～0.8 g/cm^3，其中密度在 0.5～0.8 g/cm^3 的称中密度纤维板。

软质纤维板的密度在 0.4 g/cm^3 以下。

（3）光滑面多少分类

一面光纤维板：一面光滑，另一面有网痕。

两面光纤维板：两面均光滑。

网痕纤维板：两面均有网痕。

（4）按成型介质分类

湿法成型：以水作为纤维运输和板坯成型介质，借助于板坯内水的表面张力和塑化作用，在热压过程中纤维与纤维之间形成牢固的结合力。

干法成型：以空气作为纤维运输和板坯成型的介质，加胶、加热制造。

半干法成型：属于干法范畴，不同之处在于纤维不预先干燥，不加或少加胶制造。

11.3.1.2 纤维板用途

纤维板在制造过程中，可根据不同用途，采取相应措施，使纤维板具有所要求的性质，如防火、防腐、防射线等性质。

硬质纤维板强度大，多用于车辆、轮船、飞机的装修以及建筑业、家具制造业等方面。

软质纤维板具有绝缘、隔热、吸音等性能，主要用于建筑部门，如作播音室、影剧院的壁板及天棚等。

半硬质纤维板是家具制造、建筑内部装修的优良材料。

随着人造板表面装饰工艺的不断发展，产品种类越来越多，用途也越来越广泛。

11.3.2 纤维板生产方法

纤维板生产方法很多，按成型介质分为湿法和干法两大类。

湿法是目前主要的制造工艺，其特点是以水作为纤维运输和板坯成型的介质，成型后的湿板坯含水率为60%～70%。借助于板坯内水的表面张力和塑化作用，在热压过程中纤维与纤维之间能形成较为牢固的结合力。湿板坯干固方法可分为干燥法（用于生产软质纤维板）和热压法（用于生产一面光硬质、半硬质纤维板）两种。

湿法的优点是：不用胶黏剂，有时少量使用胶黏剂是为了进一步提高产品质量。其缺点是：需大量用水，造成纤维流失和环境污染。可用封闭水循环或废水处理的方法达到允许排放的标准。

干法的特点是以空气作为纤维运输和板坯成型的介质，成型后含水率仅为5%～10%。整个过程是经纤维分离、浆料处理（施胶处理等）、干燥、气流成型、热压而制成两面光纤维板。因板坯缺乏水分，单凭热压过程中的压力和温度的作用，在纤维与纤维之间不能形成足够的结合力，故需加胶黏剂，以提高产品强度和耐水性。

干法的优点是：用水少，基本上不产生污水，可在水源缺乏地区建厂；热压周期短，生产率高；对原材料要求低。缺点是：用胶量大，成本高；细纤维板粉尘和树脂挥发物对环境有污染。

半干法生产属于干法范畴，与干法不同之处在于将板坯的含水率提高到25%～35%（纤维不预先干燥），以达到不加或少加胶黏剂的目的。产品为一面光或两面均有网痕的硬质或半硬质纤维板。目前半干法生产中还存在一些技术难题，有待进一步研究。

11.3.3　纤维板的生产工艺流程

（1）湿法纤维板生产工艺过程（图 11-10）

选原料→制片（削片机）→筛选（磁选）→水洗→料仓→热磨→精磨→浆料处理（添各种化学药品）→板坯→脱水成型→板坯的截断→预压→热压→热处理→吸湿处理→裁边→（贴面）→检验、分等→入库

图 11-10　湿法纤维板生产工艺过程示意

（2）干法纤维板生产工艺过程（图 11-11）

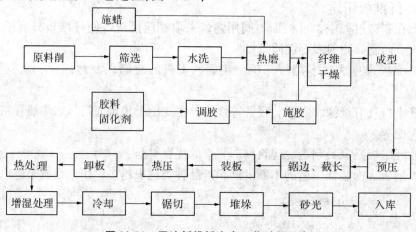

图 11-11　干法纤维板生产工艺过程示意

11.3.4　纤维板生产的主要工序

11.3.4.1　原料准备

（1）原料及选择

凡是具有一定纤维素含量（纤维素占 30% 以上）的植物都可作为纤维板生产原料，其来源非常丰富。目前，纤维板生产主要使用木材纤维作原料，其次是用禾本科的茎秆纤维作原料。有时从废物利用的角度，把其他各类植物纤维少量地用于小型纤维板工厂作原料。

原料质量是决定产品质量的关键之一。原料质量主要取决于纤维素含量。纤维素含量高，意味着浆料的得率高，产品强度高，耐水性好。纤维素含量低于 30% 的植物，对纤维板生产无使用价值。

纤维板生产是解决木材资源不足的重要途径。当前生产纤维板所用原料主要是木材加工废料和伐区剩余物或其他非木材原料（甘蔗渣、棉秆、竹材等）。这对于缺乏木材地区则更显得重要。生产 1 m³ 纤维板需要 1.2~1.5 t 的绝干原料。

建企业时必须因地制宜地选择原料品种，并根据原料确定生产规模和工艺流程。选择原料时除质量外，还必须考虑原料的生产量和成本。有的原料虽然多，但是运输困难，影响使用。原料成本与运输成本要统一考虑。厂址选择应力求接近原料地。

原料还要按质量优劣及品种搭配使用。树皮含量应控制在 20% 以内。

（2）原料储存

不同的纤维原料要求不同的加工条件，而由不同的原料所制得的浆料的性质也不相同，为创造合理的工艺条件，保证产品质量及提高设备利用率，必须把各种原料分别储存。原料储存场地应干燥、平坦，有良好的排水条件。原料储存量由工厂的规模、原料来源及运输条件而定。但至少应留有供 1 个月生产的储存量。季节性供应时，应储存更多的原料。

（3）备料工艺

备料是纤维板生产的第一个工序，一般包括削片、筛选、再碎、磁选、水洗等工序。不同的原料对应不同的切片设备和相应的工艺流程。

生产中要求木片均匀且合乎规格要求。木片规格以长 16～30 mm，宽 15～25 mm，厚 3～5 mm 为宜。原料含水率在 35%～40% 为宜。

削片时总有一些过大木片和碎屑出现，需要用筛选机筛选。碎屑必须除掉。筛选出的过大木片需要再碎，再碎后的木片要重新筛选。

为了保证纤维分离设备正常工作，在木片进入料仓前必须经过电磁吸铁装置——磁选器，以清除金属物。

木片经水洗，清除夹杂在木片中的泥沙、碎石块、金属物、灰尘等，同时可提高木片含水率。进入热磨前，木片适宜的含水率为 40%～50%。

11.3.4.2　纤维分离

纤维板制造过程对植物纤维本身来说，是一个先分离而后又重新结合的变化过程。纤维分离（又称制浆、解纤），即指植物原料分离成细小纤维的工艺过程。它是纤维板生产的关键。

（1）纤维分离的目的和要求

纤维分离的目的是将木材或其他含有纤维的原料，分离成单体纤维或纤维素，制成纤维浆料。根据纤维板结合原理，对纤维分离的基本要求是，在纤维尽量不受损失的前提下，消耗较少的动力，将植物纤维分离成单体纤维或纤维素，使浆料具备一定的比表面积和交织性能，为纤维之间的重新结合创造条件。

（2）纤维分离方法

纤维分离方法分机械法和爆破法两大类。机械法又分加热机械法、化学机械法和纯机械法 3 种。

加热机械法是先将木片用热水或饱和蒸汽进行水煮或汽蒸，使纤维胞间层软化或部分溶解，之后在常压或高压条件下，经外力作用分离成纤维（如热磨法）。这种方法是目前国内外采用的主要方法。

化学机械法是先用少量化学药剂对木片进行预处理，使木素和半纤维素受到某种程度的破坏或溶解，之后再经机械外力作用分离成纤维。此法已基本被加热机械法代替。

纯机械法是将原料用温水浸泡后直接磨成纤维。以原木段作原料时用磨木浆法，以木片为原料时用高速磨浆机法。两者国外都有应用。

爆破法是将木片放在高压密闭容器中，用高温高压蒸汽进行短时间热处理，使木素软化，以提高木片中水分的压力。之后突然启阀放到大气中，木片在高压蒸汽的突然膨胀、爆破下，被分离成棉絮状纤维或纤维素。

11.3.4.3 浆料处理

植物纤维是一种亲水性材料，由它制成的未经防水处理的纤维板，吸湿吸水性强，吸湿后易发生变形，降低强度，增加导电性和导热性，容易腐朽，从而使其应用范围变小，使用寿命降低。所以要进行浆料的防水处理，以提高产品的耐水性。此外，为了提高纤维板的强度、耐火和防腐性能，也可对浆料进行增强、防火和防腐处理。对浆料进行种种处理，改善纤维板制品的有关性能，这是纤维板生产的一大特点。

(1)防水措施

目前生产中采取的防水措施有：①加防水剂；②加胶合剂；③加硫酸铝；④对产品进行热处理；⑤产品涂漆或贴面。前三种属于浆料处理，后两种属于产品加工。

纤维板生产中使用的防水剂种类很多，应用最广的是石蜡乳液、松香乳液和石蜡—松香乳液。石蜡—松香乳液多用于硬质、半硬质纤维板生产，松香乳液（俗称松香胶）多用于软质纤维板生产。

施加防水剂可在打浆池、浆池或施胶箱内进行，生产中称为施胶。施胶包括向浆料中施加防水剂、酚醛树脂及沉淀剂等。

(2)增强处理

对纤维板的强度，尤其是对湿板强度有特殊要求时，或者原料质量低劣时，均需要对浆料进行增强处理。

纤维板生产使用的增强剂主要有合成树脂、血胶、淀粉等。合成树脂中以酚醛树脂应用得最普遍，脲醛树脂和三聚氰胺树脂次之。

增强剂应满足下述条件：可溶于水，不起泡沫，能被纤维吸附，适应纤维板的热压或干燥工艺条件。选择增强剂还必须对其用量、成本效益、货源等进行综合考虑。

(3)耐火处理

纤维板作为建筑材料，其耐燃性是很重要的性能指标。未经耐火处理的各种纤维板是可燃材料，其中软质纤维板是易燃材料。因此，提高纤维板耐火性也是一个重要问题。

浆料耐火处理有两种方法：一是在浆料中施加不燃物质，如石棉、矿渣棉、云母、玻璃纤维、氧化镁等，用这类物质的不燃性来增加纤维板的耐燃性；二是在浆料中加耐火药剂，如铵盐、碱盐和金属化合物。

11.3.4.4 制板

(1)成型

体积分数（浓度）为1%～2%的浆料，经过成型设备，制成一定规格和具有一定密实度的湿板坯，称为板坯成型。

成型方法分周期式的木框成型、连续式的圆网或长网成型等。现在生产中多用长网成型。

（2）热压

将板坯放在热压机中加热、加压制成厚 3 ~ 4 mm，而且具有一定机械强度和耐水性的纤维板，即为热压。

湿法硬质纤维板采用三段加压，一般包括挤水阶段、干燥阶段和塑化阶段。热压曲线随生产工艺改变而变化。

（3）纤维板后期处理

①热处理　实际上是热压过程的继续。只是此时纤维板在无压条件下加热，使热压中未完成的某些物理化学变化移至热处理室来完成。在温度 160 ~ 180 ℃中处理 2 ~ 4 h。经热处理可以提高产品强度 30%，提高耐水性，吸水率可下降 30%。

②加湿处理　经过热处理后的纤维板处于绝干状态，直接置于大气中会吸湿变形、翘曲，这就需要进行加湿处理，可人为地使板内各处含水率均匀提高，达到与大气相平衡的状态。方法有周期式加湿室加湿和连续式加湿机加湿。生产中多用加湿机加湿。

③裁边及特种加工　热压后的纤维板为毛边板，需经裁边锯裁边。常用滚刀裁边。多数在热处理后进行。

特种加工是为了扩大纤维板的使用范围，并按具体要求进行的。如打眼、裁成小块地板料、端部开槽、浸油、表面开槽沟等。

11.3.5　纤维板发展动向

国外纤维板生产开始于 20 世纪初。我国经过三十年改革开放，纤维板生产发展很快，已形成完整、独立的工业体系。

当前纤维板发展的动向是：硬质纤维板的产量迅速增加，树种的利用越来越广泛，企业规模也增大；压机向多层、大幅面、同时闭合的方向发展，生产线向自动化迈进。干法纤维板发展迅速，又出现了半硬质纤维板，如今有向"三板合一"发展的趋势。湿法纤维板的污水处理问题，由于采用封闭循环用水，用水量由 20 ~ 40 t/m³，降到 1.5 ~ 2 t/m³，经微生物及化学处理，再提取饲料酵母等一系列措施，基本得到解决。新品种、新工艺、新设备不断出现。

11.4　人造板表面装饰

为了节约木材，大力开展木材综合利用，人造板工业得到迅速发展，因而产生了人造板的表面装饰工艺。各种人造板经过表面装饰处理之后，不但可以提高产品质量，而且还扩大了使用范围。人造板表面装饰也称二次加工。

11.4.1　人造板饰面处理的目的

人造板饰面可提高装饰效果。一些人造板失去了木材天然纹理，色彩单调，经过饰面处理之后，表面美观，色彩多样，可提高装饰效果。

人造板饰面可改善人造板物理力学性能。经装饰后板面具有良好的耐磨、耐热、耐气候和耐腐蚀性能；经贴面处理后静曲强度、刚度和抗拉强度等均有提高；还能提高板面的化学稳定性。

人造板饰面可简化人造板制品的生产工艺，可使人造板生产过程省去表面装饰工序，使家具生产工艺发生根本性的变化，由木框嵌板结构发展到板式结构，从而为生产连续化、自动化、部件通用化等创造了良好的条件。

11.4.2 人造板饰面处理方法

人造板饰面处理方法很多，这方面的新产品、新工艺和新技术有了较大的发展，但还没有一个较定型、完整的分类方法。通常可以这样分为三类：贴面装饰、直接印刷和机械加工处理，如图 11-12 所示。

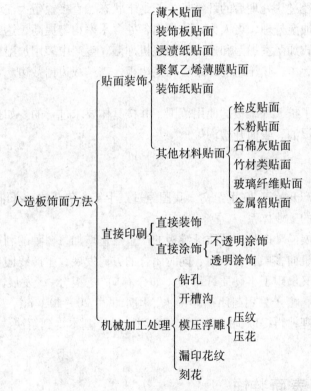

图 11-12 人造板饰面方法分类图

11.4.3 人造板饰面对基材的主要要求

需要进行饰面处理的材料称为基材。对人造板进行饰面处理，基材就是人造板。若基材的性质和质量不符合要求，即使采用最先进的饰面工艺和设备，也难以生产出高质量的饰面人造板，这就是说，饰面处理对基材的性能有一定的要求。

(1) 基材表面应光洁平整

人造板表面必须光洁平整，不同饰面方法对基材表面粗糙度有不同要求。例如，天然薄木贴面要求基材粗糙度 8 级。

提高基材表面粗糙度的方法有两种，一是在制造人造板时从工艺上着手，以提高板面粗糙度；二是对基材表面进行砂光。

(2)基材表面应有足够的强度

因为刨花板、纤维板在一定范围内，表面强度与密度几乎成正比，所以可用密度来鉴别表面强度。实践经验表明，表面密度为 $0.8 \sim 0.9$ g/cm^3 时，贴面层很难与基层分开，贴面质量好。

刨花板和中密度纤维板，在断面上各层的密度不均匀，表层都出现一个密度下降区。要使饰面与基材结合强度好，就必须把表层低密度区砂掉，否则饰面后易于脱落。另外，在板面上各处的密度应均匀一致，否则贴面后，也会因变形的不同而产生不平。

(3)基材应有适宜的含水率

许多饰面缺陷是由于水分作用引起的。基材含水率在板内分布必须均匀，否则饰面后，随板内含水率逐渐扩散均匀后，板将变形、翘曲。所以基材要堆放一段时间，使板内水分分布趋于均匀一致。同时，饰面对基材的含水率还有一定要求，如刨花板饰面时含水率以 $8\% \sim 10\%$ 为宜。含水率低时胶合较困难；含水率高时，在装饰表面的下方将产生蒸汽泡，导致饰面部分脱落。

11.4.4 几种主要的饰面方法

(1)三聚氰胺装饰板贴面

三聚氰胺装饰板贴面是用分别浸有三聚氰胺树脂和酚醛树脂的几种胶膜纸压制成的装饰板(又称塑料贴面板)对人造板进行贴面。

三聚氰胺装饰板贴面的特点是表面平整、光洁；质地坚硬、耐磨，热稳定性好，耐热、耐烫；化学稳定性好，耐水、酸、碱等腐蚀；色调鲜艳、美观，图案多样；经久耐用，使用、维护方便，是一种性能良好的装饰材料，应用广泛。其缺点是成本高，制造工艺较复杂。

三聚氰胺装饰板生产工艺流程如图 11-13 所示。

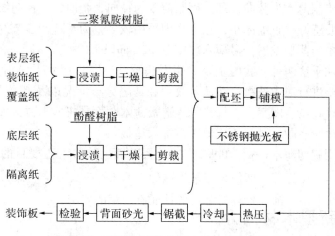

图 11-13 三聚氰胺装饰板生产工艺流程示意

（2）浸渍纸贴面

人造板浸渍纸贴面是将浸有合成树脂的各种专用胶膜纸直接贴在人造板上的一种饰面方法。使用此法后板面质量好、工艺简单、成本低，所以越来越广泛地被用于人造板饰面。

人造板浸渍纸贴面的工艺分两部分：一是制作浸渍胶膜纸；二是人造板与胶膜纸贴合。

浸渍纸贴面的种类有三聚氰胺树脂浸渍纸贴面、酚胺醛树脂浸渍纸贴面、聚邻苯二甲酸二丙烯酯树脂浸渍纸（简称"DAP"树脂）贴面、鸟粪胺树脂浸渍纸贴面等。

上述各种浸渍纸贴面的方法，都是把浸渍纸直接贴在已经制好的人造板上，省去了制成装饰板的工序，简化了工艺过程，节省了生产设备，提高了生产效率，深受生产单位欢迎。

近年来又出现了一次覆塑工艺，即把贴面与人造板铺坯结合在一起，一次压制成装饰人造板。从装饰板贴面工艺的三次加压，到浸渍纸贴面工艺二次加压，进一步简化为一次加压，既节省了设备、占地面积，又节省了人力、动力、原料等，也使工序大大简化，把人造板表面装饰工艺提高到一个新的水平。一次覆塑受到国内外的重视，我国目前也有生产。

（3）薄木贴面

薄木贴面是将纹理美观大方的薄木胶贴在人造板的板面上。人造板经薄木贴面后不仅木纹真实、新颖，色泽自然、清晰，具有天然木质感，而且强度明显提高，具有较高的实用性和装饰性，可用来制作高档产品。

薄木贴面能够最有效地利用纹理美观、大方的珍贵材。生产中还可以根据贴面的特殊要求将薄木选拼成各种图案、花纹，使薄木贴面装饰板比其他装饰材料具有更加独特的优点。所以，薄木贴面是目前广泛采用的一种方法。

薄木的制作方法有旋切法、半圆旋切法、刨切法和锯制法等。目前国内外主要采用旋切法和刨切法。旋制薄木为弦向纹理。刨制薄木为径向、弦向、半径向纹理。径向纹理美观大方、天然木质感好，收缩率小，在生产中采用较多。为了进一步节约珍贵木材，提高木材利用率，薄木向薄型发展。微薄木厚度在0.2 mm以下。

贴面分湿法和干法两种。我国主要采用干法胶贴，即将薄木干燥到含水率为10%以下胶贴。胶贴前要进行薄木选拼。按薄木纹理和缺陷分布情况以及制品贴面部分的规格，将薄木选拼成各种花纹、图案。大规模的人造板薄木贴面是将薄木拼接成比人造板规格稍大的幅面，而后涂胶、配坯、热压成薄木装饰人造板。

我国目前采用旋切薄木（称作单板）作刨花板贴面的较多，主要目的是要遮盖住刨花板表面不平等缺陷。

11.5　主要新型木材简介

11.5.1　集成材（胶合木）

集成材是把长度较短、宽度较小、厚度较薄的锯制板、方材，平行于纤维方向，用胶黏剂沿其长度、宽度或厚度方向胶合而成的具有规定形状和尺寸的结构或非结构材料。

集成材是将小规格材或短料接长，按木材色调和纹理配板并胶拼而成的板材。板材接长：可以采用对接、斜接或指接等方法。对接最简单、最经济，但强度低；斜接时斜度越小，胶合强度越大，常用斜率为1/10；指接是把端面切削成锯齿形面而进行胶合的方法，强度可达健全材的60%~80%。板材的拼宽：对于一般室内用集成材不必进行侧面胶合，但对于要求具有较高胶合强度和耐久性的集成材，则必须进行侧面胶合。

集成材的特点是：由短小料制造成所要求的尺寸、形状，可以实现小材大用、劣材优用；集成材胶合前，可以剔除节子、腐朽等木材缺陷，也可以将缺陷分散，从而制造出性能优良的材料；集成材原料经过充分干燥，即使是大截面、长尺寸材，稳定性也良好，而且保留了天然木材的纹理、色泽；按照需要，集成材可以进行防火、防腐预处理，加工成通直或弯曲形状；与实体木材相比，集成材出材率低，产品的成本高。

集成材基本上没有改变木材本来的结构，或者说集成材中天然木材特性仍占主导作用，因此，集成材仍属于天然材料。其抗拉和抗压强度优于同规格的天然板材。通过选拼，集成材的均匀性和尺寸稳定性优于同规格的天然木材。

在国外将其作为建筑结构材，即用来代替大径级原木所制成的梁或其他结构用材。在我国集成材也广泛用于拱形建筑、梁、木制品的龙骨、构架、车辆构件、地板、铁道枕木、电柱托架等处。它在结构用材中应用越来越广泛，是木结构用材的发展方向。

11.5.2 层积材(LVL)

层积材是用旋切的厚单板数层顺纹组坯、低压胶合而成的一种结构材料。由于全部顺纹组坯胶合，故又称为平行合板(LVL)。

单板层积材的树种主要是松属、杉属等针叶树材。木段经水热处理软化后旋切成厚单板，干燥后含水率为2%~3%，采用淋胶方式，一般使用酚醛树脂或间苯二酚与苯酚的共聚树脂。顺纹组坯时，可将节疤多、材质差的单板配置在中间，表层用优质单板，然后加压胶合成板，最后锯成方材，并对其边缘刨削加工。对于高性能的单板层积材一般用多层较薄的单板加较高压力来生产。

单板层积材强度均匀、材质稳定，它不受原木径级、长度和等级影响，利用径级较小的原木、长度短不能加工的原木、缺陷多但可以旋切的原木，通过剪切和接长的方法生产出任意长度和大小的材料。不仅如此，单板层积材的出材率比成材出材率高出50%，并且由于具有裂隙，单板易于进行防腐、防虫、防火等处理。此外，生产单板层积材比生产胶合板消耗能量小，比成材干燥时间短，生产易于实现自动化。尽管它的成本比成材高22%，但利用其尺寸大和强度高的特点，可以补偿较贵的成本而获得广泛应用，如作屋顶和支架材料，可变换形式设计制造出各种风格的建筑物，还可制作地板托架、公路和铁路桥梁的圆拱等。

11.5.3 复合人造板材

随着木材加工技术的发展，为了进一步提高木材利用率，提高人造板物理力学性能，不断满足人们对高性能、多品种人造产品的需求，近年来出现了不同品种人造板之间的复合、人造板与其他材料(金属或非金属)之间的复合等, 这样形成的新板材称为复合人造板材。例如, 以薄定向刨花板为芯板、单板(或合板)为表板胶合形成的复合胶合板; 在胶合板坯中放置一层或几层金属网(金属板), 一次胶压而成的强化胶合板; 以刨花板、定向刨花板和单板结合生产的复合木结构框架、桁构梁。

其他复合产品也逐步出现, 包括由长条单板平行制造的 PSL、由大刨花制造的 LSL、由类似定向刨花板长条刨花定向制造的 OSL、由小圆木段挤压和拌胶制造的重组木等。复合人造板是木材利用更合理、更高级、更多样化的形式。

PSL: 是用接近 1m 长的松属单板定向制成。这种产品是在连续压机中用微波加热使酚醛树脂胶固化而制得的, 产品可以根据需要锯成任意大小和长度, 可以替代大幅面结构用针叶材用于对强度和可靠性要求均匀的场所。

LSL: 这种产品除了使用大刨花制造和施加不同树脂量外, 其余与 PSL 相似。它使用的刨花是在改进的盘式刨片机上生产出来的, 产品在喷蒸式热压机中压制固化。由于产品使用的是异氰酸酯树脂, 因而得到产品的颜色较浅。它主要作为 PVC 覆面的门、窗零部件, 或在建筑上作为横梁使用。

OSL: 一种新型复合产品, 它使用类似定向刨花板的长条刨花定向制造而成, 产品应用于家具制造或作为建筑材料。

复合板材最大的优点在于可以使用小木段生产出规格较大的材料, 而且原料的利用率很高, 通常可以达到 70%。尽管制造成本较高, 但复合人造板材无论强度还是均匀性和平直性均可与实木锯割的板方材媲美。实木锯割板方材的质量很大程度上是由原料质量决定的, 而复合人造板材质量取决于材料加工工艺。

11.5.4　压缩木

压缩木是木材通过加压处理而制成的质地坚硬、密度大和强度高的材料。根据使用要求不同, 在压缩之前可以对木材进行不同的预处理, 如水热处理、药物处理、金属化处理和浸渍树脂处理等, 以便生产出不同形式的压缩木。

普通压缩木是木材不经特殊处理直接压缩而成的, 为了便于压缩, 需要增加木材的塑性, 一般是将木材加热、加湿, 在水的增塑作用和热的软化作用下压缩。也可以使用尿素、硫酸等化学药剂或液态氨来增塑。木材压缩程度越大, 压缩木密度越大, 力学强度也越高, 吸水、吸湿速率也随之减缓, 但压缩超过一定限度时, 强度增加便有所减缓。根据普通压缩木的物理力学性能, 它适于制造纺梭、轴承材料、滑轮及各种模型。

木材表面压缩技术是指将干燥的针叶树锯材表层部分漫泡在水中预定的深度, 当掺入一定量水后, 用微波辐射加热, 由于木材表层部分含有水分, 从而使其得到软化, 然后将其直接放置在热压装置上压缩、压密, 再经干燥使压缩部分固定, 就得到了表面压密材料。这项技术可发挥针叶材的长处, 提高材料表面硬度和耐磨损性, 代替阔叶材使用。

木材整形技术是应用木材可塑性原理加热处理木材, 经过压缩、整形处理, 把木材从原木状态直接加工成方形。整形后的木材密度增大, 强度和耐磨性提高, 可用作建筑材料。

金属化压缩木是先用金属性填料对木材进行浸注处理, 制成金属化木材, 然后再压缩而成的特种压缩木，它比普通压缩木具有较高的导热系数和耐磨性，是一种特殊的轴承材料，也可作 X 射线检测室等处的装修材料。

11.5.5 塑合木

塑合木是在木材中注入乙烯系单体，经放射线照射聚合或添加引发剂，通过加热催化聚合而成的一种木材塑料。与同种木材相比，它具有密度大、尺寸稳定性好、力学强度高、耐热性强、表面光滑等特点，可经过预处理，提高板材防火等性能。塑合木可用作地板材料、建筑装配件(栏杆、扶手、楼梯踏板、门框、窗框等)，也可作为家具、室内装修、乐器材使用。

思考题

1. 什么是人造板？什么是胶合板？什么是刨花板？什么是纤维板？
2. 胶合板的结构特点是什么？
3. 胶合板的生产方法有哪些？有何特点？
4. 写出干热法制造胶合板的工艺过程。
5. 胶合板生产中木段的水热处理(即蒸煮)的目的是什么？
6. 刨花板是如何分类的？
7. 写出三层结构刨花板生产工艺流程。
8. 纤维板是如何分类的？
9. 写出湿法制造纤维板的生产工艺过程。
10. 纤维板生产中的浆料处理的目的和方法是什么？
11. 人造板饰面处理的方法主要有哪些？
12. 什么是集成材？有何特点？
13. 什么是层积材(LVL)？什么是压缩木？

第12章

林产品化学生产

12.1 概述

12.1.1 林产化学产品

林产化学产品是以森林资源为原料，通过各种化学加工或生物技术加工生产出的产品，简称林化产品。生产林化产品的工业称为林产化学工业。林产化学工业是整个林业体系中不可缺少的组成部分。该工业的主要产品有纸浆、纸板、松香、松节油、栲胶、紫胶、冷杉胶、生漆、精油、木炭、活性炭、醋酸、甲醇、酒精、糠醛及酵母等。

12.1.2 发展林产化学工业的意义

发展林产化学工业是合理开展综合利用森林资源的重要途径。林产化学工业可以综合利用林木资源，提高木材的利用率。一般林木经采伐和机械加工后，直接被利用的木材仅占立木材积的40%~60%，还遗留大量的剩余物。林产化学工业中的木材热解和木材水解，是利用木材采伐与加工剩余物的有效方法。木材热解是运用木材受热分解的原理，通过干馏、汽化、烧炭和活性炭生产，可以有效地利用森林中的低质材和木材加工剩余物制取多种有价值的林化产品。木材水解是将木材加工剩余物（如木屑、刨花等），在一定温度和催化剂的作用下，使木材组织中的多聚糖加水分解为单糖，然后进一步加工便可制得酒精、糠醛、葡萄糖和饲料酵母等价值高的产品。

林产化学工业可以充分利用森林资源，为发展国民经济提供不可缺少的重要物资。在大自然中，森林资源十分丰富，除木材外的树叶、树皮、树脂和果实，以及各种野生植物的根、茎、叶、花、果、汁等，都可通过化学加工而制得多种价值高、用途广的林化产品。例如，松脂经过化学加工，便可制得价值超过松木好几倍的林化产品——松香和松节油。该产品是国民经济中不可缺少的重要物资，被广泛地用于肥皂、造纸、油漆、油墨、橡胶、电器塑料、医药、农药及合成化学工业等方面,有 400 多种用途。松针可通过化学加工法提取松针油,制得叶绿素、胡萝卜素、香酯膏、浓缩维生素和饲料等。如落叶松树皮、黑荆树树皮和橡椀都是生产栲胶的好原料。栲胶不仅是制革工业不可缺少的鞣革剂,而且还广泛用于医药卫生、石油钻探、污水处理、锅炉除垢、防垢及冶金选矿等方面。再如,某些果壳(椰子壳、各种坚果壳)、果核(桃核、杏核等)以及其他林副产品可以制取活性炭。活性炭在国民经济中被广泛地应用于食品、医药、化工、国防和环境保护等方面。由此可见,林产化学工业可以充分利用森林资源,生产多种林特产品,满足国内生产需求,而且有些产品可以出口创汇。

我国林产化学工业是一个古老而又新兴的工业部门。在新中国成立以前,只有松香、栲胶、生漆、木炭、桐油、白腊、柏油等几种传统的林化产品,而且都是用古老的手工方式生产,规模小,产量低,质量差。建国后,我国的林产化学工业获得了飞速的发展。品种大量增加,产量成倍增长,生产技术水平逐步提高。

12.2 林产化学生产的主要方法

12.2.1 木材水解

木材水解就是将木材(或其他植物纤维原料)中的多糖(纤维素和半纤维素)在一定的温度和催化剂的作用下,加水分解成单糖,然后用化学或生物化学的方法,将这些单糖再加工成各种产品的过程。

凡是富含多糖的植物原料都可以作为水解工业原料,但作为工业生产,选择水解工业的原料应主要考虑原料的密集度和工艺特性。目前采用的水解工业原料主要有林业废料和农业废料。

水解的产品主要有酒精、糠醛、饲料酵母、葡萄糖、木糖醇等。

植物原料中的多糖(多聚己糖和多聚戊糖)与单糖(葡萄糖和甘露糖)不同,它们不溶于冷水,不能用酵母发酵制成酒精,也不能作为培养饲料酵母的营养源泉。但是,在催化剂的作用下植物原料中的多糖可以转化为单糖,并可以用酵母发酵制酒精或用来生产饲料酵母。

按催化剂种类不同,水解方法分为 3 类:多糖的酸水解、多糖的酶水解、辐射化学水解。

木材组织中的多糖水解常用下列两个方程式表示:

$$(C_6H_{10}O_5)_n + nH_2O \rightarrow nC_6H_{12}O_6$$
$$\quad 多缩己糖 \qquad 己糖$$
$$(C_5H_8O_4)_m + mH_2O \rightarrow mC_5H_{10}O_5$$
$$\quad 多缩戊糖 \qquad 戊糖$$

上述两个反应方程式表示了水解反应的起始物质和最终物质,而中间还有很复杂的反应过程。

多糖水解反应的发生和完成需要一定的化学反应条件。上述水解反应在常温下不能进行,当把温度提高到 100 ℃以上时才能进行,如果温度过高(200~250 ℃),最终产物就不是单糖而是热分解产物了。但仅仅提高温度，多糖水解的反应速度仍然很慢，催化剂可以使水解反应速度加快。所以，温度和催化剂是水解反应的两个条件，而且催化剂和温度两个条件要相互配合。

12.2.2　木材热解

木材热解工业是林产化学工业的一个分支。木材热解就是在隔绝空气或有限地通入空气的条件下，将木材加热分解的过程。

木材通过热解一般得到气体、液体和固体 3 种产物，即木瓦斯、木醋液、木焦油和木炭。它们又称为木材热解的初生产物。木瓦斯一般不需要再加工即可作燃料使用。木炭在冶金工业中做还原剂，又是生产活性炭、二硫化碳和渗炭剂的原料。木醋液经过加工可以生产醋酸、甲醇和其他有机化合物。木焦油脱水后可以做防腐剂，经加工可制取杂酚油、抗氧剂和浮选油等。

根据生产目的不同，木材热解方式可以分为烧炭、干馏和汽化 3 种。

(1) 烧炭

烧炭主要目的是为了取得木炭。方法是把原料木材装入炭窑中，将少部分木材点火燃烧，部分通入空气，使大部分木材受热分解。注意必须调节好空气量，使木材在不完全燃烧的情况下炭化成木炭。

(2) 干馏

干馏主要目的是为了得到木煤气、醋酸、甲醇、木焦油和木炭等产品。方法是将木材原料置于干馏釜中，在隔绝空气的条件下加热，使其分解得到气体、液体和固体产品。

(3) 汽化

汽化主要目的是为了得到可燃性气体——木瓦斯。方法是将木材原料装入气化炉中，部分通入空气，使木材在高温下与氧反应转变成可燃性气体。

12.2.3　林产原料的溶剂提取

用溶剂浸泡原料(树叶、树皮和果实等)，使其中的有用成分溶解而离开原料的分离过程称为固—液萃取(简称提取)。这种过程是传质过程之一，物质由一相转移到另一相，即将有用成分由原料转移到提取液中，进一步制成林化产品。如树皮、五倍子提取物(栲胶、单宁)，松针提取物(维生素原、叶绿素铜钠)，茶叶提取物(茶多酚、咖啡因)，银杏叶提取物(黄酮体、萜内酯)等。

提取方法主要包括水提取法、有机溶剂提取法、超临界流体提取法等。

(1) 栲胶的浸提利用

栲胶的主要成分是单宁。富含单宁(单宁又称植物鞣质，它是能使生皮成革的复杂多酚)的树皮、果壳是生产栲胶的重要植物原料。将富含单宁的粉碎原料投入罐组或平转型连续浸提器内，按逆流原理，用热水浸泡或喷淋渗滤，浸提液逐渐增浓，经净化、浓缩、喷雾、干燥，得到栲胶。

栲胶传统上主要用于制革工业，是生产重革最主要的鞣革剂。动物生皮必须经过鞣制才能变成柔软、坚固、美观、富有弹性、不透水和不腐烂的革。栲胶还广泛用作锅炉除垢、防垢剂，石油和地质钻井泥浆处理剂，陶瓷、水泥、黏土制品工业用的稀释剂，人造板胶黏剂，金属表面防锈剂等。

（2）松针的浸提利用

我国森林资源丰富，在森林采伐时，可以获得大量新鲜的松树嫩枝叶，其中含有生物活性物质（维生素、抗菌素等）和能量物质（蛋白质、脂肪等）。松针的提取物主要包括松针膏、松针维生素浓缩物、松针叶绿素铜钠。

松针膏又称叶绿素—胡萝卜素软膏，主要含有β-胡萝卜素、叶绿酸钠、维生素E、甾醇和植物杀菌素等活性物质。松针膏的制取多采用石油醚—乙醇混合浸提工艺。

松针膏作为饲料添加剂、兽药和皮肤病药，使用效果较好。松针膏改性将膏状制成粉状而得的松针粉是一种性能优异的动物饲料。松针膏中添加适量改性剂而制得的产品称为改性松膏。目前生产的改性松膏产品主要有松针中药牙膏、松针中药皂、松针健肤灵等。

（3）茶叶的浸提利用

茶叶含有多种化学成分，其中主要包括茶多酚类化合物、咖啡因和茶多糖类化合物。茶多酚对动物油和植物油均具有显著的抗氧化作用，它还有降血脂、降血压、抗菌解毒、消除自由基（抗衰老）、抑制癌细胞、抗辐射等作用。茶多酚易溶于热水、乙醇、甲醇、乙酸乙酯、丙酮等溶剂，不溶于氯仿、正丁醇等溶剂。因此，茶多酚的制取多用溶剂法，也用溶解提取、金属盐沉淀或超滤法，还有超临界 CO_2 萃取法。

（4）银杏叶的浸提利用

银杏叶含有黄酮类、萜内酯类、有机酚酸类、聚异戊烯醇类、生物碱和多糖类等60余种化合物，其中主要活性物质为黄酮类化合物和萜内酯类化合物。银杏叶制剂具有扩张血管冠状动脉、增加脑血流、改善微循环、降低血黏度、降血脂等功效。黄酮类物质分子中含有酚烃基、醇烃基和羰基，萜内酯类分子中含有烃基和羰基，两者均是极性化合物，可采用甲醇、乙醇、丙酮及其与水的混合溶剂提取，最常用的是乙醇、丙酮与水的混合溶剂作为提取剂。

12.2.4　微生物加工

林产原料的微生物法加工是整个林产化工的两大技术体系之一，同纯化学加工具有同等作用。林产原料的微生物转化古已有之，如食用菌、药用菌的培育。近年来，微生物法在亚硫酸盐制浆废液处理、木材水解糖液制取酒精与酵母等领域展现出了非常诱人的应用前景。另外，纤维素酶法水解、生物法制浆造纸领域研究的实用化进程也大大加快了。

利用微生物功能的生产最显著的特征是必须为微生物的生长和代谢活动创造条件。一般说来，微生物的林产化学加工包括四个工艺步骤：微生物种子的制备；原料的预处理；生物化学反应，即微生物在生物反应器内将已经预处理的原料转化为产物；产物的提取精制。

12.3　木材制浆造纸

制浆造纸工业是与国民经济同步发展的，制浆造纸工业的发展水平已成为衡量一个国家文化水平和生活水平的重要标志之一。近年来，我国的制浆造纸工业发展很快，但以人均年消耗量来看，与工业发达国家相比还存在很大差距，还需大力发展制浆造纸工业。

12.3.1 制浆造纸的概念

木材制浆造纸是林产化学工业的重要组成部分，它包括制浆和造纸两部分。

制浆是由木材或其他植物原料中分离出纤维的过程，主要就是利用机械的方法或化学的方法，或机械与化学结合的方法，从纤维原料中分离纤维的过程。分离出来的纤维浆称为纸浆。利用上述不同的方法能制得机械浆、化学浆、半化学浆和化学机械浆。纸浆是纸、纸板和纤维化学加工的中间产品，纸浆的性质取决于制浆所用的原料种类和所采用的制浆方法。

造纸则是纸浆经过处理后，使纤维交织在一起形成纸页的过程。

造纸术是我国古代劳动人民对人类的伟大贡献。随着生产的发展和科学的进步，制浆造纸业已经发展成为高度发达的现代化工业体系。

12.3.2 制浆造纸的原料

适合制浆造纸的植物纤维原料应具备下列条件：品质优良；资源丰富，分布集中；价格便宜；纤维含量不低于40%。

我国常用的造纸原料一般分为木材纤维原料和非木材纤维原料两种。木材纤维原料包括针叶材和阔叶材。非木材纤维原料包括竹类、禾草类、韧皮类、棉毛类。除此之外，回收纤维也是制浆造纸工业的重要原料。回收纤维包括回收的废纸、破布、渔网等纤维原料。

当前，世界上用于制浆造纸工业的主要原料是木材，约占90%左右。而禾草类原料占6%，其他纤维原料只占4%。

由于我国森林资源少，制浆造纸工业用木材仅占制浆造纸原料的30%（占木材生产量的10%左右）。禾草类纤维原料占55%～60%，其他原料占10%～15%。今后发展方向应以木材原料为主，扩大木材原料的比例。在扩大材种和培育速生林的同时，以节约求增产，以低消耗求高速度，以合理使用原料求高质量。为了适应我国制浆造纸工业的高速发展，应大力加强制浆造纸工业木材原料基地的建设。

12.3.3 制浆的基本生产过程

(1)原料准备

制浆前要进行原料的准备。备料的目的是通过机械加工的方法将原料净化、切断，使其适合于蒸煮或磨木工序使用。制浆造纸的原料不同，备料的工序也不一样，一般包括锯木、去皮、劈木、去节子和去腐朽材、削片、筛选、再碎等工序。

(2)制浆

按制浆的原料、方法、用途不同，可以把纸浆分成若干种类。按制浆原料可分为草浆、木浆、竹浆、苇浆、棉浆、麻浆等。按制浆方法可分为机械浆、磨木浆、木片磨木浆、化学浆、半化学浆、化学机械浆、酸法浆、碱法浆等，不同的制浆方法，浆的得率不同。按用途可分为纸浆和溶解浆，用作生产纸和纸板的原料称为纸浆，用作生产人造纤维和玻璃纸的原料称为溶解浆。按漂白分类可分为本色浆和漂白浆，不同品种的纸张对颜色有不同要求。此外，还有把制浆方法和原料结合分类的，如硫酸盐木浆。制浆方法分机械法制浆、化学法制浆、化学机械法制浆及其他方法制浆。

(3)筛选和净化处理

经过洗涤的浆料，仍然含有一些不合乎造纸要求的杂质，如木节、生木片、非纤维细胞、粗纤维束、砂砾、碎石、金属屑等。这些杂质不仅影响成浆质量，而且会磨损设备，妨碍生产，因此，必须进行筛选和净化处理。

(4)漂白

无论用什么制浆法制得的浆料都含有一定的有色物质。为了提高纸浆的白度，扩大纸浆的用途，需要用漂白剂除去浆料中的发色基团，这个过程称作漂白。

(5)打浆

浆料经过洗涤漂白后，还不能用来抄纸，因为其中还含有少量的纤维束，而且纤维本身僵硬，表面光滑，长短不适。如果用这种浆来抄纸，纸张强度低、疏松、粗糙，达不到质量要求，因此，必须进行打浆才能抄纸。所谓打浆就是纤维在机械和水的作用下，受到摩擦、撞击、润胀、压溃和剪切等作用后，变得柔软，分丝帚化，增加纤维比表面积，提高纤维交织能力的过程。

(6)施胶

纸张是由纤维交织而成的，纤维和纤维之间以及纤维本身存在着许多毛细管。如果不施胶，这些毛细管具有吸水性，书写时墨水很快浸润开来，使得字迹模糊不清。因此，在制造书写纸、胶版印刷纸以及其他一些要求有一定的抗水性能的纸时，必须加入一定量的胶料，堵塞毛细管防止泅水现象。我们把这个过程称作施胶。

(7)加填

为了提高纸张的不透明度，增加平滑度，改善纸张的白度和弹性，减少吸湿性，使规格尺寸保持稳定，提高印刷纸性能，在浆料中加入一些基本上不溶于水的矿物质称作加填。加填还可节省浆料、降低成本。对多数文化用纸来说，加填在技术上是必要的，在经济上是合理的。

12.3.4　造纸的基本生产过程

经过打浆、漂白、施胶和加填以后的浆料，还必须经过稀释、净化、筛选和除气以后才能进行抄制。

纸张的抄制分湿法抄制和干法抄制两类。

湿法抄制是先将经过打浆调料好的纤维分散在水中制成均匀的悬浮液，然后上网成型滤水，使纤维交织成湿纸页，再经过压榨、干燥进一步除水制成纸张。此法比较简单，但需要大量的水分，能源消耗多，设备庞大，污水处理困难。

干法抄制是将纤维经过梳解后，鼓入空气，使纤维漂浮起来，然后沉降到正在运转的网面上形成均匀的薄层，同时喷洒黏结剂，再干燥成纸。此法不使用水，不存在废水处理问题。但是需要价格较高的黏结剂，只适用于抄制特种纸。目前大多数纸仍采用传统的湿法抄制。

由造纸机抄造的纸还需要进行完成整理。纸的完成整理包括压光、复卷、切纸、选纸、数纸、打包和储存等过程。但纸有平板和卷筒之分，又有超级压光和机械压光之别，因而完成整理的具体内容有所不同。纸经过完成整理工序后即可入成品库待销。

12.4　几种主要林化产品生产

12.4.1　松香、松节油生产

12.4.1.1　松香、松节油生产状况

松香和松节油是一种生产量最大的天然树脂和天然芳香油。它们相互以溶液状态存在于某些针叶树的树脂道中，尤其以松树树木含量最多，可用不同的方法制取。松香、松节油是我国林产化学工业的主要产品，也是我国国民经济中不可缺少的重要产品。我国以生产脂松香为主，产量居世界松香产量的首位，脂松香产量占世界总产量的 1/3，目前年生产量约 40×10^4 t 以上。我国产的松香品质优良，在国际市场上很受用户欢迎，远销 60 多个国家和地区，已成为松香出口最多的国家，每年出口量在 20×10^4 t 以上，占国际松香贸易总量的 50% 以上。

松节油的产量约为松香产量的 1/3，大体上与松香生产相适应。松节油绝大部分用于再加工，目前 45% 用于合成松油醇，14%～15% 用于加工树脂，12% 用于生产杀虫剂，7%～8% 用于合成香料和调味剂。松节油再加工趋势主要向合成香料方向发展。

12.4.1.2　松香、松节油的性能与用途

松香的优良性能包括：防腐、防潮、绝缘、黏合、乳化、软化等。广泛应用于：肥皂、造纸、油漆、橡胶、电气、医药、农药、印染、化工等部门。

我国绝大多数工业部门使用的是未改性松香（直接应用），松香用量分配为：肥皂 50%，油漆 25%，造纸 12%，其他 13%。

松香具有软化点低、易氧化的缺点。松香的再次加工产品称为改性松香。松香再加工改性后，改善了性质，扩大了使用范围，提高了使用价值，用量少，效果好，成本低，是发展趋势。

在国外工业发达的国家，松香很少直接使用，大多经过二次、三次加工改性再利用。我国已经生产的二次加工产品有聚合松香、歧化松香、马来松香、松香胺、松香腈、松香酯、松香盐等，但现在还应用较少。

松节油是用松脂加工松香时的伴生产品，是一种精油和溶剂。松节油主要用于各种合成化学工业，主要用于合成樟脑、冰片、香料等；也广泛用于油漆、催化剂、胶黏剂和其他类似的产品中；在纺织工业、医药及选矿领域也有应用。

12.4.1.3　松香、松节油生产方法

许多针叶树及阔叶树的木材、树皮、树根和树叶中含有树脂，这类树脂统称为天然树

脂。松属树木中含有的天然树脂，称为松脂，从化学组成看，松脂主要是固体树脂酸溶解在萜烯类中所形成的溶液。松脂经加工即得到挥发性的萜烯类物质松节油和非挥发性的树脂酸融合物——松香。

在工业上，由于松脂来源不同，而生产松香和松节油的方法亦各有不同，主要有以下3种方法：

第一，从生长着的松树立木上采集的树脂，通过水蒸气蒸馏得到的松香和松节油，通常称为脂松香和脂松节油。

第二，用有机溶剂浸提松根明子，浸提液再加工提取的松香和松节油，称为木松香和木松节油，又称浸提松香和浸提松节油。

第三，在硫酸盐法松木制浆生产中，木材中的树脂酸和脂肪酸溶于碱液浓缩得到的硫酸盐皂，经酸化后获得粗浮油，再进行减压分馏得到的松香和脂肪酸，称为浮油松香和浮油脂肪酸。从松木蒸煮过程排汽中回收得到的松节油，称为硫酸盐松节油。

我国主要生产脂松香和脂松节油。

12.4.2 活性炭生产

12.4.2.1 活性炭的性能与用途

活性炭为黑色、无臭、无味、呈粉状或粒状的碳素物质。不溶于水和有机溶剂，具有特殊的结构和性能。它有大量的微孔结构和巨大的比表面积，有很强的吸附能力。

活性炭是一种优良的吸附剂，因为它有稳定的化学性能，可以耐酸、耐碱、耐高温、耐高压和耐水浸，不易破碎，气流阻力小，易再生等优点。因此，活性炭被广泛地应用于工业、农业、国防、科研和人民生活等各个领域中。活性炭的吸附性能具有选择性，不同方法制得的活性炭，选择吸附性能也不同，各有一定的适用范围，使用不当效果不好。

活性炭的用途主要表现在气相吸附中的应用、液相吸附中的应用、环保中的应用、在催化剂和催化剂载体上的应用。例如，在煤、石油和天然气制造的工业原料气中，一般用活性炭除去其中的硫化物。又如，制糖、淀粉、酿造、味精、食品添加剂等食品工业用活性炭脱色、脱臭，除去胶体物质，提高产品纯度和稳定性能。再如，用活性炭进行各种水处理，防止大气污染等。

12.4.2.2 活性炭的生产状况

活性炭是木材热解工业的主要产品之一。随着活性炭用途的不断扩大，活性炭生产发展很快。

活性炭的生产方法有两大类，一类是氯化锌法；另一类是水蒸气法。

我国活性炭生产的主要原料为木屑，产量占总产量的59%，其次是木炭、煤、果壳和一些农林副产品及野生植物下脚料。两种生产方法都采用，以氯化锌法为主生产粉状活性炭，产量占总产量的66%；用水蒸气法生产颗粒炭和粉状炭，产量占总产量的34%。

我国生产的活性炭品种较多，质量尚可，有些产品在国际市场上很受欢迎。

12.4.3　栲胶生产

自然界中许多植物的树皮、木材、根、叶、果实和虫瘿中，常含有一种能把动物生皮转变成革的物质，这种物质叫作植物单宁。利用富含单宁的植物原料，经粉碎、浸提、浓缩和干燥等加工过程而制得的产品称为栲胶。栲胶是我国重要的林化产品之一。

栲胶是由可溶物、不溶物和水组成的一种复杂的混合物。可溶物溶于水，包括单宁和非单宁两部分。单宁为栲胶的有效成分。非单宁是可溶物中不具鞣革性能物质的总称，其成分为酚类、有机酸、淀粉、蛋白质、色素、树脂及无机盐等。非单宁虽然没有鞣革性能，但在鞣革中还有一定作用，可作为单宁的稀释物，使鞣制初期作用温和，但不希望其含量太高。

栲胶传统用于制革工业，是生产重革最主要的鞣革剂。动物生皮必须经过鞣制才能变成柔软、坚固、美观、富有弹性、不透水和不腐烂的革。每吨革约需 0.8t 栲胶鞣制。制革工业要求栲胶的单宁含量高、渗透速度快、结合力强、冷溶性好、颜色浅、鞣液稳定性好和沉淀物少。

栲胶还广泛用作锅炉除垢防垢剂，石油和地质钻井泥浆处理剂，陶瓷、水泥、黏土制品工业用的稀释剂，人造板胶黏剂，金属表面防锈剂，稀有金属浮选剂，纺织印染的固色剂。

此外，栲胶在农业上用于加速种子发芽、抑制植物病毒、促进牲畜生长，还可作蓄电池的负极添加剂及用于渔业、医药、卫生等部门。因此，栲胶已成为我国工业、农业、国防和交通运输等许多部门不可缺少的化工原料。

自然界多数植物都含有单宁，但不是所有含单宁的植物都可作栲胶生产的原料。只有单宁含量高(8% 以上)、质量好、资源丰富而集中的原料才适用于生产。目前我国制革所需的缩合类栲胶主要靠野生植物原料生产，远远不能满足需要，建立原料基地林有利于发展栲胶生产。

我国已利用的栲胶原料主要有落叶松、橡椀、余甘子、杨梅、木麻黄、红根、槲树、山槐、化香果、黑荆树等 10 余种。国外栲胶原料有荆树皮、坚木、栗木和橡椀等。早在 20 世纪 50 年代我国就引种了黑荆树，它生长快，7 ~ 8 年可成材。黑荆树皮含单宁 40% 左右，纯度高达 80% ~ 85%，属缩合类单宁，鞣革性能好，是优质速生的栲胶原料树种。广东、广西、福建、浙江、江西、四川等地均有栽培。

思考题

1. 简述发展林产化学工业的意义。举例说明林产化学有哪些产品。
2. 什么是木材水解？木材水解的产品有哪些？
3. 什么是木材热解？木材热解的方式有哪些？主要产品有哪些？
4. 举例说明什么是林产原料的溶剂提取。
5. 简述木材纸浆造纸的生产过程。
6. 简述松香的特性、改性与应用。
7. 松香、松节油的生产方法有哪些？

第**13**章

非木质林产品开发利用

传统上，森林资源主要是用来生产木材，随着经济社会的不断发展和技术进步，森林的生态效益和社会效益已经逐渐被人们所关注和重视。但森林中的非木质林产品资源的重要性常常不被重视，如药材、山野菜、松节油、菌类和野生动物蛋白等。事实上，非木质林产品的开发利用不但为林区和贫困地区的居民提供多种渠道的经济来源、就业机会以及食物和药材保障，同时，在改善生态环境和促进林业可持续发展等方面，非木质林产品的开发利用都具有显著的作用和重大意义。

13.1 非木质林产品概述

13.1.1 非木质林产品的内涵

世界各国对非木质林产品（non-wood forest product）的叫法有很多种，如非木材林产品（non-timber forest product）、林副产品（minor forest product）、多种利用林产品（multi-use forest product）等。"非木材林产品（NTFPs）"概念于 1954 年由世界林业大会提出，随后，"非木材林产品"受到世界粮农组织（FAO）、国际林业研究中心（CIFOR）等国际组织的关注与重视。20 世纪末，联合国粮农组织（FAO）和国际林业研究中心（ CIFOR）组织专家，经多年研究，决定采用"非木材林产品"的称呼。1991 年 11 月在泰国曼谷召开的"非木材林产品专家磋商会"上，将非木材林产品定义为：在森林中或任何类似用途的土地上生产的所有可以更新的产品（木材、薪材、木炭、石料、水及旅游资源不包括在内）。随后不久，世界粮农组织（FAO）又将非木材林产品定义为：从森林及其生物量获得的各种供商业、工业和家庭自用的产品。这些活动和概念的推广促进了非木材林产品的研究与发展。

从联合国粮农组织和国际林业研究中心最终决定采用"非木材林产品"一词及其定义可知，非木材林产品和非木质资源在本质上是相同的，非木材林产品侧重于林产品资源，而非木质资源是经过开发过程进入非木材林产品利用阶段，所不同之处基本在于非木质资源的定义包括了森林景观和生态旅游等森林衍生资源。此处的非木材林产品一词同《中国森林认证森林经营》(LY/T 1714—2007)中采用"非木质林产品"一词的本质相吻合。

2006 年联合国粮农组织发布的 *Global Forest Resources Assessment* 报告中，非木质林产品的名称再次被采用(而此前该组织一般采用非木材林产品一词的提法)。

我国学者过去在林业上常用的词为"多种经营产品"、"林副产品"或"林副特产品"，近些年开始称"非木质林产品"。我国现在采用的农林复合经营产品和林下经济产品，也均可涵盖在这个定义范围之内。一般把依托森林环境的、除木材以外的森林资源称为非木质林产品资源。如李兰英等对非木质林产品资源的定义为茶叶、干果、水果、花卉、药材、竹子及其副产品等森林植物资源。潘标志从资源种类角度来定义，非木质资源主要包括茶叶、干果、水果、花卉、药材、食用菌、竹子及其副产品以及森林景观等森林资源等。

借鉴国内外学者的提法，并参考我国颁布的《中国森林认证森林经营》(LY/T 1714—2007)中对非木质林产品的定义，采用非木质林产品一词，提出适合我国的非木质林产品定义。

非木质林产品：是指以健康的森林生态环境为依托，除木材以外的其他森林资源及其衍生资源，如植物及植物产品、动物及动物产品、菌类和生态景观及生态服务等。这类资源大多数具有可再生、可重复利用等特点，并且具有多种用途。

虽然非木质林产品是依赖于森林而存在的，但从经济价值看，常常不亚于木材，甚至高于木材。

13.1.2　非木质林产品的分类

对非木质林产品的分类，国内外组织和学者从不同的方面给出了不同的分类。

联合国粮农组织(FAO)根据非木质林产品的最终消费方式，将非木质林产品划分为两大类，即适于家庭自用的产品种类和适于进入市场的产品种类，两者兼用。前者是指森林食品、医疗保健产品、香水化妆品、野生动物蛋白质和木本食用油；后者是指竹藤编织制品、食用菌产品、昆虫产品(蚕丝、蜂蜜、紫胶等)、森林天然香料、树汁、树脂、树胶、糖汁和其他提取物。根据非木材林产品的属性，可以划分为植物产品和动物产品两大类。进一步根据具体产品的用途，植物产品可分为可食用植物、菌类、不可食用植物产品以及药用植物；动物产品可分为可食用动物、不可食用动物和药用动物。

亚太地区许多国家把非木材产品划分为木本粮食、木本油料、森林饮料、食用菌、森林药材、香料、饲料、竹胶制品、野味和森林旅游。墨西哥把非木材林产品分为：硬纤维、蜡、树脂和橡胶、调味品、甾族类激素、其他非木材林产品。A. K. Mukerji 在 1997年第十一届世界林业大会的论文中把非木质林产品按用途分为 8 类。

我国学者冯彩云等将非木质林产品分成植物类产品如野果、药材、编织物及植物提取物等；动物类产品如野生动物蛋白质、昆虫产品(如蜂蜜、紫胶等)；服务类产业如森林旅游等三大类。

借鉴国外 FAO 的分类思想，以国内冯彩云等的分类为蓝本，依据非木质林产品的定义和非木质林产品认证的基本思想，以我国非木质林产品生产实际为基础，借鉴国际通用非木质林产品分类标准，以非木质林产品的实际用途为基本依据，提出适合我国具体国情的非木质林产品分类体系，如图 13-1 所示。该分类体系包括菌类、动物及动物制品类、植物及植物产品类和生态景观及生态服务类等 4 个一级分类；并在此基础上，对类型较为复杂和运用极其广泛的植物及植物产品类划分为干果、水果、山野菜、茶和咖啡、林化产品、木本油料、苗木花卉、竹及竹制品、药用植物（含香料）、珍稀濒危植物、非木质的纤维材料和竹藤、软木及其他纤维材料等 12 个二级分类。

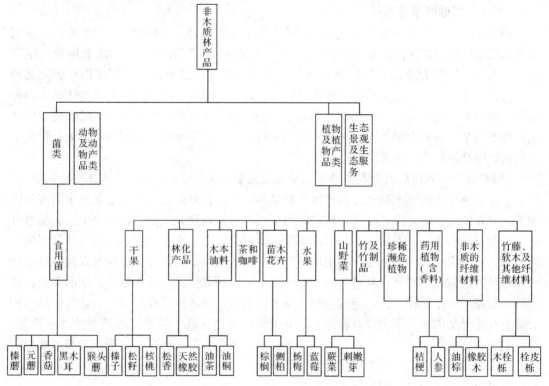

图 13-1　非木质林产品分类体系框架图

13.1.3　非木质林产品的作用

非木质林产品在为林区的人们提供经济来源、就业机会以及食物保障、改善生态环境、促进林业可持续发展等方面，具有显著的作用和重大意义。

(1) 人们生活的重要食品来源

野生动植物食品是人们的重要食品来源，不但可提供必需的维生素、蛋白质和矿物质，而且还有美味佳肴。特别对防止营养不良或季节性饥荒具有重要的作用，也可作为旱灾、水灾或战争期间的应急品。如印度、巴布亚新几内亚和非洲一些地区的部落全靠采集森林食品和野味来维持生存。森林食品的品种很多，经鉴定可食用的植物种类，仅非洲干旱地区就有 800 种，印度和泰国各有 150 种。野生动物性食物是一些发展中国家山区居民的日常主要食品，如秘鲁亚马孙河流域的农民消费的野生动物和鱼类的蛋白质占肉食消费量的 85%。

（2）山区家庭经济与就业机会的主要来源

森林中的非木质林产品资源丰富，特别是在热带森林中，开发利用非木质林产品不仅可以满足人们日常生活的需要，还可以提供就业和收入，对许多发展中国家的农村家庭经济起到了决定性的作用。通过对非木质林产品的采集、贸易和加工，可为林区群众增加收入和提供就业机会。如印度许多贫困地区 90% 以上的人依靠非木质林产品生存，而且非木质林产品产业为生活在林区或林区附近的人提供了 5 亿次就业机会。

（3）医疗保健的重要药材

药材是最重要的非木质林产品之一，是人们不可缺少的医疗保健品，特别是山区贫困地区居民健康的重要保障，是居民对付已知和未知疾病的"药品库"。据联合国粮农组织（FAO）估计，世界 25% 的药物的有效成分是直接从植物中提取的，每年植物性药物制剂的价值达 430 亿美元。有些药材是非常有效的，如治疗疟疾的药物——奎宁是从热带雨林植物中提取的，抗癌药物——长春生物碱是从马达斯加天然长春花中提取的。各国民间医药种类繁多，基本上都是以植物提取物为主要成分。中草药或民间医药可为无条件接受其他医疗保健的数十亿人提供医疗服务。

（4）促进森林可持续发展和改善生态环境的重要途径

开发利用非木质林产品资源与采伐森林是不同的，它只是对森林生态系统中的部分资源进行开发利用，不会造成不可逆转破坏。只要不是过度开发利用，森林生态系统本身就会进行自我恢复。非木质林产品的开发可推动传统林业、农业和森林工业经营管理措施的变革，可使农林业等土地综合利用形式发挥更强的功能，可通过提高现有森林的经济价值和多种附加效益，缓解木材过伐的压力，使可持续林业措施更易于推广，从而创造显著的社会效益。非木质林产品对全球生物有重大影响，在基本环境保护方面，这类产品可使人类在保障生活的前提下实现森林和林地的可持续利用，既不耗费森林建群种林木资源，又不破坏森林的更新能力，从而可以减少人口对自然生态系统的压力。因此，非木质林产品是天然林转轨经营的重要途径，有利于保护天然林，促进森林可持续发展，改善生态环境，促进山区经济的可持续发展。

13.2　国内外非木质林产品发展概况

13.2.1　国外非木质林产品发展概况

由于非木材林产品的最大价值通常是在当地自给自足经济中实现，而且这类产品常游离于正规销售渠道之外，多用现金交易，因此很难计入统计数字，这也是非木材林产品历来得不到各级投资、开发或管理部门重视的原因所在。

20 世纪 90 年代初，联合国粮农组织（FAO）对热带森林非木材林产品资源管理进行研究，并公布《1961—1991 年森林资源报告》，首次把非木材林产品问题纳入报告。最初非木材林产品只是在林区周边地区的内部经济中循环，即仅限于生活在林区或林区附近的部落、当地人利用，人们按需采集，森林系统自行恢复，不造成对资源的破坏、浪费。但随着非木质林产品成为一种产业，它的交易走上市场后，人们对其需求剧增，同时也引起生态、社会、经济等方面的一系列问题。

2010 年，在全球层面，5 大类产品占非木材林产品采集总价值的90%：食品(51%)、其他植物产品(17%)、蜂蜜(11%)、观赏植物(6%)和分泌物(4%)。食品的价值最高(86 亿美元)，大多数国家将水果、浆果、蘑菇和坚果作为主要的食品产品。其他植物产品价值28 亿美元，包括一系列广泛地用于非食用目的的物种(如印度生产的比地烟叶)。动物产品采集总价值为 27 亿美元，其中 18 亿美元为蜂蜜和蜂蜡，6 亿美元为野生肉类产品。

欧洲重要的非木材林产品国家包括俄罗斯联邦(占欧洲总额的61%)、德国(7%)、西班牙(6%)、葡萄牙(5%)和意大利(4%)。这些国家加起来占欧洲总额的83%。欧洲的 3 种非木材林产品占采集总额的79%：食品(48%)、蜂蜜(21%)和观赏植物(10%)。野生肉采集价值将近6 亿美元，所有狩猎产品总价值约为总额的10%。

在亚洲，3 个国家的非木材林产品采集价值占总额的96%：中国(67%)、韩国(26%)和日本(3%)。食品是最重要的产品(占亚洲总额的67%)，其后依次是其他植物产品(22%)和分泌物(7%)。

在美洲(北美洲和南美洲)，美国的非木材林产品采集价值占61%，其次分别是巴西(13%)、加拿大(12%)和哥伦比亚(7%)。这 4 个国家加起来占美州总额的93%。主要的非木材林产品种类包括其他植物产品(占总额的61%)、食品(23%)和分泌物(5%)。

南非的非木材林产品采集价值占非洲总额的71%，其次是苏丹(10%)。食品和分泌物(主要是阿拉伯树胶)是最重要的非木材林产品，分别占生产总值的39%和25%。

在大洋洲，食品几乎占所报告价值的一半(47%)，其次是用于器具和建筑的材料(18%)以及野蜂蜜和蜂蜡(12%)。

在国家层面，中国和俄罗斯的非木材林产品采集价值占全球总价值的一半，主要的23 个国家占全球总价值的96%。

近年来，我国非木质林产品进出口额快速增长，2010 年，我国非木质林产品进出口总额为286.94 亿美元，其中，进口 170.32 亿美元，出口 116.62 亿美元，贸易逆差达到了 53.70 亿美元。

13.2.2　国内非木质林产品发展概况

目前我国的非木质林产品产量是世界第一，而且历史上我国已经对非木质林产品进行了不同程度的开发利用。尽管我国对非木质林产品的开发利用较早，但目前我国非木质林产品开发利用在很大程度上存在不规范行为，非木质林产品资源量快速下降，部分珍稀物种濒临灭绝，如兰科植物、新疆雪莲等。

我国自古以来，一直拥有极为丰富的非木质林产品资源。据不完全统计，我国仅林区现存木本植物达 1 900 余种，其中芳香植物就有 340 余种，能够被开发利用的植物多达120 种，蜜源植物达800 余种，经济植物达100 余种，药用植物约400 种。此外，野生动物还有500 多种。

我国当前非木质林产品资源开发利用主要呈现以下几个特征：

(1) 我国已开发利用的非木质林产品种类较多、数量庞大

我国已经开发利用的非木质林产品种类较多，其中的食用、工业用和药用等类型产品，对社会经济发展及人民生活贡献较大。同时我国非木质林产品产量较大，截至 2005 年，我国可食用类非木质林产品产量约占世界总产量的 75%，工业用非木质林产品产量更是占世界比重的 70%。

(2) 我国非木质林产品资源主要分布于林区

不同非木质林产品的生长环境差异性较大，对林分的要求亦不同。如蓝莓等适合在郁闭度较小、多灌木的宜林地中生长，而三七则喜欢在郁闭度较大的背阴处生长。我国森林资源绝大部分分布于各类山区，尤其是森林资源较为丰富的区域，是我国非木质林产品开发利用的重点区域。

(3) 经营管理方式较为粗放

我国大部分林区的非木质林产品的经营管理处在同森林木材一同经营管理的体系，未能区别对待，甚至部分地区为了林木生长，进行"清林"时对非木质林产品的灌木和草本等进行清除，极大地降低了森林生物多样性，降低了森林中非木质林产品资源的潜在利用价值。

(4) 开发利用方式较为简单，主要采用"采集—出售"的方式

部分林区居民对非木质林产品的采摘方式较为粗放，为当前利益对非木质林产品进行破坏性采摘，缺乏必要的管理和相关培训。一直以来，我国林区居民主要以"采集—出售"为主要方式参与非木质林产品开发利用。譬如大兴安岭盘古林场的林区居民中几乎无人对所采集的非木质林产品资源——蓝莓、亚格达等进行深加工，只是简单的采用"采集—出售"方式进行生产作业。如此一来，林区居民从非木质林产品的开发利用中获取的收益很低。为了能够获取更大利益，当地居民自然会加大采集力度，无法顾及当地森林生态系统的实际承载力，最终可能导致该地区生态系统非木质林产品产量的减少甚至某些森林资源的衰竭。

(5) 企业规模较小，缺乏深加工

与日本、法国等非木质林产品利用较发达的国家相比，我国非木质林产品的加工企业规模一般较小，未能整合资源优势，实现从产地到市场的经营—管理—生产—销售整体优势。大部分非木质林产品的加工流程较为简单，产品种类较为单一，未能深加工，挖掘出其更深层次的价值。如野生蓝莓对降血压和降血脂效果显著，但目前市场上的蓝莓制品仅仅停留在果干和饮品的层次，未能进一步向保健品方向推进深入加工，大大降低了野生蓝莓的实用价值。

(6) 区域人工种植技术不够完善

新疆有重大经济价值的非木材林产品，诸如新疆紫草、雪莲、一枝蒿等，在新疆山区都曾有很大的天然分布面积。其中一些非木质林产品得到开发利用，如新疆紫草为新疆四大支柱药材之一，由于其药理活性高效和紫草色素含量最高，为商品紫草的主要来源，产量占全国紫草产量的 70%，行销全国并出口，但是其生物学特征和人工种植技术等的研究，目前尚属空白。野生雪莲由于几十年来的无计划采收，使其自然更新困难，种群数量越来越少，以致不能满足市场的需求。

我国非木材林产品利用的总趋势正从以野外采集为主转为采集与人工培育共同发展；以提供原材料、原料初级加工和半成品加工逐渐向精深加工方向转变。

13.2.3 非木质林产品合理开发利用的途径

开发利用非木质林产品对我国林区经济发展具有重要作用，影响到国民经济的整体发展进程。当前，应通过健全管理体制和完善法律法规，制定非木质林产品资源可持续利用战略规划，完善市场机制，扶持产业发展，推动非木质林产品可持续开发利用格局的形成。

(1)健全管理体制、完善法律法规

健全管理体制的首要在于林业、环保、工商等部门应各司其职，使开发利用活动处于有效的监管范围之内。其中，林业部门应成立专职机构，切实履行林区、自然保护区外野生植物类非木质林产品资源开发利用管理职责。林业部门应会同环保等有关部门，加强保护区软硬件建设，提高保护管理能力，对非法采集活动坚决予以制止。就进入市场的非木质林产品，林业部门应与工商部门加强协作，成立联合执法工作组，就国家重点保护非木质林产品的非法利用予以打击。对部分资源减少速度较快、种群较为濒危的非重点保护类非木质林产品资源，现行法律法规应尽快予以完善。具体而言，可通过调整《国家重点保护野生植物名录》，将这些物种从非重点保护类转变为重点保护类，为主管部门开展保护管理工作提供法律基础。与此同时，管理部门要严格执法，限制开发利用趋于濒危的野外资源，禁止利用已处于濒危的野外资源。

(2)制定可持续开发利用战略规划

为促使非木质林产品可持续开发利用格局的形成，应以各地政府为龙头，会同相关职能部门，组建区域可持续利用管理委员会，制定区域资源可持续利用战略规划，并对该规划管理区域的非木质林产品开展开发利用活动。首先，应对区域内非木质林产品资源进行全面清查，包括资源种类、数量、可利用数量、分布区域等，建立资源数据库，以便对资源进行动态管理；其次，制定资源年度采集计划，包括采集区域、时间、种类、方式、数量等内容，确保利用趋于有序化，杜绝因过度利用导致生态破坏，以实现资源动态管理；最后，在战略规划中还应明确推动市场机制完善的办法与举措，并制定培育、加工、流通产业发展规划。可持续开发利用战略规划的制定和实施将成为相关部门管理工作得以有效开展的基础。

(3)完善市场机制

完善市场机制可通过组建产品交易市场和构建交易信息畅通渠道予以实现。对产品交易市场的组建，政府应发挥主导作用，吸引多方投资，形成多方联合、共同经营的合作局面。为保证交易市场得以有效运转，市场秩序得以建立，政府可在市场建立初期，给予一定的税费减免等优惠政策。交易市场的建立将消除流通过程中的过多环节，确保生产者的合理收益得以实现。就药用非木质林产品交易市场而言，政府可邀请中药生产企业前来采购所需产品，简化流通环节。在没有能力和不具备条件建立交易市场的地区，则应保证产品交易信息渠道的畅通，即政府可通过电视、广播、报纸、网络等手段让参与非木质林产品开发利用活动的农户或生产企业获知最新的市场信息，包括产品价格和需求情况。完善市场机制将促使生产者从被动地等市场，转变为主动出击、积极参与市场竞争，逐步提高生产效率，最终促使资源配置效率得以提高。

（4）出台产业发展扶持政策

非木质林产品开发利用产业升级将推动利用效率的提高、利用主体收益的增加，并减少对野外资源的依赖。产业发展水平的提高有赖于政府出台相应的扶持政策。在推动产业发展的初期，政府可通过税费减免、技术扶持、资金资助等手段，引导经营利用主体转变观念，参与培育和加工利用活动，提高资源利用效率和收益。诸如，在我国药用非木质产品产区，当地政府可开展小额信贷，鼓励农户从事人工培育活动，或引入小型加工设备进行简单的切片加工或蒸煮处理，提高产品附加值。此外，政府可将扶持工作与扶贫工作有机结合，发挥扶贫资金的使用效率，提高扶持工作力度。

13.3　主要非木质林产品的开发利用

13.3.1　植物及其主要产品的开发利用

（1）干果的开发利用

干果类主要包括榛子、核桃、松籽、开心果、板栗、腰果、白果（银杏）、话梅、杏仁、香榧、巴旦杏、扁桃、无花果、枣和葡萄干等。

我国有悠久的开发利用历史。从近年考古发掘资料中知道，至少在距今六七千年的新石器时期，我国先民就在食用粮油树的种实。如河北省武安市的磁山村古人类遗址（距今7 335 ±100 年）中就发现有炭化的核桃残壳；著名的陕西西安半坡村遗址（距今6000 年以上）中，发掘出大量的栗、棒、松籽和朴树种实。

我国25%的干果产量来自辽宁省，云南省占15%、湖北省占14%、河北省占10%、黑龙江省占9%。

（2）林化产品的开发利用

林化产品类主要包括松香、活性炭、松节油、樟脑、棕榈油、栲胶、天然橡胶、紫胶、单宁、植物芳香油和燃料等。林化产品主产于贵州、福建、广西、云南等南方省份。

中国是世界主要林化产品出口国。2005 年，全国松香产量6 017 × 10^4 t，松节油产量为615 × 10^4 t，我国产的松香品质优良，在国际市场上很受用户欢迎，远销60 多个国家和地区，已成为松香出口最多的国家，每年出口量在20 × 10^4 t 以上。从2002—2005 年世界主要林化产品的地区结构看出，中国为世界松香、活性炭、松节油和樟脑第一大出口国，分别占世界出口份额的57.19%、22%、20% 和71.14%，在国际市场上具有举足轻重的地位，在一定程度上左右国际市场。

（3）木本油料植物的开发利用

木本油料植物类主要包括油茶、油桐、文冠果、乌桕、黄连木、光皮树、蝴蝶果、蒜头果和麻疯树等。油桐是我国特有经济林木，与油茶、核桃、乌桕并称我国四大木本油料植物。世界上种植的油桐有6 种，以原产我国的三年桐和千年桐最为普遍。四川、贵州、湖南、湖北为我国生产桐油的四大省份，四川的桐油产量占全国首位。重庆市秀山县的"秀油"，湖南洪江的"洪油"，是我国桐油中的上品。

（4）山野菜的开发利用

山野菜类主要包括蕨菜、刺嫩芽、黄瓜香、猴腿、薇菜、山芹菜和黄花菜等。承德蕨菜是河北省著名的野生蔬菜，承德地区面积有 3.3×10^4 hm^2 以上，全区年产量 1 000 t，是国内蕨菜主要出品基地。湖北省竹溪县于 2005 年启动了 2 000 hm^2 的山野菜生产基地建设项目，主要进行薇菜、蕨菜、香椿、山竹笋的人工栽培，几年来发展速度很快；湖南省怀化市杨村的 330 hm^2 的蕨菜种植基地，获得了亩产值 4 万元的经济效益；湖南省邵阳市、衡阳市从 2000 年开始，祁东的黄花菜种植面积增加到 16×10^4 亩，菜农达 40 万人，总产量超过全国的一半，邵东县、祁东县还被国家命名为"黄花菜原产地"。祁东县作为黄花菜原产地和全国最大的黄花菜种植基地，2006 年共产出干黄花菜 4.1×10^4 t。辽宁省凤城市大兴镇与丹东市农业科学院紧密合作，裸地种植短梗五加和刺龙芽等山野菜 22 hm^2，获得成功经验；而苋菜，已在南方一些省份进行了普遍人工栽培。

为适应市场需求，各地相继出现了一批山野菜加工厂。东北地区的黑、吉、辽、内蒙古，凭借自身的山野菜资源丰富的优势，出现了一大批山野菜加工厂，主要加工和营销蕨菜、苦菜等，企业越做越大。如黑龙江省的佳木斯、内蒙古自治区的赤峰、吉林省的长白山等地区，山野菜加工厂分布较多。河南省的洛阳地区，由于周边地区山野菜资源比较丰富，其山珍公司加工生产的山野菜达 40 多种。另外，湖北的十堰、河南的桐柏、四川的成都、浙江的遂昌等地区，根据自己的山野菜资源优势，相继建立了山野菜加工企业，加工具有区域特色的山野菜产品。据不完全统计，中国年出口山野菜加工品 50×10^4 t 左右，并且每年以 20% 的速度增长。

（5）药用植物类的开发利用

药用植物类（含香料）主要包括人参、桔梗、杜仲、麻黄、芦荟、甘草、厚朴、花椒、八角、胡椒、茴香和肉桂等。到目前为止，我国已报道应用的药用植物有 11 000 多种，占植物种类的 87.03%，常用的中药材 120 多种，都是我国中药事业的原材料。我国中药材的生产长期以来处于自由发展的状态。2003 年，药用植物年收购品种 400 种，约占常用药材的 70%，收购量 40×10^4 t，约占收购总量的 50% ~ 60%，总价值 160 亿元左右。另据海关统计，2002 年 1 ~ 10 月，我国中药材出口达 2.13 亿元。目前人工栽培的药材已超过 400 余种，药材种植基地 600 多个。

（6）水果的开发利用

水果类主要包括青梅、杨梅、猕猴桃、鲜枣、龙眼（桂圆）、草莓、柑橘、椰子、柿、李子、樱桃、荔枝、苹果、桃、香蕉、梨、菠萝、芒果、蜜梨和山楂等。我国是世界上果树最多的国家，栽培历史悠久，资源丰富，水果和干果达 50 余种，是世界上果树起源最早、种类最多的国家，在很多地区已成为农村经济的支柱产业。到 2005 年我国园林水果面积就达 $1 000 \times 10^4$ hm^2，产量达 $8 800 \times 10^4$ t，占世界水果产量的 11% ~ 12%。2012 年，我国鲜、干水果及坚果进出口 631×10^4 t。

（7）茶和咖啡的开发利用

茶和咖啡类主要包括茶、咖啡和桦树汁等。我国四大茶区为西南、华南、江南、江北茶区。据统计，中国茶叶有 6 000 多种，按制作方式分为 3 大类，即不发酵茶、半发酵茶、全发酵茶；按商品分类为 6 大类，即红茶、绿茶、白茶、黄茶、黑茶、清茶（乌龙茶），其中，绿茶是我国茶量最大的茶类，全国有 18 个产茶省，主产地为安徽、浙江、湖南、湖北、四川等，以浙江、安徽、江西三省产量最高，且质量最优，是我国绿茶主要生产基地。在国际上，我国绿茶占国际贸易量的 70% 以上，销量遍及北非、西非各国及法国、美国、阿富汗等 50 多个国家和地区。

（8）花卉的开发利用

花卉、苗木类主要包括侧柏、广玉兰、矮紫杉、棕榈、法国冬青、香樟、枇杷、茶花、银杏、海棠、梅花、枫杨、槐树、垂柳、梅花、月季和凤仙等。森林在为人类提供衣、食、住、行的同时，也为人类的精神愉悦提供了丰富的材料和内涵，花卉（或观赏植物）便是森林赋予人类精神满足的重要物质基础之一。我国花卉种质资源丰富，约有显花植物 25 000～30 000 种，主要分布在热带和亚热带地区，其中云南约有 13 000～15 000 种，四川约有 10 000 种，广西约有 7 000 余种，广东约有 6 000 余种，贵州约有 5 000 种。在这些地区中，云南最多。中国是世界上栽培花卉最早的国家，丰富的资源和悠久的栽培历史。使我国成为众多著名观赏植物的栽培中心。

（9）竹、藤利用现状

竹、藤是广泛用于建筑、造纸、食品、家具、包装、运输和医疗保健等行业的一种非木质林产品。我国是世界上竹类资源种类最多、数量最大的国家，也是世界上开发利用竹类资源最早和最广泛的国家，素有"竹子王国"之称，竹林面积约为 500×10^4 hm^2，约占世界总量的 30%，每年竹笋产量达 160×10^4 t 以上，毛竹产量 5 亿多根，杂竹产量超过 300×10^4 t，折合约 $1\,000 \times 10^4$ m^3 木材当量，约占中国年木材采伐量的 1/5 以上。全国现有竹材加工厂数千家，其中年销售收入 100 万元以上的竹加工企业达 2 300 多家，年产值在 4 500 万元以上的企业有 20 多家，竹业总产值达到 370 亿元人民币，其中浙江、福建两省竹业总产值分别是 114.75 亿元和 73 亿元。

竹藤是世界贸易中最具价值的非木质林产品，每年国际贸易额达 50 亿美元。竹藤在人们日常生活中的应用源远流长，世界上有 15 亿人的生活与竹藤息息相关。与竹类相比，目前藤类植物主要被用于编织各种家具和藤材工艺品，藤产品年进出口贸易逾 2 亿美元，广东省南海市、福建省安溪纤维中心，已形成中国最大的竹藤工艺品生产基地和商品贸易的主要集散地，随着科学的发展和技术的注入，藤产业已由传统生产方式向现代化、专业化、规模化、集团化的生产方式过渡，无论是设备规模，还是质量和效率都有新的进展。据调查统计，在中国直接参与藤业生产的从业人员已超过 15 万人，在促进区域经济发展中发挥着举足轻重的作用。

我国竹藤产业的国际竞争力突出，每年创造千亿元左右的产值，竹藤产品的贸易额占全球的 57%，是极具活力的林业朝阳产业之一。

13.3.2　食用菌及其产品的开发利用

菌类主要包括猴头蘑、榛蘑、松口蘑、黑木耳、双孢蘑菇、灵芝和冬虫夏草等。食用菌是一种营养丰富、味道鲜美的保健食品，也是一种无污染的食品。美国、日本先后投入巨资，进行深入研究，开发出食用菌保健饮料、猴头菇与金针菇复合饮料、金针菇豆奶饮料、香菇灵芝酒、金针菇保健酒等，以及食用菌抽提物调味品。

我国食用菌类、植物资源丰富，已知的食用菌有 41 科 132 属 657 种。国内大量栽培或小范围培养的约 22 种。其他大多数食用菌处于野生状态。由于食用菌的生长发育对环境、生长基物的依赖性很大，而且我国90%以上食用菌产于森林生境中，所以中国食用菌的分布与森林的类型有着很大的关系。

据专家介绍，全球食用菌生产主要集中在亚洲、欧洲和美洲，亚洲生产的食用菌占全球的85%以上。我国是世界上报告食用菌最多的国家。作为世界食用菌生产和出口大国，食用菌产品成为我国农林副产品出口创汇的主要商品，1994年我国食用菌产量达264.09×10^4 t，占世界总产量490.93×10^4 t的53.8%；而1998年，我国食用菌产量则达到397.7×10^4 t；2000年我国食用菌产品出口量为68.24×10^4 t，出口值9.16亿美元；2001年食用菌产品出口量为45.54×10^4 t，出口值5.65亿美元；2012年我国食用菌产量为2 800×10^{4}t，产值1 700亿元，从业人员2 000万以上，占世界的80%以上，已成为农产品的支柱产业之一。我国食用菌生产遍布31个省(自治区、直辖市)，其中，河南、福建、浙江、湖南、山东、四川和云南等省为主产区，出口到119个国家和地区。

13.3.3 森林生态旅游的开发

13.3.3.1 森林生态旅游的内涵

森林生态旅游是指以森林旅游资源为主体，以森林、湿地、荒漠等多种类型的旅游资源为依托，在特定的森林等自然生态地域为旅游者提供游览观光、休闲度假、狩猎探险等产品与服务的特色旅游活动，是满足人们回归大自然愿望的一种特殊旅游方式。

森林生态旅游是森林多种效益的综合体现，是对森林资源的积极利用。它以优美的森林植物景观、秀丽的山水风光、罕见的山林奇观，以及或多或少的人文历史景观为基础，以良好的生态环境质量为保障，满足人们的审美和健康要求，使游人的体能代谢在愉悦的心态下，在清新、洁净、保健的空气环境及适度的游览运动中，自然调节到良性循环状态，增强活力，祛疾除劳，并能带来良好的社会和经济效益。

森林生态旅游是一种正在迅速发展的新兴的旅游形式，也是当前旅游界的一个热门话题。当前，森林提供木材的功能逐步在消退，改善环境及为公众提供休憩功能正在逐步被加强。森林生态旅游越来越为人们所关注，已成为世界旅游业的重要组成部分和现代林业必不可少的重要内容。

13.3.3.2 森林生态旅游发展的历程

非洲是世界森林旅游的重要发源地之一，其中为世人瞩目的是它丰富的野生动物资源，尤其是南非，是欧美国家的森林旅游爱好者的天堂。非洲成为当今世界森林旅游的热门地区，最具代表性的国家有南非、肯尼亚、坦桑尼亚、加纳、博茨瓦纳等国。美国也是森林旅游起步较早的国家，早在20世纪50年代末，森林旅游在美国就已经有了相当的规模。在亚洲，尼泊尔、印度尼西亚、马来西亚以及印度等国家较早开展了森林旅游活动。此外，澳大利亚、德国、英国、日本等国的森林旅游也在二战后有所发展。这些地区和国家开展的主要森林旅游活动有野生动物参观、森林徒步、原始部落之旅、土著居民参观、生态观察、河流巡航、赏鸟以及动物生态教育等，吸引了世界各地大量的游客前往参观和游玩。

我国幅员辽阔，自然条件复杂，生物种类丰富，群落类型繁多。从20世纪80年代以后，我国的森林生态旅游事业开始得到了重视，并以迅猛的势头发展起来。在这 30 多年里，我国对森林风景资源开发利用的主要形式是在林业主管部门的主导下，建立森林公园、风景名胜区、野生动物园及在自然保护区开辟旅游景区。我国的森林旅游主要是在原国有林场或林业主管部门的基础上建立起来的。

我国的森林生态旅游大致经历了 3 个阶段：

（1）起步阶段

20 世纪 80 年代。以张家界国家森林公园的建成为起点，其主要特点是政府每年批准建立的森林旅游区较少，但是国家对其建设的投资相对较大，其他管理方面以及法制设施方面都还存在着较大的不足。

（2）快速发展阶段

20 世纪 90 年代。此阶段主要特点：第一，多处森林公园、自然保护区被建立起来，国家批准建立的森林旅游区数量迅速增长；第二，批准的数量多，但国家对其投入减少，森林旅游开发建设和营运主要依靠地方财政拨款、对外招商引资和商业银行贷款等方式进行；第三，分布范围广、类型齐全，植物园等其他的森林旅游区的旅游功能开始得到关注。同时，森林旅游的科学价值研究工作开始起步，并且取得了初步成果。

（3）体系形成阶段

2000 年至现在。此阶段主要特点：森林旅游区数量较之前取得了更加快速的增长，森林旅游体系架构在这个阶段基本形成。在发展理念方面，改变了以往森林旅游规划太过偏重物质规划、忽略人本关怀的倾向，更多地体现森林保护、生态旅游和可持续发展的思想；在制度建设上，森林旅游的管理也逐渐走入正轨。

13. 3. 3. 3　森林生态旅游资源的开发

所谓森林生态旅游资源的开发，就是发挥、提高和改善森林旅游资源对游客的吸引力，并使森林旅游活动得以实现的技术经济活动。也就是把潜在的森林旅游资源变成现实的森林旅游资源，使之具有吸引游客的能力，并做好大量的接待游客前来参观游览的准备工作。这种技术经济活动的实质，是以森林旅游资源为原料，通过人工劳动加工，使其成为具有旅游观光价值的森林旅游吸引物，其最终目的是开发成为一些森林旅游产品，即一些旅游目的地（森林公园）或一些森林旅游专项活动（森林浴、野营、观鸟等）。

自 20 世纪 80 年代以后，我国森林公园的旅游开发建设受到社会各界的广泛重视。2001—2005 年，我国投入森林公园开发建设的资金达 275 亿元，基础设施和旅游服务接待设施等条件明显改善，森林旅游产业规模不断壮大。目前，全国森林公园旅游线路达 6×10^4 km，旅游接待床位数 36. 3 万张，就餐容量 38 万个，全国各地已建森林旅行社或旅游公司 140 多家，森林旅游从业人员达 16 万人。初步形成了森林旅游产业"吃、住、行、游、购、娱"六要素配套发展的服务体系。

据不完全统计，2001—2005 年，全国森林公园旅游人数达 6. 32 亿人次，森林公园逐步成为了人们休闲度假、游览观光、回归自然等户外活动的首选目的地。同时，森林公园不断挖掘和丰富生态旅游的文化内涵，推出以生态教育、科普教育和爱国主义教育为主题的旅游活动，使人们在寓教于乐中增长了知识，受到了教育，有力地推动了各地精神文明建设和社会文化事业的发展。

　　森林旅游收入一直保持着快速增长态势。2001—2005 年，全国森林公园以门票为主的旅游收入达 260 亿元。全国已涌现出一批旅游收入超千万的森林公园，森林旅游产业逐步成为林业产业中最具活力和最具发展前景的新兴产业，这也标志着对森林资源的经济利用方式发生了重大转变，走出了一条不以消耗森林资源为代价，又能充分发挥森林的社会、经济、生态三大效益，促进林业全面可持续发展的新路子。2001—2005 年，平均每年投入到森林公园建设和森林旅游发展的资金数量超过 50 亿元，平均每年实现森林旅游的社会综合产值近 800 亿元，直接推动了地方经济的发展，有力地促进了不少边远地区道路、交通、通讯、水电和城镇建设。

　　截至 2012 年年底，我国共建立各级各类森林公园 2 855 处，规划总面积 1 738.21 × 10^4 hm²。森林公园共接待游客 5.48 亿人次，占国内旅游总人数的 18.5%，直接旅游收入 453.3 亿元，游客人次和旅游收入分别比 2011 年度增长 17.1% 和 20.4%。2012 年全国森林公园创造的社会综合产值达 4 200 多亿元。森林公园建设和森林旅游发展让近 2 000 万农民受益，带动森林公园周边 4 600 多个村子脱贫。

13.3.4　非木质林产品资源的培育、产品加工及市场前景

13.3.4.1　非木质林产品的培育

(1)资源的选择

非木质林产品资源种类繁多，要有针对性地选择开发对象。

①根据当地的条件选择　因地制宜是培育任何一种野生资源的前提。当地的气候条件是否符合该类野生资源的生长，栽培地点的各种生态因子是否符合该类资源的生长条件，资源培育对气候、水分、温度、土壤等因子有无特别要求，栽培过程中病虫害如何防治等。

②根据经济价值选择　选择培育品种应考虑收益大于成本，因此，必须先做市场调查，了解该资源的市场潜力，以及预期的产量、总产值和收益，收益率越大越好。

(2)资源的栽培

选择好栽培的种类后，先查找相关资料，弄清楚该类资源的形态特征、生长规律、分布以及生长环境等，然后，因地制宜建立相应的基地再栽培，园区管理包括控制水分、光照，施肥、除草、防治病虫害等。

(3)资源的繁育

资源的繁育与育苗是资源培育的关键。

①母种质基的选择　在选择母种时，一定要选择那些抗病力强、生长速度快、结果率高、产量高、繁殖快的种质资源作为母种进行繁育，与产量相关的性状优先考虑，为子代的繁育打下良好的基础。

②繁育方法的选择　植物繁育通常的方法有种子繁育、扦插、嫁接、压条、分株、组培等。应根据植物的生长特性，选择生长快但又不影响苗木特性的繁育方法。一般来说，一二年生的草本植物，通常采用种子进行繁育。不宜种子繁殖的根状茎或匍匐茎发达的种类，通常可采用分株繁育。为保持母种的特殊亲本性状，可采用嫁接和压条繁育。用常规

方法繁育比较困难的植物种类，也可以采用组织培养的方式来进行繁育。

13.3.4.2　非木质林产品加工的主要形式

食品类非木质林产品主要有野菜和野果。野果可作为营养功能性食品原料广泛地用于食品工业，野果的加工与水果的加工方法一致，主要有保鲜贮藏、脱水干制、腌制、蜜饯、罐藏、加工成饮料和功能成分提取等。野菜食品主要加工方式有保鲜、脱水干制、罐藏、加工成饮料和腌制等。食品类非木质林产品的开发利用还体现在野生果蔬种类的发现、开发利用、并实现人工栽培的技术上。

很多工业用野生植物是工业的重要原料来源，包括一些油脂植物、纤维植物、香料植物等。工业用非木质林产品加工是根据不同的产品用途，采用不同的加工方法，如橡胶、栲胶等。这些加工一般要由工业企业进行加工，而普通的农民只作原料粗加工，产品就进入销售环节，相应的产品附加值也较低。

中草药是一大传统的非木质林产品加工内容。其加工的主要形式有干粉、粉剂、胶囊和针剂等。

各种编制工艺、根雕艺术品等生活用品一般以手工加工为主，因此，产品的附加值也较高。

13.3.4.3　非木质林产品加工的市场前景

（1）野生植物资源加工产品有待进一步开发

我国虽然在野生植物资源开发利用方面取得了显著成果，但仍存在不少问题，如野生植物开发利用率低，精深加工及综合利用不够，对野生植物的后续利用不够重视，从事野生植物资源研究、开发与利用的科技人员匮乏，研究经费不足等。

我国野生植物资源中还有许多颇具开发利用价值、至今仍埋藏在深山老林中的品种，急需我们去研究、挖掘。目前，已开发的野生植物中，能充分利用的还为数不多，与发达国家相比差距较大，尤其在野生植物的深度加工和综合利用方面水平更低。所以，我国野生植物资源开发利用潜力很大。如在大力发展对野生植物开发、利用的同时，应加强植物化学成分的分析，使用先进的分析仪器、测试手段和方法，对各种野生植物化学成分有所了解，为野生植物资源开辟新用途打下基础；应对野生植物资源情况进行更加全面、深入的调查，真正摸清野生植物资源的种类、分布、生态环境和蕴藏量等；不断研制、改进野生植物开发、利用设备和设施，搞好深度加工和综合利用。在开发、利用野生植物资源的同时，要注意保持生态平衡，做到合理计划、有步骤地开发利用，避免因盲目开发而造成资源枯竭。

（2）打造名、优、特产品成为一种趋势

野生资源作为一种无污染的原料，其绿色产品性能备受人们欢迎，被人们称之为"山珍野味"。而名、优、特绿色产品是消费者未来的一种消费趋势。因此，野生资源加工可以走打造名、优、特产品的道路，以提高生产者经济效益，扩大非木质林产品开发利用的空间。

（3）人工驯化和栽培将成为野生资源大规模开发的前提

我国虽然野生资源丰富，但是如果不注重保护，大规模地开发利用，往往会造成资源的枯竭和生态的破坏。因此，要想大规模开发野生资源，并且要达到可持续发展，必须重视人工驯化和栽培，这样才能为非木质林产品工业提供源源不断的原料。

思考题

1. 什么是非木质林产品？非木质林产品是如何分类的？
2. 开发利用非木质林产品的意义是什么？
3. 简述我国非木质林产品发展概况。
4. 如何合理开发利用我国的非木质林产品？
5. 森林生态旅游的内涵是什么？

第**14**章

林业经济管理

林业经济管理是林业行业或林业领域的经济管理。它是体现林业特点的一项特殊的社会活动，指对林业再生产过程（包括各类有形和无形产品的复合再生产系统的生产、分配、交换、消费等各环节）的特点、规律和问题以及对其执行决策、计划、组织、指挥、调节和控制职能的活动予以研究的科学。

14.1 林业管理体制

14.1.1 林业管理体制的概念

管理体制，是在一定的社会制度下，国家、地方、部门、企业及其内部各层次所形成的管理体系、管理机制、管理方法和管理制度的总称。它涉及的范围很广，包括组织形式、机制、机构设置、权限划分、制度设定，决策方式和程序，监督、调节系统，利益分配关系，各层次责权利的划分及实施等。但概括起来，管理机制、管理机构和管理制度是构成管理体制的基本要素，三者紧密相连、相互作用，成为管理体制的统一整体。管理体制是国民经济体制的组成部分，属于上层建筑范畴。它既要适应经济基础的要求，又给予经济基础的发展以深刻的影响。

林业管理体制，是对林业经济活动进行决策、计划、组织、监督和调节的整个体系，是推动林业经济活动进行的管理机制、管理机构和管理制度的统一。

林业管理体制受社会制度、所有制形式、森林资源状况、经营指导思想、历史等因素的制约和影响，所以各国林业的管理体制差异较大。林业管理体制不是一成不变的，随着国家经济和林业的发展可作相应调整。为适应林业的发展，许多国家对林业管理体制不断进行改革，形成了各自的林业管理体制。

14.1.2　林业管理体制的构成要素

林业管理机制、管理机构和管理制度是构成林业管理体制的基本要素。

（1）林业管理机制

选择管理体制，必须首先确定管理机制。林业管理机制是指内在起作用推动林业经济活动进行的各种社会动力和约束力。林业管理是一种有目的的强制活动，那些促使管理对象不断向管理目标趋近的客观作用力就是林业管理机制。管理对象主要是参与林业经济活动的人或由人组成的经济单位。管理机制是客观存在的外在强制力。管理机制在一定程度上是可以选择的。但任何管理机制都是先作用于人，而后推动物的运动。没有一种管理机制可以不作用于人而直接作用于物。在社会主义市场经济条件下，林业管理机制主要有利益机制、权力机制和竞争机制。利益机制是推动林业经济活动进行的各种物质利益动力，利用这些动力进行林业管理，就是利益机制运用的表现。权力机制是指利用一定的社会管理制度规定的权力，对管理对象施加影响的客观作用力。权力机制在任何社会都是不可缺少的，且具有较大的强制作用。竞争机制是指同类管理对象在经济活动中为争取有限的机会而产生的宏观作用力。竞争机制作用的过程是社会性的优选过程，即优胜劣汰的过程。对林业实施有效管理，就要充分发挥这些机制的作用，形成各种机制复合并用的管理机制体系，最终由林业管理机构在执行林业管理制度的过程中得以完整的体现。

（2）林业管理机构

林业管理机构是指对林业经济活动进行管理的实施单位，其设置与林业在国民经济中的地位、历史、社会制度、国家体制等因素密切相关，具体要依据森林资源状况、林业生产力发展水平和社会主义市场经济生产关系的要求进行设置。林业管理机构的设置既是林业生产管理必需的一种组织形式，也是林业发展的必然产物，林业管理机构要对林业生产活动进行决策、计划、组织、监督和调节。

（3）林业管理制度

林业管理制度是对一定的管理机制及管理机构要求的规范化，是对各种管理原则和管理方式的规范化。管理制度是管理体制的基本组成部分之一，任何管理体制都需要以一定的管理制度为依据。林业管理制度具有权威性、排他性、时空性和稳定性。

林业管理体制是推动林业经济活动进行的管理机制、管理机构和管理制度的统一。在管理机制、管理机构和管理制度这三者之中，居于支配地位的是管理机构，管理机构设置的模式决定了管理机制和管理制度的建设和运行方向。

14.1.3　林业管理机构设置类型

林业管理机构的设置是与森林所有制的形式，林业在国民经济中的地位，以及历史、社会制度等因素密切相关的。当今，世界各国森林所有制的形式不同，林业机构设置也各异，但大体上可分为以下3种类型。

（1）单设部类型

单设部类型即在政府机构中单独成立林业部（委）。单设部类型多见于不发达国家，据90年代初统计，现在世界有15个国家单设林业部，这些国家一般不太发达，且森林属国有化。如中国、朝鲜、越南、斯里兰卡、巴布亚新几内亚，而英国、新西兰是发达国家中单设部代表。

（2）合设部类型

国有林为主的国家，基本是农林或林业水利等合设部，而一些私有林为主类型也属此类型。这一类型又分为三小类：第一类是设农林部、农林粮食部等，下设林业总局或林业厅（局）负责全国林业工作，奥地利、芬兰、德国、日本等国均属此类型；第二类是设林业水利部，主要出于对国土资源的综合考虑，这个类型的国家为数不多；第三类是设环境林业部，如印度属此类型。

（3）从属其他部类型

私有林为主的国家林业机构基本上都属于这种类型，大部分设在农业部里，但独立性很强，自成系统。一般分为两类：第一类设在农业部里，如美国，法国，瑞典，挪威；第二类是从属其他部委，从属的部门五花八门，如菲律宾从属于自然资源部，澳大利亚从属于初级产品部等。

14.1.4　国有林管理体制类型

林业管理体制受社会制度、所有制的形式、林业经济地位、经营指导思想、历史等因素所制约。所以，各国国有林业的管理体制各不相同，但按机构的性质和任务大致可分为政企合一和政企分离两大模式。

（1）政企合一类型

指政府林业行政管理机构既是职能部门，又直接经营国有林。即既行使政府职能，又行使企业经营职能。美国、日本、英国等属于此模式。政企合一模式的特点有：① 政府林业管理机构直接管理国有林企业并自成体系；② 对人、财、物，产、供、销实行一元化领导；③ 在经营管理方面又分两种类型：一是国有林经营靠国家预算，收入上缴国家，亏损由国家补贴，二是实行国有林特殊会计法，收入转作育林费，亏损由国家补贴，如美国采取农业部林业局政企合一模式，而日本现在采取国有林特殊会计法。

（2）政企分离类型

指林业行政管理机构纯属职能机构，不直接经营国有林，而是由相应的企业性机构进行经营并接受职能机构的监督。瑞典，法国，德国，奥地利，加拿大，新西兰等属于此模式。政企分离模式的特点是：①职能机构只管林业方针政策，不直接经营国有林；②企业具有法人资格，实行独立的经济核算，走企业化道路；③联邦制国家的国有林实行"上分下合"的管理体制，政府政企分离，而地方实行政企合一；④有两种经营管理形式：一种按企业会计进行独立核算，收入不上缴，自收自用，亏损由国家补贴，另一种是实行一般会计核算，收入上缴国家财政，亏损由国家财政补贴。由于各国的国有林业体制不同，林业企业管理方式也不大相同，各有特色，没有一个完全统一的管理模式。当今，国有林实行企业化经营是国外一个明显的发展趋势。

14.2　林业经营与发展战略

14.2.1　林业经营概述

一般而言，经营是一种经济活动，是经营主体通过决策及实施等，对归属于自己占有、支配和使用的生产要素进行科学的组合而形成现实生产力，并借以实现既定目标的经济活动。

林业经营是一种以森林资源为对象的经济活动。森林资源是林业经营的基础，森林资源的特点决定了林业的特点，林业的特点使林业经营具有与其他生产部门不同的经营特点。

林业的所有制和林业的经营形式是社会主义林业经济的基础问题，是一切林业政策法规和经济管理工作的基础。经营形式不同于所有制形式。同一种经济成分的所有制，可以有不同的经营形式；不同经济成分的所有制，可能有相同或近似的经营形式，二者既有区别又有联系。任何一种经营形式总是在一定所有制关系条件下的经营形式，它反应该种经济成分所有制关系的性质。

林业经营形式是在一定的所有制条件下，实现林业再生产过程的经营组织、结构、规模、劳动者责权利关系及生产要素的组合方式。它既受所有制形式的制约，又是生产力组织形式的具体化。

林业经营形式是一个复杂的问题，影响因素较多，概括起来主要包括以下4个方面：

(1)生产力发展水平

林业经营形式必须同生产力发展水平相适应，因为经营形式是生产关系表现形式之一。因此，只有对林业现实的生产力水平进行细致的分析，对不同经营项目采取不同的经营形式，才能使劳动者同生产资料紧密结合，才能使其责、权、利清晰明确，从而充分调动劳动者的积极性，促进林业经济的发展。

(2)林业生产特点

由于自然的、历史的、社会的原因，各地林业无论在资源储量、林分结构、作业环境上，还是在所有制关系、生产目标、经营内容上，都存在着差异，只有因地制宜选择适应当地特点的林业经营形式，才能有效地组合各种林业生产要素，取得最佳的林业经营效果。因林业生产过程既是连续的，又可分割为相对独立阶段，完全可以依据不同阶段的特点分别实行不同的经营形式。

(3)森林资源状况

森林资源是林业经营的物质基础，所以无论选择何种经营形式，都要有利于森林资源数量增长和质量提升，要在森林资源不断增长的前提下提高林业经营效益。

(4)林业经营特点

林业经营形式的选择要有利于林业生产的运行和林业经营目标的实现。林业企业功能的多样性、组织的分散性和企业内部的整体性，都会制约林业经营形式的选择。无论选择何种经营形式，都应便于组织和管理，有利于生产的运行和经营目标的实现。

总之，林业经营形式是林业经济管理的重要内容之一。林业经营形式的选择，要从实际出发，遵循以下原则：适应生产力发展水平；适应社会主义市场经济的要求；符合林业特点和特殊经营规律的要求；有利于森林资源资产的数量增长、质量提高和结构改善，实现良性循环；有利于调动劳动者生产经营的积极性；有利于科技进步、生产要素合理配置、科学组织管理、三大效益的综合提高；综合考虑多种因素，力求合理，切实可行。

14.2.2　林业经营理论

在林业发展历史上，不同时期森林经营的重点不同，因而对经营行为具有指导意义的林业经营理论也不同。林业经营理论，是林业生产实践的指南，对林业的发展具有极大的影响。林业经营理论的产生与演变主要从 19 世纪开始，从森林永续利用的法正林理论到森林可持续经营理论，在二百多年的时间里，林业经营理论有了很大的发展，产生了许多学派。本节介绍几个有代表性和有影响力的林业经营理论。

14.2.2.1　森林永续利用理论

森林永续利用理论始于 17 世纪中叶的德国，由德国经济学家哈尔蒂希在 1795 年提出。该理论是世界各国传统林业理论的基础。工业革命以后，欧洲对自然资源的消耗以前所未有的速度和数量进行着，作为重要能源的森林资源很快就出现了供不应求的局面。在德国，森林遭到大肆砍伐，出现了森林危机。人们从中认识到必须改变原来的森林利用方式，用永续的思想经营森林。到 18 世纪末 19 世纪初，木材永续利用的完整定义和相应的森林经营体系日渐成熟。

森林永续利用的原则是"森林经营管理应该调节森林采伐量，以致世世代代从森林中得到好处"。其中心思想是追求经济利益，实现以永续获得木材为主要目标的森林经营。

森林永续利用理论最初仅局限于木材的永续利用，而且这种思想一直占主导地位。但在 19 世纪到 20 世纪中叶，就一直存在着批评单纯追求木材产量的永续利用做法的观点。20 世纪 50 年代，德国政府批准了森林多种效益永续利用的林业政策；美国于 20 世纪 60 年代制定了森林多种效益经营的法规。至此，森林永续利用理论向着森林多功能理论演进和发展。

14.2.2.2　森林多功能理论

第二次世界大战后，林业经营理论逐渐转向森林多功能理论。即充分发挥森林多种功能效益。该理论的指导思想不单局限于木材生产和林副产品，同时还考虑保持水土、改善环境、保护野生动物资源以及提供娱乐、游憩等需要。这一理论为现代林业理论奠定了基础。森林多功能理论包括三大经营模式：以德国为代表的三大效益一体化经营模式；以新西兰、法国和澳大利亚等为代表的森林多效益主导利用经营模式；以美国等为代表的森林多效益综合经营模式。

(1)森林三大效益一体化经营模式

所谓森林三大效益一体化经营模式，是指经营一片森林要同时实现经济效益、生态效益和社会效益最大化，保证森林的永续性、持续性和均匀性的利用效果，满足人民对木材和林产品的长期需求，永远保障森林对气候、水土、空气的保护效益及游憩；经营者以最小的开支取得最大的经济效益，尽可能保证森林发挥最大的生态效益。森林三大效益一体化经营模式以德国为代表，也称德国经营模式，符合德国现代社会发展的要求。但现今的后进林业国家要向德国模式成功过渡，有很大难度。

(2) 森林多效益主导利用经营模式

森林多效益主导利用经营模式同样强调通过发挥森林的多种效益来满足社会对森林的各种需求，但对不同地区、不同林分、不同树种，则只突出其主导功能。即并不强调在每一片林地上都实行多效益一体化经营策略，但又在整体上强调不同地块间的相互增益，实现森林多效益的高度统一。法国、新西兰、澳大利亚等都属于此模式。

(3) 森林多效益综合经营模式

森林多效益综合经营模式是以森林永续利用为指导，充分发挥森林多种效益，实行综合经营，属于前两种模式的中间类型。美国、瑞典、日本等国均属于这种模式。

由于林业经营模式与社会、经济条件、经营指导思想等因素密切相关，这3种模式各有特色，各有利弊。但从全球来看，有向第二种模式即森林多效益主导利用经营模式发展的趋势。

14.2.2.3 林业分工理论

(1) 林业分工理论的基本思想

林业分工理论是森林多效益主导利用理论的继承。20世纪70年代，美国林业经济学家克劳森、塞乔以及海蒂等人开始进行林业分工理论的研究，提出了森林多效益主导利用思想，进而创立了林业分工理论。他们认为，现代集约林业与现代农业有一定的相似性。如果通过集约林业生产木材，森林的潜力是相当可观的；对所有林地不能采取相同的集约经营水平，只能在优质林地上进行集约化经营，并且使优质林地的集约经营趋向单一化，从而导致经营目标的分工。

林业分工论的主要思想就是把林地、森林按主要经营目标划分为不同林种类型，切块分头经营。

(2) 我国的林业分类经营

我国在20世纪90年代初，雍文涛同志等在中国林业发展道路的研究中，根据中国的实际情况，提出了具有中国特色的"林业分工论"，其主要思想是针对现代林业需求，主张通过专业化分工的途径，把林地、森林按主要经营目标划分为不同林种类型，分类经营，并使其中的一部分与工业加工有机结合，形成林业现代化产业，从而最终在国土上形成一个动态稳定的、并与经济需求和环境需求相适应的森林生态大系统。在"林业分工论"的基础上，经过学术界、政界和企业界的广泛关注和积极讨论，并发展成为"林业分类经营理论"。

所谓林业分类经营，是指在社会主义市场经济体制下，根据社会对林业生态和经济两个方面的需求，遵循森林有多种功能，但主导利用可以有所不同的规律，将森林划分为生态公益林和商品林两大类，并分别按各自的特点和规律运营的一种新型的林业经营管理体制和发展模式。

14.2.2.4　新林业理论

新林业理论是由美国华盛顿大学 Franklin 教授于 1985 年创立的。它主要以森林生态学和景观生态学的原理为基础，并吸收传统林业中的合理部分，以实现森林的经济价值、生态价值和社会价值相互统一为经营目标，建立不但能永续生产木材及其他林产品，而且也能持久发挥保护生物多样性、改善生态环境等多种生态效益和社会效益的林业。新林业理论的要点可以归纳为：

①以森林生态学和景观生态学为理论基础，实际上是将森林看做生态系统。

②对传统林业不持否定态度，而是吸收其合理部分。

③兼顾林业的三大效益。

14.2.2.5　近自然林业经营理论

近自然林业经营理论起源于德国，是由于人工造林活动改变了原始林的生态和景观结构，违背了自然规律营造的大面积人工同龄林灾害频发，针对人工林的问题，1898 年，德国林学家 K·盖耶尔提出了"接近自然的林业"理论。

"接近自然的林业"理论是指在林业经营中使地区群落的主要本源树种得到明显表现，它不是回归到天然的森林类型，而是尽可能使林分建立、抚育、采伐的方式同潜在的天然森林植被的自然关系相接近；要使林分能够接近生态的自然发生达到森林群落的动态平衡，并在人工辅助下使天然物质得到复苏。

随后随着经济的发展，"接近自然的林业"发展为近自然林业经营理论。该理论认为人工林具有多样性低，稳定性差，虽然速生但地力消耗大的弱点。该理论的基本出发点是把森林生态系统的生长发育看做是一个自然过程，认为稳定原始森林结构状态的存在是合理的，它不仅可以充分发挥和利用林地的自然生产力，而且还可以抵御自然灾害，减少损失。因此，人类对森林的干预不能违背其自身的发展规律，只能采取诱导方式，提高森林生态系统的稳定性，逐渐使其向天然原始林的方向过渡。

14.2.2.6　森林可持续经营理论

20 世纪 80 年代，由于单纯追求经济增长，导致全球生态环境恶化，引起各国关注。联合国成立了环境与发展委员会，专门研究可持续发展问题。1992 年世界环境与发展大会对全球可持续发展问题进行了热烈讨论，并取得了共识。可持续发展已是当今世界各国经济发展的共同指导思想。随着可持续发展理论的提出，人们也提出了可持续林业的要求，而要实现可持续林业，森林的可持续经营是其核心。

森林可持续经营是可持续发展思想在林业上的体现，它是指在森林经营过程中，在森林生态系统生产能力和再生产能力得以维持的前提下，以人类利益的可持续性为基础，持续、稳定地生产出适应人类社会进步所需求的产品，使得生态、经济、社会效益协调发展的森林经营体系。其主要强调的是在森林生态系统自我维持的可持续性和人类长期利益的可持续性一致的前提下合理经营，持续产出产品。

14.2.3 我国主要林业经营形式

我国林业经营形式主要有承包经营、租赁经营、股份合作制经营、股份制企业经营、企业集团经营等。下面介绍主要的林业经营形式。

(1)承包经营

承包经营是按照资产所有权与经营权相分离的原则，通过承包合同的形式，明确作为林木林地所有者的国家、集体与林业生产经营者之间的权利与义务和收益分配的一种经营形式。

党的十一届三中全会以来，随着农村经济改革的深入和联产承包责任制的实施，国有林场和集体所有制乡村林场，也相继选择了统分结合的联产承包经营形式。这种经营方式以职工、林农及其家庭分散经营为主，同时保留必要的统一经营，将各项生产任务承包给林业职工家庭或农户经营，把林地和生产工具一起包给职工和林农家庭使用。承包后，林业生产的全过程，从计划制定、资金筹集、生产组织到产品收获与销售等生产经营活动均由承包户自主经营，他们的经营成果在完成国家、企业和集体任务后，由承包户享有。承包经营形式使经营效益与经营者利益直接挂钩，调动了林业经营者的积极性，促进了林业发展。

(2)租赁经营

租赁经营是国有林业企业把一部分生产资料租赁给集体或职工个人经营的经营形式。

租赁经营不改变国有林业企业所有制性质，以国家授权单位为出租方，将企业或企业的一部分有期限地租给承租方经营。承租方按期向出租方交付租金，并依照合同规定对企业实行自主经营。它是中国一些小型国有企业实行的一种资产经营形式。

承包经营与租赁经营虽然都属于所有权与经营权相分离的经营形式，但两者在经营权的取得以及承担的责任、法律、利润、破产等方面都有很大区别。

(3)股份合作制

林业股份合作制是一种采用股份制形式来运行合作经济的林业经营形式。始创于1984年。这是一种投资主体多元化、投入方式多样化的经营形式。它把生产力各个要素进行合理分配，各种经济成分的所有者组合起来共同经营。针对林业特点，股份合作经营可以将集体财产等额股份化，将抽象的所有权股份化、具体化，然后均分到具体的每个人手中。它既有资金的联合，按股分红，也有劳动者的联合，按劳分配，是现代股份制和典型合作制的优势相互融合而产生的新型经济形式。推行股份合作制可以广泛吸收社会闲散资金，拓宽投资渠道，分散经营风险，调动职工的积极性，促进企业间生产要素的合理流动和组合，提高全社会资源的配合效益。这种经营模式在当时，较好地保证了集体林业资产的完整性，解决了林业的林木培育与市场脱节的问题。

林业股份合作制的形式，主要有：①折股联营，即分股不分山，将集体的森林资源作价折股，按在册人口平均分配股份，如福建省三明市；②入股联营，即分林到户的地方，把已分到户的成片林根据实际情况折算为股份，重新联合。林业股份合作是目前中国南方林区推行的联营经济。

总之，经营形式是个复杂的经济问题，涉及面广，实践性强。随着林业改革的深入发展，中国林业逐渐呈现出多种所有制和多种经营形式并存的局面，这是经济发展的必然产物，也是由于历史条件、地理环境和社会经济状况不同，在新旧体制交替过程中的具体体现。因此可以说，发展多种林业经济形式，是中国林业存在多层次生产力结构以及多种经济形式并存和发展的客观要求，也是发展林业的必然趋势，这也是今后中国林业经营体制改革的重要方向。

14.2.4　我国林业的经营方针

我国林业的经营方针是"林业建设实行以营林为基础，普遍护林，大力造林，采育结合，永续利用"。简称"以营林为基础方针"。它是处理林业内部经营活动关系的准则。

"以营林为基础"，是指要把营林、造林工作作为林业建设的基础，把培育、发展森林资源放在林业建设的首位。

"普遍护林"，是指要提高全社会的护林意识，要求社会各方面都要认真、切实地保护现有的森林资源，使每一个社会成员都要履行保护森林资源的职责。

"大力造林"，是指要在认真保护现有森林资源的基础上，积极开展植树造林，培育新的森林资源，扩大森林面积，提高森林覆盖率。

"采育结合"，是指要把采伐森林和培育森林资源有机地结合起来，互为促进，互为条件，在不断扩大森林面积的基础上有计划地采伐森林，在有计划采伐森林的同时，不断地扩大森林面积。

"永续利用"，是指在合理利用森林的基础上，通过培育新的森林资源，使森林资源保持平衡及稳定的发展状态，达到能持续不断地满足人民生活和社会经济发展的需要。这里的永续利用实际上就是指林业可持续发展不再仅仅是木材的永续利用。

14.2.5　林业发展战略

14.2.5.1　林业发展战略的概念

林业发展战略是关系到林业发展全局的宏观设想和谋划。它的核心是要解决林业在一定时期的基本发展目标和实现这一目标的途径。它与林业经营思想、方针相联系，在其指导下，从林业实际出发，规定了一定历史时期内的林业发展的全局性方针任务，具有预见性、整体性、长期性、概括性、相关性、相对稳定性等特征。林业发展战略因国家、地区不同而不同，因各个时期不同也各异。

新时期的林业发展战略应该是以生态环境建设为主体的林业可持续发展战略。

14.2.5.2　林业发展战略内容（构成要素）

一般林业发展战略研究后，形成林业战略规划方案。在林业发展战略方案中，林业发展战略内容（也是构成要素）包括：林业发展战略指导思想（方针）、战略目标、战略重点、战略阶段、战略措施等。

（1）林业发展战略指导思想

林业发展战略指导思想也称为战略方针，是林业发展总方针、总纲领、总决策和总原则的高度概括。

21 世纪上半叶中国林业发展战略指导思想是：确立以生态建设为主的林业可持续发展道路；建立以森林植被为主体的国土生态安全体系；建设山川秀美的生态文明社会。简称"三生态"林业战略思想。

（2）林业发展战略目标

林业发展战略目标是林业发展预期达到的总要求、总水平、总任务。战略目标是发展战略的核心，是战略思想的集中反映，一般表示战略期限内的林业发展方向和希望达到的最佳程度。林业发展战略目标按期限可分短期、中期、长期目标，短期目标又称近期目标，一般 5 年左右；中期目标，一般以 10 年为期；远期目标，或叫长期目标，通常在 20 年以上。

《中国 21 世纪议程——林业行动计划》明确提出了我国林业发展战略目标的总体框架是到 21 世纪中叶，建立起比较完备的林业生态体系和比较发达的林业产业体系，建成现代林业管理体系和社会化服务体系。

我国可持续发展战略规划提出的战略目标：到本世纪中叶，基本建成资源丰富、功能完善、效益显著、生态良好的现代林业，最大限度地满足国民经济与社会发展对林业的生态、经济和社会需求，实现我国林业的可持续发展。

（3）林业发展战略重点

林业发展战略重点是指对实现林业战略具有决定性意义的战略任务，它是关系到林业战略目标能否达到的重大的林业重点项目（优势项目）或薄弱环节。一般战略重点具有阶段性，战略重点可以不只一个。

我国当前的战略重点是根据新的林业战略思想和方针的指导，在以往林业建设成效的基础上，进行林业生产力结构、布局的重新配置，形成以重点工程为中心，生态建设主线突出的林业生产力布局。

（4）林业发展战略步骤（阶段）

林业发展战略阶段是战略期的时序划分。每个阶段会有不同的林业发展目标和重点。一般而言，林业发展战略少则 10 年以上，多则 50 年以上。在确定了林业战略目标和战略重点后，如果不分步实施，往往会感到无从入手。所以一般的林业发展战略都把实施战略目标的时限划成几个阶段，每个阶段都是林业总体目标的分解，每个阶段性目标又相互衔接，通过逐个完成分阶段目标来实现林业发展的总体战略目标。一般林业发展战略目标的实现过程分为三步：准备期、发展期、完善期。前一阶段为后一阶段打基础，而后一阶段又为新的战略阶段创造条件。

（5）林业发展战略措施

林业发展战略措施是保证林业战略目标实现的手段、方式、方法。林业发展战略措施通常包括实施战略的相应的组织机构、资源分配、林业资金政策、林业生产政策以及林业发展的控制、激励、协调手段等。

为使我国林业尽快走上可持续发展的道路，必须从实际出发，解放思想，与时俱进，对制约林业发展的体制、机制和政策进行重大调整和改革，尽快建立并不断完善适应社会主义市场经济和林业自身发展规律的管理体制、运行机制和保障体系。

14.3　林业生产结构及布局

14.3.1　林业生产结构概述

林业生产结构反映林业发展的水平和方向，决定着林业生产满足社会的程度。研究林业生产结构的基础，是林业生产的合理划分。而林业生产结构的合理化、"高度化"及其控制，是研究林业生产结构的主要目的。林业生产结构的演进会促进经济增长，而经济增长又可以促进林业生产结构的变化、演进和结构升级。

14.3.1.1　林业生产结构的内涵

林业生产结构是指林业内部各项生产要素在一定时间、空间限定的经济活动中的组成状态、客观存在的经济联系及数量比例关系。它说明林业生产的种类以及各种生产间的关系和每项生产在整个林业部门中所占的地位。为此，有人称其为林业部门结构。

当林业生产间的相互联系、相互结合的经济联系和比例关系合适时，林业生产才能顺利进行。合理的林业生产结构，有利于发挥各生产部门之间的互相促进作用，充分合理地利用自然资源和经济资源，保持生态平衡，使林业生产顺利发展和取得最大的综合效益。林业生产结构对林业生产的发展方向和林业生产力水平的提高有着决定性的影响。

林业经济发展的历史表明，林业生产结构经历了以木材为主体的传统森林资源开发的单一结构，到现代社会以营林为基础的第一产业，与森林物质资源和环境资源全面开发利用的第二、三产业，形成林业三大基本产业的结构体系的过程。

14.3.1.2　分析林业生产结构的主要方法

林业生产结构的分析常采用下列方法：

（1）比重法

比重法即按不同分类方法，计算出构成林业生产结构的部门、生产环节在整个林业中所占的比重，说明某一时期内林业生产结构的状况。该方法反映的是静态状态。

（2）序列法

根据林业各部门、各生产要素的变化速度，考察它们在各自结构中的序列变化，以判断生产结构的动态变化。

除上述方法外，还有一些比较复杂的数学分析方法，如投入产出法、线性规划法等。

在分析林业生产结构问题时，无论采用上述哪种方法，都必须将定性分析和定量分析有机地结合起来。林业生产结构不仅包括林业各部门质的规定性，也包括其量的规定性。定性分析在于认识结构的部门构成、联系以及哪些因素会引起结构的变化，而定量分析是从使用价值和价值形态两个方面研究和计算各部门之间各种比例关系，也包括林业在整个国民经济中的比例。定量分析是为定性分析服务的。

14.3.1.3　反映林业生产结构的主要指标

在进行林业生产结构定量分析时，主要采用下列指标：

①林业三次各产业(或部门)的总产值、净产值和利润在全部林业生产经营中的比重(营林只计总产值比重),林业三次产业(或部门)所占用的固定资产和劳动力在全部林业中的比重。

②林业的第一、二次产业在工农业总产值中所占的比重,以及他们分别占农业总产值和工业总产值中的比重(第三次产业尚难计量)。

③有林地在总土地面积中的比重,林地的利用结构,林种结构,集约经营的经济林、用材林分别在经济林、用材林总面积中的比重;森林蓄积量消长结构;森林各种生态功能效益(价值)结构。

④在第一次产业中各类初级产品的产量、产值、净产值在初级产品总体中的比重;木材、薪材在初级林产品中的比重,林业的原材料生产和消费品生产在林业初级产品中的比重;非木质的其他初级产品生产和林业初级产品生产分别占第一次产业的比重。

⑤在第二次产业中各类林业加工产品的产量、产值、净产值和利润在林业加工产品总体中的比重;锯材、人造板、纸浆等在木材加工业中的比重,林产化学工业内部的结构;非木质的其他加工生产、木材加工、林化工业等生产部门分别占第二次产业的比重。

14.3.2 林业生产结构优化

14.3.2.1 林业生产结构优化的含义

林业生产结构优化是指通过林业生产结构的调整,使各项林业生产实现协调发展,并满足社会对林业不断增长的需求的过程。林业生产结构的优化过程主要是林业生产结构的高度化过程和林业生产结构的合理化过程。林业生产结构合理化是林业生产结构高度化的基础,没有合理化,生产结构高度化就失去了基本的条件,不但达不到升级的目的,反而有可能发生结构的逆转。高度化是合理化的进一步发展的目的,合理化的本身就是为了使生产结构向更高层次进行转化,失去了这一目的,合理化就没有存在的意义了。

14.3.2.2 林业生产结构的合理化

林业生产结构合理化是指从林业生产实际出发,按照国民经济宏观调控的要求,通过一系列调整工作,使不够合理的林业生产结构逐步走向合理的过程,也是建立合理的林业生产结构的过程。

合理的林业生产结构,能准确反映林业各项生产间的技术经济联系,保证林业再生产的顺利进行。合理的林业生产结构,有利于森林资源多效益的充分发挥和资源合理利用。合理的林业生产结构,有利于更好地满足社会对林业的需求。合理的林业生产结构,能够为林业微观生产经营活动提供良好的外部条件。合理的林业生产结构有利于林区人民生活环境的改善、水平的提高和林区社会和谐。总之,合理的林业生产结构是林业经济发展追求的主要目标,它是林业生产结构高度化、林业经济结构合理化的前提。

合理的林业生产结构并不是自发形成的,而是人们在认识林业经济发展规律的基础上,依据一系列政策、措施来组织和控制林业生产结构而逐步实现的。

14.3.2.3 林业生产结构高度化

林业生产结构高度化主要是指林业生产结构从低水平向高水平状态的发展，是一个动态的过程。根据生产结构研究的一般规律，林业生产结构的高度化具有几个特征：

①林业生产结构的发展顺着第一、第二、第三产业生产优势地位顺向递进的方向演进。

②林业生产结构的发展顺着劳动密集型产业、资本密集型产业、技术（知识）密集型产业分别占优势地位顺向递进的方向演进。

③林业生产结构的发展顺着低附加值生产向高附加值生产方向演进。

④林业生产结构的发展顺着低加工度的生产占优势地位向高加工度生产占有优势地位方向演进。

14.3.3 林业生产布局概述

任何社会生产都离不开一定的地域空间。林业生产也必然表现为一定地域空间分布的形态。生产布局是指社会生产各要素在地域空间的分布与组合，也称生产配置。林业生产布局就是指林业生产在空间上的配置，是林业生产的空间形式。它形成林业生产的区间地域分工和各林区有差异的生产力水平，同时也形成各具特色的区域生产结构，从而决定着由各地分工协作而形成的林业总体效益。为了合理组织林业生产经营活动，充分发挥林业综合效益，就必须对林业生产要素在地域空间上予以妥善的配置。林业生产布局是在林业区划的基础上进行。

14.3.3.1 林业生产布局的内涵

林业生产布局是指建立或调整一定地域空间范围内的林业生产要素分布和组合的过程（也称林业生产配置）。包括建立、调整林业生产的区间地域分工和林业生产的地域结构。它是人类有意识的活动。林业生产布局的结果是林业生产在一定地域空间范围内新的分布的形成。它既包括对原来林业布局的调整和修订，也包括对新开发林区生产分布的全新建立。林业生产分布是指业已形成的林业生产空间形态，是指林业生产的现实状况，是已实现的事物。林业生产布局则是指林业生产的再分布，以形成新的更合理的空间形态。现实的林业生产分布是以往各个阶段林业布局的结果，是今后进行新的布局，调整生产分布的基础和依据。

从空间角度看，林业生产布局可以分为宏观、中观和微观三个层次。林业宏观布局的任务主要是解决全国林业区划以及在各大区间林业投入的分配等重大问题，促成林业生产要素在大区间的合理配置；林业中观布局的任务主要是解决某一区域林业发展战略和地区林业生产结构等问题；林业微观布局的任务主要是解决各林业基地、林业企业的选址和内部布局问题。

合理布局林业生产，有利于林业生产总目标的实现，有利于促进林业经济结构趋于合理，有利于发挥地区资源优势，有利于充分发挥森林生态系统的作用，有利于脱贫致富。

14.3.3.2 林业生产布局的特点

林业生产的特殊性，使得林业生产布局表现出与工业生产和农业生产等其他行业生产布局的差异性。概括起来，林业生产布局的特点主要表现在以下几个方面：

（1）林业生产布局必须较多地注意森林对环境的作用

这是由林业生产的综合性和林业生产目标的多样性决定的。林业肩负着优化环境和为社会提供各种林产品的重任，因此，林业生产布局不仅要完成林业经济生产的布局，也必须实现林业生态生产的布局，这样，才能确认在较大范围内林业生态效益、经济效益和社会效益的统一，以满足社会对林业的多重需要。

（2）森林布局调整时间长，调整困难

由于林业生产布局是林业生产的空间战略配置，它具有长期性和全局性的特征，而林木生长周期长，森林布局影响深远，调整时间长，调整困难。这要求森林布局必须根据各地区的特点及该地区对森林资源效益的具体要求，因地制宜地选择和确定各森林生产类型，遵循林木生长自然规律，适地适树选择造林育林树种。如在生态脆弱区，恰当地培育生态林；在水土流失区，恰当地培育水土保持林；在生态威胁小、自然和社会经济条件较好的林区，恰当地建立商品林生产基地。

（3）森林资源的特殊性，决定了林业生产布局的特殊指向性

森林资源多处于边缘山区，有其独特的生存、生长的自然环境和相应的社会经济环境。森林资源培育、生长的环境决定了林业原料产地的特有位置，以及这种位置的不易变更性，由此便决定了林业生产应以此为中心进行布局，尤其是不易运输的大型原料的生产和加工。这就是林业生产布局的特殊指向性。

（4）林业生产布局的动态变化性

林业生产布局的影响因素是多方面的，随着这些因素在不同时期的具体状况及其变化情况，林业生产布局也要随之进行必要的调整，因此表现出动态变化性。

我国林业实践的历程（林业正经历着历史性转变）验证了林业生产布局调整与变化的重要性。

14.3.4 林业生产的宏观、中观、微观布局

从空间角度看，林业生产布局可以分为宏观、中观和微观布局三个层次。它们相辅相成、相互耦合，共同构成一个紧密相连的控制（引导）和反馈系统，上一层次把下一层次作为一个集合包含在内，从而对下一层次起控制、引导、约束作用；下一层次的作用则反馈到上一层次，使上一层次作用的方向、重点和力度等不断得到修正、补充。

（1）林业生产的宏观布局

林业生产宏观布局也称林业总体布局。它是指在全国的范围内对各类林业生产及各类林业生产部门的发展在空间分布与组合上进行战略性的总体部署、安排和调整。它主要是解决林业大区的划分，以及在各大区域间林业投入的分配等重大问题，从而形成林业生产要素在各大区间的合理配置。

林业生产宏观布局是中观布局和微观布局的前提和基本依据。该层次的布局决策是否科学、合理，不仅决定着全国林业布局总体框架、轮廓的合理性，而且关系到中观、微观

布局决策基本取向的正确性。深入研究并正确地把握宏观布局变化的客观规律,搞好宏观布局决策,是实现全国林业生产布局合理化需要首先解决的问题。

由于各个林业发展时期林业重点任务和主要矛盾不同,因此,林业宏观布局在内容上会有所差异,但一般而言,林业宏观布局的内容主要有以下几个方面:

①依据国民经济和社会发展战略的总目标的要求,科学进行全国范围内林业大区的划分。全国林业大区的划分,是林业宏观布局的基础性工作。林区的划分必须在综合分析、评价全国及各地区的自然资源、社会经济资源及其利用现状和利用潜力的基础上,根据各地区上述条件的差异,并考虑历史因素进行。划分的各个林区强调其独立的特点和区域优势。一般而言,林区的划分,要与整个大经济区的划分保持一致,即一个林区不要跨越大经济区的区划界限,同时尽量不要打破行政区划的界限。

②根据社会对林业的多种需求,确定全国林种布局的发展方向。林种布局要充分考虑不同时期社会对林业的综合需求,在划分林种的基础上,提出林种布局的总体方向。如确定商品林和公益林布局。

③正确选择各个时期的重点林区,并妥善安排不同时期重点林区的转移与衔接。重点林区的确定,体现着某个时期内林业主要矛盾的要求,也就是说,只有与林业主要矛盾有密切关系或对林业整体发展有至关重要作用的林区,才能被认为是重点林区。确定重点林区的目的在于通过它的发展,带动整个林业的快速发展。同时由于各个时期林业不同的矛盾和特点,使得重点林区会有变化,因此,要在这种变化过程中,做好重点林区的转移、衔接、建设工作。

④合理确定全国林业生产结构的总趋势。林业生产结构的总体框架,指的是全国范围内,林业各项生产种类和各项生产比例关系的趋势确认。

⑤确定国家级林业生产区域的生产发展方向和趋势。国家级林业生产区域,指的是国家直接管理的林区,既包括经济材生产区,又包括大型防护林区的生产经营管理发展趋势的确定。

(2) 林业生产的中观布局

林业生产中观布局也称林业区域布局。它是一定区域内的林业布局活动,主要是解决某一区域林业发展战略和地区林业生产结构等问题,以建立和发展具有地区优势的林业区域经济。它是在总体布局的基础上,重点确定各类型区域林业开发的总目标,区域开发的方向及林业生产结构轮廓等区域发展中的主要问题。

①制定区域林业发展战略　这是林业中观布局的首要任务。按照全国林业总体布局和林业发展战略目标的要求,根据不同区域的现有生产力水平,针对各自的布局条件和特点,制定区域林业发展战略,确定区域林业发展总目标和任务。

②确定能够发挥区域优势的区域林业生产结构　这是区域林业生产布局中核心的内容。遵循劳动地域分工规律和地区生产专业化与经济综合发展相结合的原则,在区域生产总目标和发展战略指导下,确定区域林业生产结构,明确指出区域林业生产合理化趋势。

在确定区域林业生产结构的基础上确定区域林业发展模式,主要确定以下内容:一是找准区域林业发展优势,形成具有区域经济特色的林业主导产业部门,根据市场需求量确定其合理的生产规模;二是围绕林业主导产业发展相关联的产业部门并确定其规模;三是确定基础结构部门及其规模，它包括生产性基础结构部门和社会性基础结构部门。

　　③确定区域内企业布局　　在林业生产结构确定的基础上，进行企业布局。企业布局是指企业区位定点选择和分布过程。企业布局的直观结果，形成区域内林业企业的空间分布情况，即布点情况。企业区位定点的选择，是指企业所在地域（如城镇）的确定。在选择上，一般是以保证企业单位产品消耗的完全换算费用最低为标准。但由于不同生产种类、不同产品不能完全进行统一换算和比较，因此要结合布局中的指向性原则进行选点。所谓布局指向，即企业所在地域选择标准的趋向性，如选择靠近原料产地的即为"原料地指向"，而靠近市场的地点则为"市场区指向"，依此还有"动力指向"、"水源指向"等。根据哪种指向原则选择区位，主要视不同的生产及产品特点而定。在企业布点时，力求做到适当集中和适当分散相结合，避免过度集中和过度分散两种倾向。

　　一般林业生产布局的内容会反映在区域林业生产布局规划或项目建设规划之中，随着林业生产布局的实施，形成一定的布局结果。

　　(3) 林业生产的微观布局

　　林业微观布局，是在企业区位确定基础上，选择和确定企业具体位置的过程。主要解决各种林业基地选址、林业企业的厂址选择和内部布局问题。

　　林业微观布局处于林业布局的基础层次，是把林业宏观布局和林业中观布局落实到实处的基础环节。林业微观布局决策，一方面受宏观布局和中观布局的控制、制约；另一方面又反作用于林业宏观布局和中观布局，影响其再决策。林业微观布局的任务是，通过多种可能方案（备选方案）的比较，选择拟建林业基地、林业企业分布的最佳位置，对林业企业、林业基地等地区聚集体内部的各类功能区进行合理配置。

　　进行林业微观布局，既要满足拟建企业的生产建设需要，又要满足广大职工群众生活的要求；既不能危害和影响四邻和所在城镇、流域的环境和景观，又要有利于所在城镇总体规划的实现。

14.3.5　林业区划

　　林业区划，指林业区域划分，是在分析研究林业自然地域分异规律和社会经济状况的基础上，根据森林生态的异同和社会经济发展对林业的要求而进行的林业地理分区。

　　林业区划是促进林业发展和合理布局的一项重要基础性工作。林业生产以森林资源为对象，其生长发育有自身的规律，并受到着生地自然环境的制约，有明显的地域性特征。一定树种的森林，只能在其所适应的范围内发展。同时林业是人类一项重要的生产活动，社会需求、社会经济条件和生产技术水平决定着林业生产目的和经营水平。森林自然生态和社会经济因素相互渗透，综合作用，便形成了森林植被分布的地带性和林业的区域性格局。因此，要高效益地发展林业生产，就必须有科学的林业区划指导，合理布局林业生产。

　　林业区划的任务主要是：查清各个地区的自然条件、社会经济情况和森林资源状况，总结林业发展的经验和存在的问题，了解社会经济发展对林业的要求；根据自然地域分异规律、森林生态规律和林业发展的需要划分林业区域单元，揭示各个林业区域的特征、森林资源特点、森林发生发展规律、森林的生态功能与作用，提出各个林业区域林业发展方向；根据当时林业存在的问题和社会经济发展要求调整林业生产结构和林业生产布局，提出必须采取的措施，为促进各个林业区域的林业发展提供系统资料和科学依据。

林业区划的目的是通过区划分区研究提出各区林业建设发展方向，以及相应的利用和改造途径，以便充分发挥森林的多种效益，提高林业经营管理水平，逐步实现区域化、专业化生产，为林业合理布局提供依据。

14.4　林产品市场与贸易

14.4.1　林产品市场及特点

14.4.1.1　林产品市场的概念

关于市场的概念从不同角度可以有不同的理解。首先，可以把市场当作一种场所，即联结商品买方和卖方的地方。这是一种比较狭义的理解。其次，可以将市场理解为把特定的商品和服务的供求关系结合起来的一种经济体制，是商品交换关系的总和。第三，还可以把市场看做商品和劳务、现实的和潜在的购买者的总和。第四，把市场看成有购买力的需求。以上各种不同的定义，从不同角度对市场进行了描述。归纳起来，市场可以被看成是交易者(买卖双方)进行商品交换的环境、条件和交换关系的总和。

林产品是指以森林资源为基础生产的各种产品，包括木质林产品和非木质林产品；既有有形林产品，也有无形林产品。

所谓林产品市场就是交易者进行林产品交换的环境、条件和交换关系的总和。林产品市场包括买卖双方实现林产品所有权交换的场所，也包括各种交易活动。狭义的林产品市场是指进行林产品所有权交换的具体场所。广义的林产品市场则是指任何形式的林产品交易活动，它不一定占据一定的空间，例如通过信函或电话、传真、计算机网络等现代通讯工具进行的林产品交易。

林产品市场既包括有形林产品市场，也包括无形林产品市场。有形林产品的构成要素与一般商品市场构成要素没有太大的差别，而无形林产品市场的供求关系及市场制度安排都有其特殊之处。

有的林产品属于生产资料，如木材产品，耐存放，无需包装，因而其现货市场的基础设施比较简单；有的林产品属于生活资料，如经济林产品，除了林产化工原料外，基本上属于消费品，不耐储存，且需细心包装，因而市场所需的各种设施均比木材市场复杂一些。总之，这两种市场交易的产品均出自森林，但是，一种属于生产资料市场，另一种属于消费品市场，二者之间存在质的差异。

林产品市场的基本要素包括：交易设施与对象、价格体系、参与者(包括生产者、消费者、交易中介和监督者)和相应的制度安排。

14.4.1.2　林产品市场的特点

林产品市场不仅具有一般商品市场的共性，还表现出较强的个性。

(1)林产品供给受自然条件影响大

土地、温度、光照、降水等众多因素对林产品都会产生重要影响，自然条件的不确定性增加了林产品生产的风险，直接影响林产品供给，给林产品供给带来较大的不稳定性和不可控性。

(2) 林产品需求的多样性

林产品既是经济发展所需的生产资料，也是人民所必需的生活资料。林产品种类繁多，既包括木质林产品，也包括非木质林产品；既包括初级加工产品，也包括精深加工产品；既包括有形林产品，又包括无形林产品。因此，对林产品的需求是多种多样的。

(3) 林产品的经营技术复杂

林产品种类多，由于树种、材种、生产区域不一样，同种林产品在质量、规格等方面表现出很大差异。因此，林产品标准化程度低，等级规格复杂，分级难度大，需要经营者具有丰富的经验和专门知识。非木质林产品中鲜活商品、易腐商品多，运输路程远，需要特殊的储存和运输设备。

(4) 林产品市场制约因素多

林产品的经营活动不仅受市场供求、价格变化的影响，还受到人们生活水平、消费习惯、国家产业政策和生态保护政策等因素的影响。

(5) 森林生态产品市场具有特殊性

由于森林生态产品(生态效益和社会效益)没有固定形态，难以计量、计价，难以严格分清主体和受体，所以不能在有形市场交换，只能在无形市场上交换，通过特殊的补偿形式实现补偿，获得维持再生产所需要的恢复和发展资金。无形市场与有形市场具有伴随性，只要森林采伐利用，森林生态产品同时消失或减弱，这种无形森林生态产品市场也不复存在。森林生态与服务产品的市场交易不存在所有权转移，市场内交易是单向的、服务性的、共享的，市场上不存在一对一的买卖关系，而存在整体性的社会交换关系。

14.4.2 林产品市场的种类

从不同的角度划分，林产品市场可以分成多种不同的市场。

(1) 按市场客体构成特点不同，可分为有形市场和无形市场

由于森林提供的有形产品与无形产品特点不同，不可能都在现实的有形市场上进行交易，而是区别有形市场与无形市场以不同的方式进行两类产品的交换和价值补偿。有形产品生产者通过有形市场的产品销售，直接取得经济收入获得补偿。可以按照价值规律进行调节。无形市场的交易一般情况下采取补偿交易形式，按"社会公共物品"来交易。生产者将无形产品投入社会服务，但不直接取得销售收入，而由国家和社会给予补偿。

(2) 按需求供给的状况不同，分为卖方市场和买方市场

当林产品需求大于供给时称为卖方市场；当需求小于供给时称为买方市场。我国森林资源相对缺乏，我国林产品市场总体上是卖方市场。

(3) 按交易达成的地点不同，分为产区市场和销区市场

当交易在销区达成时称为销区市场；交易在产区达成时称为产区市场。由于林产品具有明显的地域性特征和国民经济发展的不平衡性，我国林产品产区市场和销区市场比较明显。在经济比较发达和人口稠密的地区大多形成销区市场，而在经济落后和人烟稀少的林区，大多形成产区市场。一般来说，当买方市场形成时，销区市场较为活跃，而当卖方市场形成时，产区市场较为活跃。

（4）按交易参与者的集中与分散程度，分为集中市场和分散市场

企业或个人根据自身的经营状况进行林产品的购买和营销活动构成了分散市场。从我国林产品流通的现状来看，分散市场在交换中占主导地位。当交易参与者较多，并进行多种林产品的交易活动时称为集中市场。集中市场最显著的特点是中介组织的介入。随着我国市场体系的不断完善，集中市场将在林产品流通中发挥越来越大的作用。集中市场又可以分为集贸市场、批发交易市场、交易中心、订货会、展销会等形式。

（5）按交易的品种不同，分为专业化市场和综合市场

按交易的品种不同，林产品市场可分为单一品种的专业化市场和多样品种的综合市场。从目前的市场状况来看，木材、竹材、非木质林产品已形成了一些专业市场。

（6）按市场的空间结构不同，林产品市场分为国际市场、国内区域市场

从国际市场情况来看呈现出明显的区域化倾向，目前主要有北美、环太平洋、欧洲几大市场。国内区域市场有几种划分方法：①把国内市场分为北方国有林区和南方集体林区两大市场；②把国内市场分为东北地区、沿海城市、华北中原地区、南方地区、西南地区、西北地区六大市场；③有代表性的城市市场。

（7）按经营客体品种不同，分为木材、纸浆等市场

按经营客体品种不同，林产品市场可分为木材市场、纸浆市场、家具市场等，还可以进一步细分，有多少种林产品，就可以细分为多少种市场。

14.4.3　林产品市场的规模与结构

（1）林产品市场的规模

市场规模在一般意义上是指一定的时期内，在一定的空间范围内，构成市场的各因素的聚集程度。林产品市场规模指的是在一定的时期内，在一定的空间范围内，构成林产品市场各因素的聚集程度。

描述林产品市场规模的主要指标有：交换产品的数量和品种、市场的辐射范围、投入的货币资金数量、进入市场从事交易活动的交易者的数量等。

林产品市场交换商品的数量和品种的多少是衡量市场规模的重要指标之一。从宏观上看，可以反映林业经济的发展水平以及在国民经济中的地位；从微观上看，可以反映出地区经济的发展水平。

林产品市场的辐射范围是指特定市场对经济的影响程度和市场地位，它一般与商品的可获得性成反比。比如，一种林产品比较丰富，可获得性强，那么该产品市场的辐射范围就相对较小；如果一种林产品比较稀缺，可获得性差，那么该产品市场的辐射范围就相对较大。

投入的货币资金数量包括货物交易资金和市场建设投入资金。在通货膨胀比较稳定的情况下，如果货物交易资金多，则相对应的林产品实物交易就比较多，市场比较活跃，市场规模就比较大。同样如果市场建设投入资金多，那么该市场的基础设施建设就比较好，市场交易活动就比较容易进行，市场规模也就相对较大。

交易者数量包括买方和卖方的数量总和。交易者数量越多，表明林产品市场规模越大。

（2）林产品市场的结构

林产品市场结构是指林产品交换活动中各要素之间数量比例关系和联系方式。

①林产品市场主体结构 林产品市场主体结构指的是进入林产品市场的交换主体数量及其之间的关系状况。具体包括林产品销售者及其之间的关系、林产品购买者及其之间的关系以及买卖双方的关系等。目前我国林产品市场主体中的销售者主要有：各类型的林产品生产企业和个人、林产品经销企业和个人。林产品购买者主要有：企业、团体和个人消费者。通过对林产品市场主体结构的分析，可以深入获得林产品市场主体间的关系状况，从而为林产品市场的分析提供重要的基础。

②林产品市场客体结构 林产品市场客体结构指的是市场交换商品的数量比例关系和联系方式。从宏观层面看，指的是各类不同林产品市场结构，如木质林产品市场与非木质林产品市场间的结构关系、有形林产品市场与无形林产品市场间的结构关系等。从微观层面看，它指的是同一市场内交易的各种林产品种类、数量及其之间的关系状况。

③林产品市场空间结构 主要是指不同地区林产品市场间的关系状况。它既包括林产品的国际贸易，又包括国内不同地区之间的林产品市场结构。

对林产品市场规模和结构的研究可以进一步判断和识别林产品市场的具体特征和发展状态。

14.4.4 木材产品市场

木材是最主要的木质林产品，由此决定了木材市场在整个林产品市场中的主体地位。木材市场作为林产品市场的一个重要组成部分，在木材生产、分配、流通和消费过程中有着极其重要的作用。

（1）木材市场的特点

木材和其他商品一样受市场机制制约，也要通过市场交换及运输、储存等活动才能完成从生产到消费的转移过程。但是木材市场的商品物流大多源于森林资源，其生产流通和消费不同于其他商品，这就使得木材市场有许多其他商品市场不同的特点。

①木材市场受供给约束较强 木材是森林的主要产品之一，林资源是木材生产赖以进行的基础和物质条件，由于受森林资源生产量、生产周期及土地有限性等条件的制约，木材不能像其他商品那样通过提高劳动生产率就可以大幅度地增加供给。这样木材产品市场就不能完全"按需供给"，木材产品供给方也不能"以需定产"。此外，由于林业发展不仅要考虑木材市场产品的需求，还要发挥其生态效益和社会效益，许多国家对森林资源实行保护政策，对木材生产实行严格控制，这也使木材产品市场的供给受到限制。

②木材供给的地域性 由于自然、历史和人口等因素的影响，致使森林资源的分布很不均匀。这种不均匀性必然造成木材产品供给的地域性特征。

③木材需求的多样性和广泛性 木材是当今四大材料（钢材、水泥、木材及塑料）中唯一可再生又可循环利用的生物资源，具有质量轻、强度高、美观、易于加工等优良特性，因而作为国民经济生产建设的主要生产资源和人民生活不可缺少的生活资料，广泛用于建筑、装饰、造纸、家具制造、采矿支柱、包装、交通、胶合板生产、农村能源和国民经济生产、居民生活等方面，具有需求的广泛性。

④木材运输的重要性　木材供给的强地域性和木材需求的广泛性使得木材运输成为木材流通中的关键环节，运输能力和流向成为制约木材供给的重要因素之一。木材体积大且十分笨重，因此木材运输困难，并且运输成本在木材生产成本中所占比重较大。

⑤木材供给弹性小　木材商品的供给弹性小，这和木材供给约束和木材供给地域性强的特点紧密相关。由于森林资源的生物特点、长周期约束、限伐政策，还有木材运输受到运能、运力的限制，在木材价格变化时，木材供给不能迅速做出灵敏反映。当然，木材商品中因品种不同，其生产周期不同，供给弹性也会有差异。

（2）我国木材产品市场的基本状况

①木材产品供给　我国木材产品市场供给主要由国内供给和国外进口两部分构成。国内供给包括商品材、农民自用材及农民烧材、木质纤维板和刨花板及其他；国外进口包括原木、锯材、单板、人造板、家具、木浆、木片、纸和纸制品、废纸及其他木质林产品。2010年我国木材产品市场总供给为 $43\ 189.92 \times 10^4\ m^3$，其中国内木材产品供给为 $24\ 833.84 \times 10^4\ m^3$，占 57.5%；进口折合木材供给为 $18\ 356.08 \times 10^4\ m^3$，占 42.5%。2011年，我国木材产品市场总供给为 $50\ 003.99 \times 10^4\ m^3$，比2010年增长15.78%。其中国内木材产品供给 $27\ 628.87 \times 10^4\ m^3$，占 55.25%。国内木材产品中商品材产量为 $8\ 145.92 \times 10^4\ m^3$，木质刨花板和纤维板折合木材 $13\ 545.97 \times 10^4\ m^3$，农民自用材和烧柴产量为 $4\ 036.97 \times 10^4\ m^3$，超限额采伐、上年库存等形式形成的木材供给约为 $1\ 900 \times 10^4\ m^3$。进口原木及其他木质林产品折合木材 $22\ 375.12 \times 10^4\ m^3$，占 44.75%。

我国国内木材供给的地区结构。受自然条件和地区社会经济发展不平衡性因素影响，我国森林资源分布极不平衡。与此相适应，木材生产地区分布也很不均衡，我国木材传统主产区在东北、西南、中南和华东的南部地区。自天然林保护工程实施以来，木材供给主要区域也发生变化，表现出由北向南转移的特点。2010年木材产量排在前十位的省（自治区）依次是：广西、黑龙江（含大兴安岭）、福建、广东、湖南、云南、吉林、安徽、江西、内蒙古，产量合计为 $5\ 888.93 \times 10^4\ m^3$，占当年全国木材产量的 70.80%。

②木材产品需求　木材产品市场需求由国内需求和出口两部分构成。国内消费包括工业与建筑业用材、农民自用材和烧材消费；出口包括原木、锯材、单板、人造板、家具、木浆、木片、纸和纸制品、废纸和其他木质林产品。2010年我国木材产品市场总消费为 $43\ 177.04 \times 10^4\ m^3$，其中国内木材产品消费约为 $35\ 388.72 \times 10^4\ m^3$，占 81.96%，木质林产品出口折合木材为 $7\ 788.33 \times 10^4\ m^3$，占 18.04%。2011年全国木材产品消费总量 $49\ 991.91 \times 10^4\ m^3$，比2010年增长 15.78%。其中：国内工业与建筑用材消费量为 $38\ 907.77 \times 10^4\ m^3$，农民自用材（扣除农民建房用材）和烧柴消费量为 $2\ 504.14 \times 10^4\ m^3$，出口原木及其他木质林产品折合木材 $8\ 580.00 \times 10^4\ m^3$。2011年全国主要木制品生产总值超过2万亿元。

14.4.5　森林碳汇市场

森林碳汇市场是林业无形林产品市场的典型代表。

气候变暖是人类面临的主要生态问题，而大量排放二氧化碳等温室气体形成温室效应则是气候变暖的根源。森林碳汇功能具有比其他减排方式更经济和高效的优点。

碳汇是指自然界中碳的寄存体。森林碳汇就是在全球碳循环中，森林植物通过光合作用，将大气中游离的二氧化碳固定下来，转变为有机态的碳，从而减少大气平流层中导致气候变暖的二氧化碳的浓度，形成所谓的碳汇，实质就是森林的固碳功能，是森林生态系统提供的众多生态功能中的一种。

林业碳汇是通过实施造林再造林、森林管理和减少毁林等活动，吸收大气中的二氧化碳并与碳汇交易结合的过程、活动和机制。

森林碳汇属于自然科学的范畴，林业碳汇既有自然范畴又有社会经济属性，并侧重其社会属性，强调人的参与与碳汇交易结合，故与碳汇交易机制相关。

森林碳汇市场是以森林资源提供的一定数量和质量的碳汇服务为交易中介，上端连接碳汇服务的提供者，即供给方；下端连接温室气体的排放者(源)，即需求方。森林碳汇市场是碳市场的一个重要组成部分。在市场上，森林碳汇作为商品，通过碳信用自由转换成温室气体排放权，帮助需要者完成温室气体减排义务，这就形成了森林碳汇服务市场。森林碳汇的市场交易为森林生态服务功能提供了市场交换的方式，实现了森林生态价值的市场补偿，对于融资发展林业、保护生态环境具有重要意义。它也是具有典型意义的林业无形产品市场类型。

森林碳汇市场的形成经历了一个漫长的过程。世界范围内对森林碳汇交易的研究和实践真正开始于1992年《联合国气候变化框架公约》的签署。目前国际森林碳汇市场由京都市场和非京都市场组成，非京都市场是主流市场；京都市场是辅助市场。京都市场主要是以项目的形式开展的。因此，项目市场是主体，只要买卖双方同意，项目就能够开展起来。非京都市场主要是在京都规则的影响下，由一些政府、企业或组织为达到一定减排目标或树立企业良好形象而设立并启动的区域市场。在区域内，有具体的管理机构和交易规则。

我国现在尚未建立森林碳汇市场，但近几年已经开始积极推进林业碳汇试点项目。2004年国家林业局碳汇管理办公室在广西、内蒙古、云南、四川、辽宁、山西6省(自治区)启动了林业碳汇试点项目。其中广西和内蒙古的林业碳汇项目于2006年在联合国CDM执行理事会注册，成为严格意义上的京都项目，随后四川的造林再造林项目于2008年成功注册。中国绿色碳汇基金会经国务院批准，于2007年成立，它是我国第一家以增汇减排、应对气候变化为目的的全国性公募基金会，它为企业和公众搭建了一个通过林业措施储存碳信用、展示捐资方社会责任形象的平台。目前我国发展森林碳汇市场还面临一些障碍。

14.4.6　林产品贸易

(1)林产品贸易的内涵

贸易是指商品交换或商品买卖的行为。贸易是商品经济发展的必然产物，贸易活动是具有商品经济社会本质特征的经济行为。林产品贸易就是林产品商品交换或买卖行为的总和。一方面，林产品商品的经营者或所有者通过林产品贸易活动转入林产品商品所有权或经营权，获得货币；另一方面，林产品商品的购买者通过林产品贸易活动，以支付一定数量的货币，获得林产品商品的所有权。林产品贸易在林业经济运行中具有重要的作用。

（2）林产品贸易的形式

林产品具有贸易的各种形式。贸易形式包括 3 个要素，即交易行为、交易方式和交易手段。贸易形式是商品实行自身价值和使用价值过程的外部形式；贸易活动则是贸易形式所体现的内容。根据贸易的特点和林产品的实际情况，林产品贸易形式主要有以下几种。

①批发贸易和零售贸易　批发贸易是指为进一步转卖或供生产加工而专门从事批量较大的商品交易的一种贸易形式。零售贸易是指把商品直接卖给消费者个人用于个人生活消费，或供社会集团用作非生产性消费的一种贸易形式。

②进出口贸易　林产品进出口贸易又称林产品对外贸易或国际贸易。是林产品进口贸易和出口贸易的总称。林产品出口贸易是指将本国生产和加工的林产品商品运往他国市场进行销售；林产品进口贸易是指外国林产品商品输入本国市场进行销售。林产品国际贸易可以充分利用国际国内两个市场，促进资源的优化配置和经济的可持续发展；直接或间接地获得国外林业方面的先进科技、设备和管理经验；增加国家财政和外汇收入；有效地缓解我国森林资源短缺问题，满足国内林产品需求。进出口贸易形式又分纯商业方式的商品贸易、加工贸易、补偿贸易和租赁贸易。

③其他贸易形式　包括信用贸易、信托贸易、租赁贸易、期货贸易等。

（3）我国林产品国际贸易状况

我国林产品国际贸易在多种因素作用下，近年来一直处于稳定的发展中，在世界林产品贸易中的地位不断提高，中国已成为世界主要林产品贸易国。2010 年，我国林产品进出口贸易总额 938.24 亿美元，其中，林产品出口 463.17 亿美元，占全国商品出口额的2.94%；林产品进口 475.07 亿美元，占全国商品进口额的 3.41%，林产品贸易逆差为11.09 亿美元。2012 年，我国林产品进出口贸易总额为 1 188.3 亿美元。其中林产品出口575.7 亿美元，林产品进口 612.6 亿美元。

我国林产品国际贸易的主要特点是：我国森林资源的匮乏和木材供需缺口大决定了我国林产品贸易属于单向补缺型贸易；林产品进口数量大，进口依存度不断上升；从产品结构看，我国原料类商品进口继续增加，林副特产品为主要出口产品，木质林产品主要以加工出口为主。

14.5　林业政策与管理制度

14.5.1　林业政策概述

14.5.1.1　林业政策的概念

政策是国家、政党为实现一定目标而制定的行为准则。林业政策是政府为了实现一定的社会、经济及林业发展目标，对林业发展过程中的重要方面及环节所采取的一系列有计划的措施和行动的总称。林业政策属于部门经济政策，是公共政策的一个重要组成部分。

作为部门经济政策，林业政策的主要目标是保证林业长期稳定发展。为了实现这一共同目标，各国政府通常在林业的生产结构、组织形式、资源配置以及生产要素和产品流通等领域制定一系列相互联系的政策，引导市场中各行为主体做出符合总体利益的决策，并且保证最终目标的实现。

在我国，林业政策一般通过党的组织和国家机关的决定、指示、通知、战略、规划、计划、条例、重要会议的决议、办法、及党报社论等方式公布于众。比较成熟的长期林业政策会以法律条文的形式出现。

14.5.1.2 林业政策的分类

按照不同的分类依据，可以把林业政策分为不同的类型。

①按林业政策的层次划分，可以把林业政策分为目标性政策、决策性政策和业务性政策。高层次政策决定目标及实行的办法，低层次的政策决定执行的程序和时间等。

②按业务性质划分，林业政策可分为森林资源权属政策、森林永续经营政策、植树造林和绿化政策、森林资源保护政策、木材利用政策、木材及其他林产品供需政策、林业科技及教育政策等。

③按经济过程划分，林业政策可分为林业产业政策、林业流通政策、林业经营政策、林业财税政策、木材及其他林产品价格政策等。

14.5.1.3 林业产业政策概述

产业政策是政府为弥补市场失效而采取的引导或调节经济资源在产业间分配或干预产业内部组织形式等的政策总和。

林业产业政策则是政府为了经济和环境目的，通过对林业产业的保护、扶持、调整和完善，积极引导林业产业的生产经营活动，直接或间接干预林业发展的政策总和。林业产业政策在实现林业生产结构合理化、推动林业产业结构优化上具有重要作用。林业产业政策就其内容来看，基本上由林业产业结构政策、林业产业组织政策、林业产业技术政策和林业产业布局政策组成。

林业产业结构政策是根据林业经济发展的内在联系和林业产业结构演变的一般规律来制定的促进林业产业结构高度化的政策措施。它具体规定了一定时期林业内部各产业在林业发展中的地位和作用，提出了协调各业比例关系，保证产业结构良性演变的相关措施。主要内容包括：①林业产业结构发展的目标与长期规划；②对林业战略产业的保护和扶持政策；③对资源产业的援助政策；④对落后或环保不达标等产业的淘汰或禁止方面的政策。

林业产业组织政策主要是有关市场秩序、处理市场关系的政策，其核心是在规模效益、范围经济与有效竞争的相互关系中，制订出协调竞争与垄断矛盾的具体政策措施。它分为以下3种类型：第一种类型是确保资源最佳配置、经济自由的政策；第二种类型是弥补市场机制的不足以确保社会效益和生态效益的政策；第三种类型是适应林区社会需要，确保社会安定的政策，如林区产业组织政策。总之，林业产业组织政策宗旨在于引导林业内部各生产企业的合理规模和林业生产间联系的确定，及其平等竞争环境的形成和改善。

14.5.2 我国林业产业政策的内容

根据 2007 年由国家林业局、国家发展和改革委员会、财政部、商务部、国家税务总局、中国银行业监督管理委员会、中国证券监督管理委员会7个部委联合发布的《林业产业政策要点》，我国林业产业政策包括以下内容。

14.5.2.1 林业产业结构政策

(1) 林业产业鼓励扶持发展的重点与领域

林木种质资源保护，林木良种选育和林木良种基地建设；速生丰产用材林基地建设；珍贵用材树种和珍稀树种的培育；名特优新经济林基地建设；经济林果品储运、保鲜、分选、包装、精深加工和综合利用技术及现代物流配送产业；花卉和林木种苗产业；林业生物质能源林定向培育与产业化；生物农药和植物生长剂生产技术及产业化；制药技术开发和产业化；竹藤基地建设及竹藤新产品生产技术研发；生态旅游业；野生动植物驯养、繁育利用；木浆造纸业；人造板制造业；林产化工产品精深加工；木材功能性改良、木基复合材料和非木质材料林产品开发及综合利用；次小薪材、沙生灌木、三剩物的综合利用和废旧木质材料、一次性木制品的回收利用；林产品深加工及资源综合利用的设备制造；森林资源开发与利用国际合作；林业重点生态工程示范区及其配套项目建设；山区基础设施和林业综合开发等领域。

(2) 限制的领域

限制包括以优质林木为原料的一次性木制品与木制包装的生产和使用，以及木竹加工综合利用率偏低的木竹加工项目。限制新建单线规模在 $5 \times 10^4 \ m^3/$年以下的高中密度纤维板项目、单线规模在 $3 \times 10^4 \ m^3/$年以下的木质刨花板项目以及 $1\ 000\ t/$年以下的脂松香生产项目。

(3) 淘汰并禁止的领域

淘汰现有林业生产能力中落后的工艺、技术、装备及产品等。淘汰并禁止新建未达到国家环保标准的小型人造板企业、直火法等土法生产松香的小企业、湿法生产纤维板及未达到国家质量标准的林产品。严格禁止超过生态承载力的旅游活动和药材等林产品采集活动。禁止在严重缺水地区建设灌溉型造纸林基地。禁止砍伐天然林特别是热带雨林、季雨林，营造大规模工业原料林基地。

14.5.2.2 林业产业组织政策

扶持培育一批有特色、有市场竞争优势、产业关联度大、带动力强的大中型龙头企业，提高林业产业的规模化经营水平，带动相关中小企业发展，形成大中小企业协调发展、有序竞争的格局；鼓励企业以市场为导向，以资本、技术为纽带进行联合重组，通过股份出售、转让等多种形式逐步推进产权结构的调整和优化；通过市场和政策引导，发展具有国际竞争力的大型企业集团；营造有利的发展环境，促进劳动密集型中小企业健康发展；培育一批具有特色的品牌企业和品牌产品，尤其是具有原产地特色的产品企业和品牌，进一步加大保护和宣传力度，切实发挥其示范、辐射和带动作用；鼓励竞争，反对垄断，消除地方保护政策，促进区域性林产品交易市场发展，建立公平竞争、规范有序的林产品与服务市场体系；扶持培育林业专业经济合作组织发展，提高林农进入市场的组织化程度；大力发展非公有制林业，消除束缚非公有制林业发展的体制性障碍；深化林业产权制度改革及综合配套改革；按照专业化协作的原则，加快国有森工企业的改革、改造和重组；鼓励打破行政区域界限，按照自愿互利原则，采取联合、兼并、股份制等形式组建跨地区的林业产业实体，发展混合所有制经济，获取规模经济效益。

14.5.2.3　林业产业技术政策

按照产业化、集聚化、国际化的发展方向，加快建立以企业为主体、市场为导向、产学研相结合的技术创新体系；重视全局性、战略性和对林业产业带动力强的生物技术、新材料技术、信息技术、关键性技术的研发和推广，推进产业化；完善林业标准体系，加强植物新品种保护，采取有效措施应对国际市场对我国林产品出口的技术性贸易壁垒；建立健全林产品质量检验监测体系，加强林产品质量安全检测；鼓励和促进林业企业通过ISO 9000质量体系和ISO 14000环境质量等认证。积极推进森林认证体系和林产品认证体系建设；鼓励采用清洁生产工艺和节地、节水、节能、节材技术，积极发展先进的污染治理技术及装备，确保企业生产符合国家环境保护标准；企业建设造纸林基地要符合国家林业分类经营、速生丰产林建设规划和全国林纸一体化专项规划的总体要求，必须符合土地、生态、水土保持和环境保护等相关规定。

14.5.2.4　林业产业布局政策

逐步形成以东南沿海地区、南方用材林区、黄淮海平原地区等为主导的用材林产业带；以华北平原、西北、东南沿海地区为主导的重点干鲜果品经济林产业带；以南方和西南地区竹资源集中分布区为依托的竹产业带；发展以东南沿海和西南等地区为重点、大中城市为依托的花卉产业；促进各区域依法开发特色生态旅游产业；促进以华北平原、东南沿海地区、南方用材林区、东北林区的林产品精深加工产业集群的发展；建设以口岸进口原料为依托，以精深加工为重点，以国内和国际市场为导向的林产品加工集群；重点扶持天然林资源保护、退耕还林和京津风沙源治理等生态工程以及国有林场产业发展。大力发展相关木本粮油、森林药材、森林食品等森林种植业，森林养殖业和森林采集业；积极支持东北、内蒙古国有林区森林工业基地的调整、改造。结合国家东北老工业基地振兴战略的实施，优化林区产业布局和产业结构，进一步收缩木材采运业，鼓励培育速生丰产用材林特别是珍贵树种和大径级用材林。加快现有人造板、家具、木制品生产企业重组整合，鼓励上规模、低消耗、高效益、具有市场竞争力的精深加工龙头企业。利用地缘优势发展林产品加工基地和对外贸易；因地制宜发展沙产业。结合生态工程建设，在恢复植被、改善生态的前提下，充分利用沙区多种生物资源发展特色生态产业；结合各地实际发展生物质能源，建立林业生物质能源林生产基地，推进产业化和规模化。

14.5.3　森林生态补偿政策

森林生态系统的开放性使其提供的生态服务具有无偿性和外部性，成为最廉价的生态服务提供系统。长期以来，森林生态服务价值未得到人们的充分认识，即使在市场经济条件下，人们也仅考虑森林资源可实现的经济价值，很少顾及其潜在的环境和生态价值。近年来，随着全球性生态环境问题的加剧，对森林生态服务政策的研究越来越受到重视。从国际上看，对森林生态服务进行补偿已形成共识，成为世界性的大趋势。

14.5.3.1　森林生态补偿的内涵

生态补偿是促进生态保护和生态建设的经济手段，属于经济补偿。在环境保护界，生态补偿是指造成外部不经济型的企业和个人以缴纳生态环境补偿费方式来补偿其造成的损失，使外部不经济性内部化；在林业界，生态补偿是指为社会提供正外部性的企业和个人应获得补偿，使外部经济性内部化。森林生态效益补偿是指调整利用与保护森林生态效益的主体间利益关系的一种综合手段，是保护森林生态的一种手段和激励方式，其核心内容为国家对森林保护者进行经济补偿。

森林生态补偿在内容上，涵盖了目前推行的森林生态效益补偿基金制度的补偿，也涵盖了天然林保护工程、退耕还林工程、重点生态公益林建设等的补偿。

14.5.3.2　国外森林生态服务补偿政策概述

国际社会对森林生态服务补偿有较长的实践。按补偿资金的来源渠道划分，主要包括公共财政预算列支、建立林业基金进行补偿、征税补偿、市场补偿等。

(1)公共财政预算列支

指公益林的经营及补偿费用直接由公共财政预算列支。例如芬兰政府规定："在私有林地上建立保护区要得到林主的许可，其损失可得到各级政府的经济补偿。"又如，1997年奥地利政府为建立天然林保留地而向林主补偿的金额达800万奥地利先令等等。

(2)建立林业基金制度进行补偿

在补偿资金的筹措上，除了公共财政预算单列外，大多数林业发达国家都建立了林业基金，林业基金的建立虽然是出于从总体上扶持林业或对林业进行宏观调控，而非仅用于生态效益补偿，但它在客观上确实为生态效益补偿提供了比较可靠的资金来源，为补偿的推进提供了保障。例如，法国的国民林业基金(FFN)和英国的国家林业基金都对造林予以补助等等。

(3)征税补偿

1991年瑞典颁布了世界上第一个生态税调整法案，根据产生二氧化碳的来源，对油、煤炭、天然气、液化石油气、汽油和国内航空燃料等征税，排放1t二氧化碳征税120美元。法国从2001年1月1日起对每吨碳征收150~200法郎的税收，以后逐年增加，到2010年达到每吨碳征收500法郎。

(4)市场补偿

根据 Landell-Mills 2002 年对全球森林环境服务市场回顾，国际上有280多个森林环境市场化补偿案例，其中，森林碳汇交易75个，生物多样性交易72个，森林水文服务交易61个，森林景观交易51个，其他森林服务交易28个。

(5)通过林业重点工程进行补偿

除以上各类直接补贴、补助政策外，世界各国还以重点林业生态工程为载体，实现对森林生态服务的补偿。如前苏联"斯大林改造大自然计划"、美国"罗斯福工程"、日本"治山计划"、法国"林业生态工程"、芬兰"防护林建设"、菲律宾"全国植树造林计划"、印度"社会林业计划"、韩国"治山绿山计划"、尼泊尔"喜马拉雅山南麓高原生态恢复工程"等，都属于通过林业重点工程进行生态服务补偿。

14.5.3.3 我国森林生态补偿政策概述

(1) 森林生态效益补偿政策

2001 年 11 月 23 日，财政部和国家林业局宣布，森林生态效益补助资金将从即日起在全国 11 个省(自治区)的 658 个县、24 个国际级自然保护区进行试点，当年中央财政投入 10 亿元人民币，共涉及 1 333.33 × 10^4 hm^2 国家重点公益林。2004 年，中央森林生态效益补偿基金正式建立，其补偿基金数额由 10 亿元增加到 20 亿元，补偿面积由 1 333.33 × 10^4 hm^2 增加到 2 666.67 × 10^4 hm^2，补偿范围由 11 个省(自治区)扩大到全国。中央补偿基金平均补助标准为每年每公顷 75 元，其中 67.5 元用于补偿性支出，0.5 元用于森林防火等公共管理支出。

2009 年 11 月，财政部和国家林业局联合发布新修订的《中央财政森林生态效益补偿基金管理办法》，明确自 2010 年 1 月 1 日起，中央财政补偿基金依据国家级公益林权属实行不同的补偿标准。国有的国家级公益林平均补偿的标准为每年每公顷 75 元，其中管护补助支出 71.25 元，公共管护支出 3.75 元；集体和个人所有的国家级公益林补偿标准为每年每公顷 150 元，其中管护补助支出 146.25 元，公共管护支出 3.75 元。

(2) 森林抚育补贴试点政策

2009 年，财政部、国家林业局联合下发《关于开展 2009 年森林抚育补贴试点工作的意见》，明确国家从 2009 年年底起开展森林抚育补贴试点工作，中央财政按照每公顷 1 500 元的标准对试点森林抚育工作进行补贴。补贴资金用于中幼林抚育有关费用支出，包括间伐、修枝、除草、割灌、采伐剩余物清理运输、简易作业道路修建等生产作业的劳务用工和机械燃油等费用以及作业设计、检查验收、档案管理、成效检测等间接费用。国有林抚育间接费用不得超过补贴资金的 10%，集体林抚育间接费用不得超过补贴资金的 20%。

(3) 造林补贴试点政策

2010 年，财政部、国家林业局联合下发《关于开展 2010 年造林补贴试点工作的意见》，明确了中央财政造林补贴试点范围、补贴对象、补贴标准、资金拨付等政策，标志着中央财政造林补贴试点工作正式启动。2010 年中央财政造林补贴试点选在西南、西北造林任务重，已经完成集体林权制度主体改革以及地方政府支持造林力度大的三类省(自治区)，包括河北、山西等 20 个省(自治区)。补贴对象为在宜林荒山、荒地、沙地人工造林和迹地人工更新过程中，使用先进技术培育的良种苗木、面积不小于 0.067 hm^2(含 0.067 hm^2)的林农、林业合作组织以及承包经营国有林的林业职工。

造林补贴包括造林直接补贴和间接费用补贴。造林直接补贴是指对造林主体实施造林所需费用的补贴。人工营造乔木林每公顷补助 3 000 元，灌木林每公顷补助 1 800 元，木本粮油经济林每公顷补助 2 400 元，水果、木本药材等其他经济林每公顷补助 1 500 元，新造竹林每公顷补助 1 500 元；迹地人工更新每公顷补助 1 500 元。造林直接补贴应全部落实到造林主体。享受中央财政造林补贴的乔木林，造林后 10 年内不准主伐。间接费用补贴是指对试点县组织开展补贴造林工作必要的经费补贴，按照中央财政造林补贴总额的5%的比例安排，主要用于试点县开展政策宣传、作业设计、技术指导、监督检查、档案管理等方面的支出。

（4）天然林资源保护工程政策

天然林资源保护工程，1998—1999年是工程试点阶段，国家投入资金101.7亿元。2000—2010年是一期阶段，国家规划投入资金962亿元（其中中央补助784亿元，地方配套178亿元），合计总投资1 064亿元。2011—2020年是二期阶段，国家规划总投入2 440.2亿元，其中中央投入2 195.2亿元，地方投入245亿元。

在一期天然林资源保护工程的总投入中，基本建设投资180亿元，占18.8%，财政专项资金投入782亿元，占81.2%。基本建设投资主要用于长江上游、黄河上中游地区封山育林、飞播造林、人工造林、种苗基础设施建设、森林防火及其他项目建设。财政资金投入主要用于管护事业费、职工养老保险社会统筹费补助，企业教育、医疗卫生和公检法等社会性支出补助，富余职工一次性安置费补助，下岗职工基本生活保障费补助以及地方财政减收补助等。到2010年，工程实际累计投入1 186亿元，其中中央投入1 119亿元，地方配套67亿元。

与一期相比，二期天保工程在生态修复方面的主要补助政策内容包括公益林建设补助、森林经营补助和森林管护补助。补偿标准都比一期工程有所提高。

①关于公益林建设 长江上游、黄河上中游地区共有宜林荒山荒地、宜林沙荒地、采伐和火烧迹地、无林地合计为1 616.13×10⁴ hm²，疏林地241.27×10⁴ hm²。工程二期安排公益林建设770×10⁴ hm²，其中：人工造林203.33×10⁴ hm²，封山育林473.33×10⁴ hm²，飞播造林93.33×10⁴ hm²。

人工造林标准：工程一期单位投入标准为长江上游地区3 000元/hm²（中央预算内2 400元/hm²），黄河中游地区为4 500元/hm²（中央预算内3 600元/hm²）。工程二期将上述两个地区人工造林中央预算内单位投资标准统一提高到4 500元/hm²。

封山育林标准：工程一期单位投入标准是1 050元/hm²（中央预算内840元/hm²），工程二期中央预算内单位投资标准提高到1 050元/hm²。

飞播造林标准：工程一期单位投入标准是750元/hm²（中央预算内600元/hm²），工程二期确定中央预算内单位投资标准提高到1 800元/hm²。

②关于森林经营 主要包括中幼林抚育标准和后备资源培育标准。

中幼林抚育标准：工程二期中央财政按照1 800元/hm²的标准安排补助。

后备资源培育标准：工程二期中央预算内单位投入标准为：人工造林4 500元/hm²，森林改造抚育3 000元/hm²。

③关于森林管护 一是天保工程区森林管护与森林生态效益补偿政策并轨；二是与集体林权制度改革相衔接，实现不同林种、不同林权权属，享有不同的合理资金补助政策。

国有林标准：工程一期的森林管护补助标准为26.25元/（hm²·a）[中央财政21元/（hm²·a）]；工程二期，中央政策按照75元/（hm²·a）的标准安排森林管护补助费，与国有公益林生态补偿标准一致。

集体所有的国家公益林标准：中央财政安排森林生态效益补偿基金150元/（hm²·

a)，标准与非天保工程区一致。

集体所有的地方公益林标准：按照事权划分的原则，地方生态公益林主要由地方财政安排补偿基金，中央财政按照 45 元/（hm² · a）的标准补助森林管护费。

集体林中的商品林标准：实行集体林权制度改革后，由林农依法自主经营，中央不再安排管护补助费。

（5）退耕还林工程政策

1999 年退耕还林工程进行试点，之后国务院陆续出台了退耕还林政策和法规。一是 2000 年 9 月 10 日出台了《国务院关于进一步做好退耕还林还草试点工作若干意见》（国发［2000］24 号）；二是 2002 年 4 月 11 日出台了《国务院进一步完善退耕还林政策措施的若干意见》（国发［2002］10 号）；三是 2002 年 12 月 14 日颁布了《退耕还林条例》；四是 2007 年 8 月 9 日出台了《国务院关于完善退耕还林政策的通知》（国发［2007］25 号）。

这 4 个政策性文件和法规出台的过程，也是退耕还林政策不断完善的过程。这些政策对退耕还林原则、规划和计划编制、造林、管护与检查验收、资金和粮食补助、保障措施、法律责任、后续政策等做了规定。

退耕还林国家采取的主要扶持政策有两种方式。①国家无偿向退耕农户提供粮食、生活费补助。粮食和生活费补助标准为：长江流域及南方地区每公顷退耕地每年补助粮食（原粮）2 250 kg；黄河流域及北方地区每公顷退耕地每年补助粮食（原粮）1 500 kg。从 2004 年起，原则上向退耕户补助的粮食改为现金补助。中央按每千克粮食（原粮）1.40 元计算。每公顷退耕地每年补助生活费 300 元。粮食和生活费补助年限，1999—2001 年还草补助按 5 年计算，2002 年以后还草补助按 2 年计算；还经济林补助按 5 年计算；还生态林补助暂按 8 年计算。②国家向退耕农户提供种苗造林补助费。种苗造林补助费标准按退耕地和宜林荒山荒地造林每公顷 750 元计算。

为巩固退耕还林成果，解决退耕农户生活困难和长远生计问题，2007 年 8 月 9 日，国务院下发了《关于完善退耕还林政策的通知》（国发［2007］25 号），其主要内容就是在原先的补助政策到期后，继续对退耕农户给予适当补助。补助标准为：长江流域及南方地区每公顷退耕地每年补助现金 1 575 元；黄河流域及北方地区每公顷退耕地每年补助现金 1 050元。原每公顷退耕地每年 300 元生活补助费，继续直接补助给退耕农户，并与管护任务挂钩。补助期限为：还生态林补助 8 年，还经济林补助 5 年，还草补助 2 年。根据验收结果，兑现补助资金。各地可结合本地实际，在国家规定的补助标准基础上，再适当提高补助标准。

2009 年 6 月，国家发展改革委、国家林业局联合下发了《关于退耕还林工程配套荒山荒地造林 2009 年第四批扩大内需中央预算内投资计划的通知》，国家决定从 2009 年第四批扩大内需中央预算内投资中安排 16 亿元，用于 2009 年退耕还林工程荒山荒地造林。退耕还林配套荒山荒地人工造林中央补助标准为乔木林为每公顷 3 000 元，灌木林为每公顷 1 800 元，封山育林中央补助标准为每公顷 1 050 元。

14.5.4 森林采伐管理制度

1985 年前，我国实行木材生产计划管理制度，由于实行以需定产，重采轻育，造成森林资源长期过伐，造成森林可采资源枯竭，尤其是东北、内蒙古林区比较严重。1987年我国开始实施的森林采伐管理制度是以采伐限额管理制度为核心的制度体系，包括采伐限额管理制度、年度木材生产计划管理制度和木材凭证采伐管理制度。

森林采伐限额管理制度是由《森林法》明确规定的一项法律制度和保护森林资源的一项根本措施。在具体执行过程中，主要是通过制定年森林采伐限额来控制年度森林采伐数量，保持森林资源净增长。

年度森林采伐限额是指国家所有的森林和林木以国有林业企事业单位、农场、厂矿等为单位，集体所有的森林和林木、个人所有的林木以县为单位，按照法定程序和方法，经过科学测算和编制，经各级地方政府审核，报经国务院批准的年采伐消耗森林蓄积量的最大限量。

根据《森林法》及其实施细则规定，制定年森林采伐限额的法定程序是：由下向上提报，再由上级批准，逐级下达。各级在上报建议指标时，要对测算方法、测算过程中所使用的各项指标、公式、数据等加以文字说明。

森林采伐限额在确定合理年采伐量时包括 5 种采伐类型，即主伐、抚育伐、更新采伐、低产（效）林改造和其他采伐。

实行年度木材生产计划管理是国家用来控制、调节年度商品材消耗林木数量的法律手段，保证商品材年采伐量不突破相应的采伐限额的具体措施。年度木材生产计划一经国家批准，就成为指导木材生产单位生产木材的法定指标。按照《森林法》和《森林法实施条例》的有关规定，国家制定统一的年度木材生产计划不得超过批准的年采伐限额；采伐森林、林木作为商品销售，必须纳入国家年度木材生产计划，超过木材生产计划采伐森林或者其他林木的，按滥砍林木处罚。

《森林法》规定，凡是采伐国有单位经营的森林和林木、集体所有的森林和林木以及农村居民自留山的林木（薪炭林除外），都要按照国家有关规定纳入国家的年度木材生产计划，以确保森林采伐量不超过批准的年森林采伐限额。

年度木材生产计划是在已经批准的年森林采伐限额的基础上制定的。森林采伐限额包括商品材、农民自用才、烧材等一切人为消耗的森林资源。木材生产计划所消耗的森林蓄积量应当小于已批准的森林采伐限额。林木采伐许可证发放的除薪材以外的采伐数量不得超过木材生产计划规定的数量。

凭证采伐林木制度是保证采伐限额得以落实的一项重要措施。依据 1998 年修订出台的《森林法》和 2000 年颁布的《森林法实施条例》有关规定，采伐林木必须申请采伐许可证，按许可证的规定进行采伐（农村居民采伐自留地和房前屋后个人所有的零星林木除外）。

采伐许可证的发放机关为县级以上林业行政主管部门以及法律授权的部门和单位。

14.5.5　木材运输管理

木材运输管理是指林业主管部门依照有关法律、法规和政策规定，对木材运输实施检查、监督和管理的过程。其主营内容是，核发木材运输证；检查木材运输；纠正、处理违章运输。其核心是实行木材凭证运输。

《中华人民共和国森林法实施条例》第 35 条规定：从林区运出非国家统一调拨的木材，必须持有县级以上人民政府林业主管部门核发的木材运输证，同时，在林区设立木材检查站，负责检查木材运输。这里明确规定了 3 个问题：木材运输必须凭证运输；木材运输的管理机构是林业主管部门；木材检查站负责检查木材运输。

木材运输证分为《出省木材运输证》和《省内木材运输证》。《出省木材运输证》的核发由国家林业局统一印制，由各省林业主管部门负责核发；《省内木材运输证》由各省林业主管部门统一印制，核发办法由各省林业主管部门按照法律、法规有关规定要求制定。国务院确定的重点国有林区的《木材运输证》由国务院林业主管部门核发。

思考题

1. 什么是林业管理体制？它的构成要素是什么？
2. 林业管理机构设置包括哪些类型？
3. 国有林管理体制包括哪些类型？"政企合一"的类型有何特点？
4. 什么是林业经营形式？它受哪些因素影响？
5. 林业经营有哪些主要理论？它们的主要论点是什么？试对它们进行分析评价。
6. 我国林业的主要经营形式及特点是什么？
7. 我国林业建设方针的内涵是什么？
8. 林业发展战略的内涵是什么？
9. 林业生产结构的内涵是什么？什么是林业生产结构合理化和高级化？
10. 林业生产布局的概念及特点是什么？林业宏观、中观、微观布局的主要内容是什么？
11. 林业区划的概念及目的是什么？
12. 林产品市场特点是什么？林产品市场是如何分类的？
13. 什么是林产品贸易？林产品贸易形式主要有哪些？
14. 什么是林业政策？什么是林业产业政策？产业政策体系包括哪些内容？
15. 什么是森林生态补偿？它包括哪些内容？
16. 简述我国的森林采伐管理制度。

参考文献

安鑫南. 2002. 林产化学工艺学[M]. 北京：中国林业出版社.

蔡颖萍，刘德弟. 2008. 非木质资源利用浅析[J]. 华东森林经理(2)：49 - 53.

晁莉. 2011. 森林公园旅游资源开发研究——以崛山森林公园为例[D]. 西安建筑科技大学硕士论文.

陈宝德，沈隽. 1998. 木材加工工艺学[M]. 哈尔滨：东北林业大学出版社.

陈陆圻，等. 1990. 现代林业知识[M]. 北京：中国林业出版社.

陈钦. 2006. 公益林生态补偿研究[M]. 北京：中国林业出版社.

陈伟烈. 2012. 中国的自然保护区[J]. 生物学通报(6)：1 - 6.

陈伟烈. 2012. 中国的自然护区[J]. 生物学通报(6)：1 - 4

陈祥伟，胡海波. 2012. 林学概论[M]. 北京：中国林业出版社.

冯彩云. 2001. 世界非木材林产品现状、存在问题及其对应政策[J]. 林业科技管理(2)：56 - 59.

冯彩云. 2002. 世界非木材林产品的现状及其发展趋势[J]. 世界林业研究(1)：43 - 52.

高岚. 2005. 林业经济管理学[M]. 北京：中国林业出版社.

顾炼百. 2011. 木材加工工艺学[M]. 北京：中国林业出版社.

关百钧. 1991. 世界林业管理体制模式研究[J]. 世界林业研究(4)：1 - 6.

国家林业局. 2010. 2010 中国林业发展报告[M]. 北京：中国林业出版社.

国家林业局野生动植物保护司. 2002. 自然保护区管理计划编写指南[M]. 北京：中国林业出版社.

国家林业局资源司. 第七次全国森林资源清查结果[EB/DL] http：//www. forestry. gov. cn. (2010 - 01 - 28).

何英，孙小泉，刘云仙，等. 2007. 中国森林碳汇交易市场现状与潜力[J]. 林业科学(7)：106 - 111.

侯占勇. 2009. 非木质林产品结构、功能与价值评估研究——以山东省为例[D]. 山东农业大学硕士论文.

胡景初. 2004. 现代家具设计[M]. 北京：中国林业出版社.

黄利. 2008. 中国非木质林化产品贸易分析[J]. 林业经济管理(1)：34.

蒋敏元. 2000. 林业经济管理[M]. 北京：中国林业出版社.

金铁山. 1990. 树木苗圃学[M]. 哈尔滨：黑龙江科学技术出版社.

李超，刘兆刚，李凤日. 2011. 我国非木质林产品资源现状及其分类体系的研究[J]. 森林工程(5)：1 - 7.

李景文，等. 1992. 森林生态学[M]. 北京：中国林业出版社.

李文华，李芬，李世东，等. 2007. 森林生态效益补偿机制与政策研究[J]. 生态经济(11)：150 - 153.

李育材. 2005. 中国退耕还林工程[M]. 北京：中国林业出版社.

廖声熙,喻景深,姜磊,等.2011.中国非木材林产品分类系统[J].林业科学研究(1):103-109.

林业部森林防火办公室.1996.森林火灾扑救与指挥[M].北京:中国林业出版社.

林业计资司统计处.新中国成立60年林业建设成就综述[EB/OL].http://www.forestry.gov.cn.(2009.8.28)

刘德钦.2007.林政管理[M].上海:上海交通大学出版社.

刘永红,倪嶷.2011.天保二期工程政策及相关问题解读[J].林业经济(9):45-50.

卢萍,罗明灿.2009.非木质林产品开发利用研究综述[J].内蒙古林业调查设计(4):97-100.

马福.2003.新形势下加快保护区建设发展的思考[J].林业经济(1):4-8.

马建章,邹红菲,郑国光.2003.中国野生动物与栖息地保护现状及发展趋势[J].中国农业科技导报(4):3-6.

梅秀英.1998.热带、亚热带地区非木质林产品的可持续经营[J].世界林业研究(6):72-73.

彭彪.2012.林副产品加工新技术与营销[M].北京:金盾出版社.

沈国舫,翟明普.2013.森林培育学[M].2版.北京:中国林业出版社.

沈月琴,张耀启.2011.林业经济学[M].北京:中国林业出版社.

石效贵.2007.实用林业管理法[M].北京:中国法制出版社.

史济彦.1996.森林采伐学[M].北京:中国林业出版社.

史济彦.1996.贮木场生产工艺学[M].北京:中国林业出版社.

史济彦,肖生灵.2001.生态性采伐系统[M].哈尔滨:东北林业大学出版社.

汤吉贺,巴承.2012.中国非木质林产品进出口贸易实证研究[J].商业经济(4):83-85.

万福绪.2003.林学概论[M].北京:中国林业出版社.

万志芳,朱洪革,马文学,等.2013.林业经济学[M].北京:中国林业出版社.

王成魏.2007.非木材林产品利用在山区经济发展中的作用研究[D].硕士论文.

王静,沈月琴.2010.森林碳汇及其市场研究综述[J].北京林业大学学报(社会科学版)(6):82-88.

王立海.2001.木材生产技术与管理[M].北京:中国财政经济出版社.

魏长晶,李江风,王振伟.2006.我国森林旅游业发展综述[J].林业经济问题(2):142-125.

吴楚材.2007.生态旅游概念的研究[J].旅游学刊(1):70-71.

肖忠幽.2009.现代林业概论[M].北京:中国林业出版社.

徐斌,张德成.2011.世界林业热点问题[M].北京:科学出版社.

徐斌,张德成,胡延杰,等.2013.世界林业发展热点与趋势[J].林业经济(1):99-106.

杨春玉.2010.我国非木质林产品开发利用现状与对策分析[A].中国环境科学学会学术年会论文集(第四卷)[C].4052-4056.

姚延梼,杨秀清,杜鹃,等.2008.林学概论[M].北京:中国农业科学技术出版社.

于开锋.2008.中国森林旅游产业发展研究[D].贵州大学硕士论文.

张爱美,谢屹,温亚利,等.2008.我国非木质林产品开发利用现状及对策研究[J].北京林业大学学报(社会科学版)(3):47-51.

张於倩.2010.林业概论[M].哈尔滨:东北林业大学出版社.

赵雨森,王逢瑚,王立海.2004.林业概论[M].哈尔滨:东北林业大学出版社.

赵忠.2008.林学概论[M].北京:中国农业出版社.

中华人民共和国林业部.1995.中国21世纪议程——林业行动计划[M].北京:中国林业出版社.

周生贤. 2002. 再造秀美山川的壮举——六大林业重点工程纪实[M]. 北京：中国林业出版社.

周生贤. 2002. 再造秀美山川的壮举——六大林业重点工程纪实[M]. 北京：中国林业出版社.

周生贤. 2003. 中国林业的历史性转变[M]. 北京：中国林业出版社.

朱洪革. 2012. 林业经济管理[M]. 北京：中国林业出版社.

朱洪革. 2013. 森林资源经济学[M]. 北京：科学出版社.

朱治国. 2011. 我国森林旅游产业可持续发展研究[D]. 北京林业大学硕士论文.

Agrawal A, Chhatre A, Hardin R. 2008. Changing governance of the world's forests[J]. Science, 320 (5882): 1460 – 1462.

FAO. 2010. Global Forest Resources Assessment 2010 Main Report[R]. FAO.

Pan Y, Birdsey R A, Fang J, *et al.* 2011. A large and persistent carbon sink in the world's forests[J]. Science, 333(6045): 988 – 993.

Paquette A, Messier C. 2009. The role of plantations in managing the world's forests in the Anthropocene [J]. Frontiers in Ecology and the Environment, 8(1): 27 – 34.

Schmitt C B, Burgess N D, Coad L, *et al.* 2009. Global analysis of the protection status of the world's forests [J]. Biological Conservation, 142(10): 2122 – 2130.

Wagner R G, Little K M, Richardson B, *et al.* 2006. The role of vegetation management for enhancing productivity of the world's forests[J]. Forestry, 79(1): 57 – 79.